二维辉钼矿纳米片的
制备、改性及应用

贾菲菲　宋少先　著

科学出版社

北　京

内 容 简 介

二维辉钼矿纳米片具有优异的物理、化学和光电特性，在水环境治理、金属资源回收和海水淡化等领域具有广阔的应用前景。本书第 1 章介绍辉钼矿的晶体结构及二维辉钼矿纳米片的表面特性、光催化特性及光热特性，第 2 章介绍并评价二维辉钼矿纳米片的制备策略和方法，第 3 章介绍二维辉钼矿纳米片的表面调控策略及辉钼矿纳米片基材料的构建方法，第 4 章介绍二维辉钼矿纳米片基材料对水体中重金属离子吸附脱除机理及应用性能，第 5 章介绍二维辉钼矿纳米片基材料对金属离子的光催化还原机理及行为，第 6 章介绍二维辉钼矿纳米片基材料对水体中有机污染物的光催化降解原理及性能，第 7 章介绍二维辉钼矿纳米片基材料在太阳能脱盐及电容脱盐中的应用。

本书可供矿物学、环境科学和材料科学等专业的科研工作者阅读参考，也可作为高等院校相关专业学生的教材。

图书在版编目（CIP）数据

二维辉钼矿纳米片的制备、改性及应用/贾菲菲，宋少先著. —北京：科学出版社，2022.5
ISBN 978-7-03-072239-3

Ⅰ.① 二…　Ⅱ.① 贾…　②宋…　Ⅲ.① 辉钼矿-纳米材料-研究
Ⅳ.① TB383

中国版本图书馆 CIP 数据核字（2022）第 082675 号

责任编辑：刘　畅/责任校对：胡小洁
责任印制：彭　超/封面设计：无极书装

科学出版社 出版
北京东黄城根北街 16 号
邮政编码：100717
http://www.sciencep.com

武汉中远印务有限公司印刷
科学出版社发行　各地新华书店经销
*

开本：787×1092　1/16
2022 年 5 月第 一 版　　印张：12 3/4　彩插：16
2022 年 5 月第一次印刷　　字数：302 000
定价：128.00 元
（如有印装质量问题，我社负责调换）

前　言

辉钼矿是自然界一种典型的层状金属硫化矿物，其主要化学成分为二硫化钼（MoS_2），基本晶体结构单元类似"三明治"，即一层 Mo 原子被两层 S 原子包夹，S 和 Mo 之间以强烈的共价键连接。基本单元之间的 S 与 S 相互作用则为较弱的分子作用力，在外力作用下辉钼矿极易沿 S 与 S 之间的层面（两个基本单元间的层面）断裂，因此，施加适量的剪切外力可将辉钼矿剥离成单层或若干层的二维辉钼矿纳米片。与块状辉钼矿相比，单层或若干层辉钼矿纳米片呈现出独特的物理、化学和光电特性，如巨大的比表面积、较高的层内电子迁移率、良好的光致发光性能。此外，二维辉钼矿纳米片作为一种路易斯软碱，其表面硫原子对属于路易斯软酸的重金属离子具有强烈的亲和作用力。正因为其独特的结构和性能特点，近年来二维辉钼矿纳米片引起了国内外众多学者的广泛关注，特别是在环境治理、清洁能源等领域有大量的研究及其应用。

自 2011 年起，本书作者开始研究辉钼矿及浮选分离；2016 年后，作者所在的武汉理工大学研究团队全面开展辉钼矿纳米片基材料及其应用的研究，取得了一批理论和应用研究成果。迄今为止，研究团队已经发表学术论文 49 篇，其中国际高水平论文 45 篇，授权发明专利 6 件，受到国内外同行的广泛关注。本书是对上述成果的阶段性总结，希望读者通过阅读本书对作者的辉钼矿纳米片材料研究工作及成果有一个全方位的深入的了解和认识。首先，本书详细介绍辉钼矿及二维辉钼矿纳米片的基本特性，并对二维辉钼矿纳米片的制备方法进行总结。然后，着重介绍作者研究团队开发的二维辉钼矿纳米片的微观结构和表面特性调控方法及辉钼矿纳米片基复合材料构建技术，并结合诸多现代表征测试手段对二维辉钼矿纳米片及其材料的物理、化学和光电特性进行分析和评估。最后，整理和总结作者研究团队近年来关于二维辉钼矿纳米片及其材料在水环境治理、金属资源回收和海水淡化等领域的应用研究成果。

本书的研究成果是在作者及其指导的数届博士研究生王清淼、杨浪、倪佳明、陈鹏、张弦、刘畅、詹伟泉、袁媛，以及硕士研究生孙凯歌、毛尚俭、曾仕林、梁雨梦、王玉、郭其景等的共同努力下完成的。在本书的撰写过程中，陈鹏、张弦、刘畅、王清淼、詹伟泉、袁媛、孙凯歌、梁雨梦、王玉、郭其景、项紫薇等博士和硕士研究生参与了资料收集和整理工作，谨此致谢。

本书相关研究成果得到国家自然科学基金青年项目"二维纳米辉钼矿吸附剂提取金浸出液中金络合离子的基础研究"（51704220）、中国博士后科学基金项目"二维天然辉钼矿脱除水体中重金属离子的研究"（2016M600621）、国家重点研发计划青年科学家项目"绿色无氰短流程提金新技术研究"（2021YFC2900900）等经费资助，特此感谢。

　　由于作者目前的认知程度有限，本书难免存在疏漏和不足之处，恳请广大读者批评指正。

作　者

2021 年 12 月

目 录

第1章

绪　　论

1.1　辉钼矿概述

1.1.1　辉钼矿性质及资源分布

辉钼矿主要成分为二硫化钼（molybdenum disulfide，MoS_2），含 60%的 Mo 和 40% 的 S，是自然界中最主要的钼资源。辉钼矿的相对密度为 4.80，熔点为 1 185℃，莫氏硬度为 1.0～1.5，一般呈铅灰色，且具有强烈的金属光泽。辉钼矿属于层状矿物，底面完全解理，片层极易被剥离为可弯曲而无弹性的薄片。辉钼矿具有良好的化学稳定性及热稳定性。在常温常压下，水、绝大多数的弱酸和一般的有机溶剂都无法溶解辉钼矿，只有强氧化剂（浓硫酸、浓硝酸、煮沸的浓盐酸、王水等）才能侵蚀辉钼矿，而且辉钼矿与一般的金属材料和橡胶材料不发生化学反应。在大气环境下，辉钼矿被加热到大约 315℃ 时开始氧化，随着温度的升高，其氧化速度加快；当温度升高至 400℃时，辉钼矿可最终被氧化成氧化钼（molybdenum trioxide，MoO_3）。在惰性气氛中，加热到 450℃时，辉钼矿开始升华，到 1370℃则开始分解，1 600℃时最终被分解为金属钼和单质硫。

辉钼矿主要产生于高温和中温热液中，有时与黑钨矿、锡石、辉铋矿共生，形成钨-锡-钼或钨-锡-钼-铋综合矿床，个别基性超基性 Cu-Ni 矿床中也有辉钼矿存在，而在夕卡岩矿床中辉钼矿通常与石榴子石、透辉石、白钨矿、黄铁矿及其他硫化物伴生。世界钼矿主要分布在美国、中国、智利、俄罗斯、加拿大等国家，其中美国、中国与智利三个国家的钼资源占世界钼资源的 75%以上。钼矿是我国特色的矿产资源，储量比较丰富，主要集中在河南、吉林、陕西和辽宁 4 省。我国的钼矿床主要有三个特点。①种类全，分布广。包括特大型钼矿床（如河南栾川、陕西金堆城、辽宁杨家杖子和辽宁大黑山等），特大型斑岩铜钼矿床（如江西德兴等），特大型钨、钼、锡、铋矿床（如湖南柿竹园等），大型钨钼矿床（如江西西华山等），还有铀钼矿床、钼-稀土矿床及较多中小型钼、铜钼和钨钼矿床。②矿床类型复杂。我国钼矿床以斑岩型钼矿床为主，占到全国总储量的77.3%，夕卡岩型钼矿床占 16.4%，其他类型钼矿床占到总储量的 6.3%，单一矿石的钼储量占全国总储量的 29.7%，其余则为铜钼型、钼钨型、钼铁型等共生矿床。③品位低，多为较难选矿石。国内钼矿床中，品位小于 0.1%的矿石储量约占总储量的 65%，而品位大于 0.3%的富矿仅占总储量的 1%左右，如陕西金堆城钼矿床及辽宁大黑山钼矿床的平均含钼品位仅为 0.1%左右，江西德兴铜钼矿床含钼品位为 0.05%。

1.1.2　辉钼矿晶体结构

MoS_2 的晶相一般有三种形态：1T 相、2H 相和 3R 相，如图 1.1（a）（Xia et al.，2018）所示。MoS_2 基本单元层通过两层硫原子层和一层钼原子层以 S—Mo—S 排列形式构成。1T 相由一层 MoS_2 组成单元层，晶胞呈八面体配位四方晶系，2H 相和 3R 相呈三棱柱配位，2H 相中每两个相邻的 MoS_2 层原子相互对应重叠形成六方晶系，而 3R 相则是由三层 MoS_2 构成斜方对称晶系。由于 Mo^{4+} 中 4d 原子轨道的近壳电子构型，2H 相的 MoS_2 具半导体性质，呈现热力学稳定；而 1T 相和 3R 相的 MoS_2 中存在流动电子，对外呈金属特性（Wang et al.，2017）。在一些情况下，这三种相可互相转化。例如，经过退火处理，1T 相和 3R 相的 MoS_2 可转化为 2H 相（Eda et al.，2011），而 2H 相 MoS_2 在机械剥离过程中经过锂离子插层或引入电子后也可转化为 1T 相（Zhao et al.，2016）。

2H 型辉钼矿晶体结构在常态下呈现与石墨类似的六方层状，属于六方晶系，晶胞棱长 $a = 0.315$ nm，$c = 1.230$ nm，晶胞独立原子个数 $Z = 2$，结构如图 1.1（b）（Ai et al.，2016）所示。辉钼矿晶体内存在多种化合键：在同一硫面网内，相邻硫离子间由共价键连接，S—S 键键长约为 0.241 nm；在同一钼面网内，相邻钼离子间由金属键连接，Mo—Mo 键键长约为 0.315 nm；同一夹心层内相邻钼离子与硫离子间由离子键连接，Mo—S 键键长约为 0.154 nm。当夹心层叠加时，上一夹心层的下部硫面网与下一夹心层的上部硫面网之间由范德瓦耳斯力键合，S—S 键键长约为 0.308 nm。

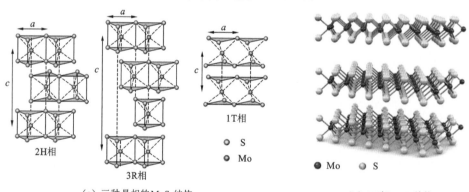

（a）三种晶相的 MoS_2 结构　　　　　（b）2H 相 MoS_2 结构

图 1.1　三种晶相的 MoS_2 结构及 2H 相 MoS_2 结构示意图（后附彩图）

层间相邻两硫面网键合关系可通过辉钼矿分子轨道来分析：MoS_2 晶格存在 24 个配位体群轨道，分别隶属于 p_z 轨道构成的 6 个 p6 群轨道、由 s 轨道构成的 6 个 s6 群轨道及由 p_x 和 p_y 轨道构成的 12 个 p 键群轨道。由于硫原子的 s 轨道能量较低，与钼原子轨道能量相差较大，根据成键法则的能量相似原理，它们间不会成键，为非键轨道。因此，24 个轨道可分为 12 个成键分子轨道、6 个非键 p_z 轨道和 6 个非键 s6 轨道。

MoS_2 晶体中，6 个硫与 1 个钼配位，3 个钼与 1 个硫配位，实际成键效果可得到 4 个成键轨道、2 个非键 p6 轨道和 2 个非键 s6 轨道。4 个成键轨道分别由 1 个钼的 4 个外层电子、2 个硫的 4 个外层电子键相合。4 个非键轨道则分别被孤对电子所占用，它们伸向夹心层之间的范德瓦耳斯区域，下一夹层上部硫的孤对电子恰好伸进上一夹层下部三个硫原子组成的带负电的空穴区，反之亦然。各种层状 TX_2 物质（如 WS_2、$MoSe_2$ 等）中均存在 X-离子的孤对电子，它们的区别仅在孤对电子伸进空穴区时带正电或负电，就辉钼矿而言，空穴区带负电，由于静电斥力，夹层极易剪切断裂。

1.2 二维辉钼矿纳米片表面特性

二维材料是指电子仅可在两个维度（$1\sim100\ nm$）上自由运动（平面运动）的材料，是伴随着 2004 年曼彻斯特大学 Geim 小组成功分离出单原子层的石墨材料——石墨烯而提出的。二维辉钼矿纳米片属于典型的二维材料，具有比表面积大、吸附能力强、反应活性高等特点。二维辉钼矿纳米片具有典型的层状结构的异极性，在解离后的表面键能有分子键和共价/离子键两种。分子键断裂后形成的非极性面（也称为基面）与共价/离子键断裂后形成的极性面（也称为端面）是两种性质完全不同的解离面（图 1.2），因此被称为各向异性表面。

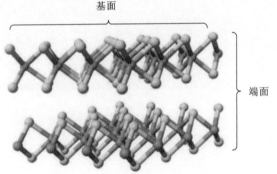

图 1.2 辉钼矿基面和端面示意图

辉钼矿的各向异性主要体现在几个方面。①强度各向异性。要形成端面，必须使键能强的离子键、共价键和金属键断裂，这显然比较困难。要形成基面，只要施以很小的剪切力就能使联系其间的分子键断裂，形成良好的滑移面，固体润滑领域也是利用辉钼矿强度的各向异性，将它广泛用作润滑材料。②表面能各向异性。据报道，2H 型辉钼矿基面上的表面能为 $2.4\times10^{-2}\ J/m^2$，端面上的表面能为 $0.7\ J/m^2$，基面上的表面能仅为端面表面能的 3.4%，构成了高能的端面与低能的基面。依据成键能量的相似原则，基面上要吸附极性、高表面能的水是比较困难的，因而基面上呈疏水性，基面的接触角为 60°，如图 1.3（Castro et al., 2016）所示。在与非极性、低表面能的烃油作用时，辉钼矿基面更易吸附烃油而更疏水，端面却不易吸附烃油。③氧化速度各向异性。基面与端面氧化速度迥异。辉钼矿在 250℃、通氧气加热 1 h 后，基面上氧化率不足 20%，端面的氧化率已达 60%。若不通氧气，在 100~300℃下，端面已明显氧化，而基面却未氧化，随后在次氯酸钠溶液中浸泡辉钼矿，基面的浸出率不足端面浸出率的 1/4。常温常压下，辉钼矿端面在空气和水介质中已发生氧化，生成 MoO_4^{2-}、$HMoO_4^-$、MoO_2^{2+} 等离子，在基面上却几乎未出现氧化。④电位各向异性。基面为非极性端，电荷中和，因而呈现电中性，而端面为极性端，呈现负电性。这一性质使辉钼矿在溶液环境中整体荷负电。辉钼矿的表面电势主要与受溶液 pH 影响的 $HMoO_4^-$ 和 MoO_4^{2-} 含量相关。图 1.4 为辉钼矿的电极电势图，参比电极为饱和甘汞电极（0.242 V），图中包含的信息：①辉钼矿的热力学稳定区为图中的阴影区；②两条虚线内部区域为水的热力学稳定区；③$HMoO_4^-$ 和 MoO_4^{2-} 的稳定区，存在相对平衡反应：

$$HMoO_4^- \Longrightarrow H^+ + MoO_4^{2-}, \quad pK = 5.95 \qquad (1.1)$$

（a）基面

（b）端面

图 1.3 辉钼矿基面和端面的接触角

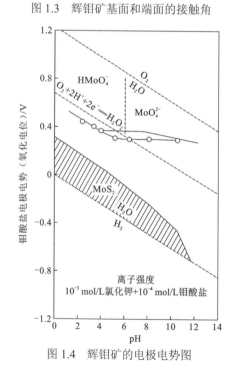

图 1.4 辉钼矿的电极电势图

根据图 1.4 可知：①酸性区域电位-pH 曲线斜率较大，而在微酸性到碱性区域，斜率很小；②在酸性区域，电位非常接近过氧化氢对（H_2O_2/O_2）平衡并沿着辉钼矿热力学电位方向移动，表明实际测量的电位是混合电位；③碱性区域的电极电位不随 pH 变化，目前很难解释，可能涉及聚钼酸盐反应。通过这些观察可知辉钼矿涉及的钼酸盐离子表面反应控制电极电位，因此辉钼矿表面的钼酸盐离子可能对辉钼矿表面电荷有影响，可被特定吸附至表面上。此外，当基面不完整时，暴露出端面，进而可影响辉钼矿部分性质，例如基面的不完整性会使辉钼矿局部荷负电，暴露的极性原子使辉钼矿局部亲水。

二维辉钼矿纳米片表面暴露丰富的硫原子，根据软硬酸碱理论（又称酸碱电子理论），硫原子属于软碱，有利于吸附软酸类重金属离子（如 Hg^{2+}、Cd^{2+}、Cr^{3+}等）与贵金属离子（如 Au^+、Ag^+等）。同时，二维辉钼矿纳米片因具有巨大的比表面积，在吸附重金属离子和贵金属离子方面具有显著成效。

1.3　二维辉钼矿纳米片光催化特性

根据导电能力的不同，材料一般可分为导体、半导体和绝缘体，导电能力与材料外层电子分布密切相关。导体是指电阻率很小且易于传导电流的物质，导体内存在大量可自由移动的带电粒子（称为载流子），在外电场作用下，载流子作定向运动，形成明显的电流。不善于传导电流的物质称为绝缘体（又称为电介质），电阻率极高，绝缘体和导体没有绝对的界限，在某些条件下可以相互转化。半导体在常温下导电性能介于导体与绝缘体之间，存在的形式多种多样，包括固体、液体、气体、等离子体等。半导体一般可分为元素半导体、无机合成物半导体、有机合成物半导体、非晶态半导体和本征半导体。元素半导体是指单一元素构成的半导体，其中对硅、硒的研究比较早，元素半导体容易受到微量杂质和外界条件的影响而发生变化。无机合成物半导体指由两种或两种以上元素以确定的原子配比形成的化合物，并具有确定的禁带宽度和能带结构等半导体性质，如 I 族与 V、VI、VII 族，III 族与 V、VI 族，IV 族与 IV、VI 族，V 族与 VI 族，VI 族与 VI 族的结合化合物，但受到元素的特性和制作方式的影响，不是所有的化合物都能够符合半导体材料的要求。有机合成物半导体是指分子中含有碳键的化合物，通过碳键垂直叠加的方式形成导带。非晶态半导体又称为无定形半导体或玻璃半导体，和其他非晶材料一样，都具有短程有序、长程无序的结构，主要是通过改变原子相对位置，改变原有的周期性排列，形成非晶态。晶态和非晶态的区别在于原子排列是否具有长程序。本征半导体是指不含杂质且无晶格缺陷的半导体，在极低温度下，半导体的价带（valence band，VB）是满带，受到热激发后，价带中的部分电子会越过禁带进入能量较高的空带，空带中存在电子后成为导带（conduction band，CB），价带中缺失一个电子后形成一个带正电的空位，称为空穴。

半导体材料根据带隙类型又可分为间接带隙半导体与直接带隙半导体。间接带隙半导体材料（如硅、锗）导带最小值（导带底）和价带最大值（价带顶）在波矢（k）空间中不同位置。形成半满能带不只需要吸收能量，还要改变动量。电子在某种状态时动量为 $(h/2\pi)\boldsymbol{k}$（其中 h 为普朗克常量），$\boldsymbol{k}$ 不同，动量就不同，从一个状态到另一个状态必须改变动量，与之相对的直接带隙半导体则是电子在跃迁至导带时不需要改变动量。直接带隙半导体材料就是导带底和价带顶在 $\boldsymbol{k}$ 空间中处于同一位置的半导体。电子要跃迁到导带上产生导电的电子和空穴（形成半满能带）只需要吸收能量。当价带电子往导带跃迁时，电子波矢不变，在能带图上即是竖直地跃迁，这就意味着电子在跃迁过程中，动量可保持不变，满足动量守恒定律。相反，当导带电子下落到价带（即电子与空穴复合）时，也可以保持动量不变，直接复合，即电子与空穴只要一相遇就会发生复合（不需要声子来接受或提供动量）。因此，直接带隙半导体中载流子的寿命往往很短，同时直接复合可以把能量几乎全部以光的形式放出（光子动量接近于零，可不需要声子参与），发光效率高。

块状辉钼矿是间接带隙半导体，带隙值为 1.2 eV，当块状辉钼矿逐渐减薄至单层时，带隙值在 1.2～1.9 eV 变化，其电子结构将从间接带隙转变为直接带隙，导带底的位置从位于 K 点和 $\varGamma$ 点之间变为位于 K 点上，而价带最大值的位置从原本的 $\varGamma$ 点也变为 K 点上，不同层数的 MoS_2 能带结构变化如图 1.5（a）（Splendiani et al.，2010）所示。块状辉钼矿的电子跃迁方式是非竖直跃迁，荧光现象很弱甚至并不显现，随着辉钼矿的厚度逐渐减小，荧光现象就会逐渐增强，当减薄至单层时，此时的荧光现象是最强烈的。荧光强度变化可能是处于钼原子 3d 轨道上的电子相互作用的结果。不仅如此，辉钼矿的厚度还直接影响其光吸收特性，块状辉钼矿没有紫外光的特征吸收峰，而单层的辉钼矿在紫外吸收光谱 620 nm 和 670 nm 附近出现特征吸收峰，与其电子的竖直跃迁方式对应。块状辉钼矿因层间范德瓦耳斯力形成的固有构型导致其较低的电导率，层间电阻率约是层内电阻率的 2 200 倍。导致电导率较低的另一个原因是辉钼矿单晶没有足够的电子跃迁，一般来说，晶体构型及金属配位对材料的导电性能影响较大。由此可知，薄层甚至单层辉钼矿是较理想的半导体材料，具有较低的电阻率及较高的电子迁移效率。

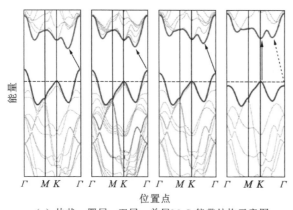 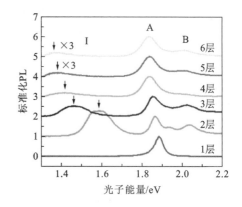

（a）块状、四层、双层、单层 MoS_2 能带结构示意图　　（b）不同层数 MoS_2 的归一化 PL 光谱

图 1.5　MoS_2 的能带及 PL 光谱随层数变化情况

PL（photoluminescence，光致发光），I、A、B 为新增的激子峰

辉钼矿材料的光吸收原理主要是源于分裂价带 V_1 和 V_2 的最大值和导带的最小值（C_1）之间的电子跃迁，因此辉钼矿的能带结构与其光学性能联系紧密。辉钼矿的光学性质通常可用 PL 光谱及紫外-可见光谱（ultraviolet-visible spectroscopy，UV-Vis）来研究。辉钼矿为块状体时，由于其颜色为黑色，可吸收所有波长可见光，对应光的吸收波长上限为 673～1 066 nm，吸收光谱范围正好在太阳光谱中能量最集中的可见近红外区，PL 强度很弱甚至并不显现。当 MoS_2 的层数逐渐减少至超薄多层的时候，PL 强度逐渐增强，表现为 PL 光谱中出现多个激子峰，标记为 A、B 和 I（Mak et al.，2010）。其中，位于 1.85～2.00 eV 处的激子峰 A、B 属于直接带隙发光，是由价带的自旋轨道耦合分裂出能量在高对称点（K 点）的直接跃迁所致。激子峰 I 则属于间接带隙发光，且间接带隙跃迁能量随着层数的减少而逐渐升高。当辉钼矿的层数减薄至单层时，带隙结构跃变成为直接带隙，所以此时 PL 光谱中仅有一个明显的由直接带隙跃迁引起的激子峰，位于 1.9 eV 左右。

单层辉钼矿的发光强度可以通过化学掺杂（Mouri et al.，2013）和等离子体或激光照射（Oh et al.，2016）等方式进一步调整。图 1.6 展示了化学掺杂后的单层辉钼矿的 PL 强度与初始辉钼矿相比的变化。p 型分子掺杂的单层辉钼矿纳米片在 PL 光谱中表现为激子峰蓝移且强度增强，相比之下，n 型掺杂剂掺杂的单层辉钼矿具有多余的电子，会抑制激发态激子的产生，PL 强度将低于所制备的单层辉钼矿。此外，通过等离子体或激光照射处理可有效调控 PL 的增强和猝灭（Nan et al.，2014）。

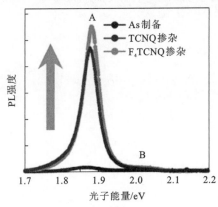
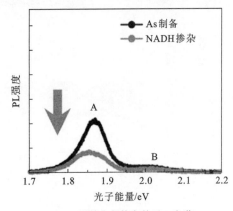

（a）p 型分子掺杂前后 PL 光谱   （b）n 型掺杂剂掺杂前后 PL 光谱

图 1.6 化学掺杂前后单层辉钼矿的 PL 光谱

TCNQ（tetracyanoquinodimethane，四氰二甲基对苯醌），NADH（nicotinamide adenine dinucleotide，还原型辅酶 I）

层状辉钼矿的基面由于原子饱和呈现出催化惰性，而端面因原子不饱和，具有较大活性进而呈现出强催化能力（Sun et al.，2017）。丰富的边缘结构为光催化提供大量活性位点，是一种良好可见光响应的半导体材料，在光催化领域已被广泛研究。在外部光源照射下，辉钼矿吸收可见光波段的能量，分离出光生电子和空穴，光生空穴具有氧化性，可氧化电势低于自身价带的物质。反之，光生电子具有还原性，可还原电势高于自身导带值的物质，例如，氯金酸/金单质在碱性溶液环境中的还原电势约为 1.002 eV，高于辉钼矿导带值（约为 0 eV），因此氯金酸可在辉钼矿表面上还原为金单质（Yuan et al.，2019）。

1.4 二维辉钼矿纳米片光热特性

太阳能是一种取之不尽、用之不竭的清洁能源。太阳能成功利用的关键在于太阳能转换技术。太阳能光热转换是一种重要的手段，通过反射、吸收或其他方式集中太阳辐射能，将其转换成热量，以有效地满足不同负载的要求。因此，材料的光学和热学性质对实现高效的光热转换具有重要影响，例如材料的光吸收系数、吸收光谱与入射光谱的匹配程度、热传递和热损失等，都在光热转换优化方面起着重要的作用。光热材料应该实现对太阳光的最大吸收和转化，也就是说光热材料应该尽可能地吸收 300～2 500 nm 的电磁辐射，其中可见光（380～780 nm）比例约为 45%，红外光（780～2 500 nm）比例约为 52%，光热材料应尽可能降低光的反射，提高在上述波长范围内的吸收能力，增强光热转换能力。在这类光热转换材料中，半导体材料吸收光后会产生光生电子-空穴对，太阳光的能量通常高于半导体的带隙，激发产生的电子-空穴对会高于带隙，当电子回到带隙边缘时，会将额外的能量转换成热（图 1.7；Gao et al.，2018）。

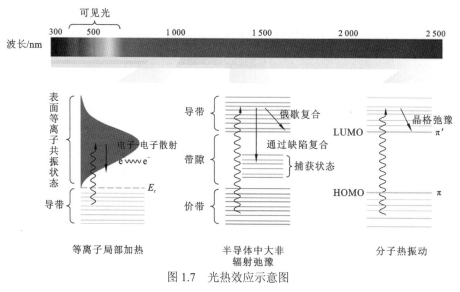

图 1.7 光热效应示意图

LUMO（lowest unoccupied molecular orbital，最低未占分子轨道）；

HOMO（highest occupied molecular orbital，最高占据分子轨道）

过渡金属二硫化物作为一种新型的纳米材料受到广泛关注，它是一类 MX_2 型的化合物，M 代表过渡金属元素，X 代表硫族元素，包括 S、硒（Se）、碲（Te），过渡金属二硫化物的原子排布为"三明治"形，即具有六方结构的过渡金属原子堆积在两层硫族原子之间。辉钼矿是半导体材料，禁带宽度与材料的厚度相关，块状的辉钼矿材料可以被剥离成单层或多层片状结构，从而显示出独特的物理、电子特性。

参 考 文 献

AI K, RUAN C, SHEN M, et al., 2016. MoS$_2$ nanosheets with widened interlayer spacing for high-efficiency removal of mercury in aquatic systems[J]. Advanced Functional Materials, 26(30): 5542-5549.

ANDREA S, SUN L, ZHANG Y, et al., 2010. Emerging photoluminescence in monolayer MoS$_2$[J]. Nano Letters, 10(4): 1271-1275.

CASTRO S, LOPEZ-VALDIVIESO A, LASKOWSKI J, 2016. Review of the flotation of molybdenite. Part I: Surface properties and floatability[J]. International Journal of Mineral Processing, 148: 48-58.

EDA G, HISATO Y, DAMIEN V, et al., 2011. Photoluminescence from chemically exfoliated MoS$_2$[J]. Nano Letters, 11: 5111-5116.

GAO M, ZHU L, PEH C, et al., 2018. Solar absorber material and system designs for photothermal water vaporization towards clean water and energy production[J]. Energy and Environmental Science, 12: 841-864.

JIANG J, 2015. Graphene versus MoS$_2$: A short review[J]. Frontiers of Physics, 10(3): 287-302.

LIU C, JIA F, WANG Q, et al., 2017. Two-dimensional molybdenum disulfide as adsorbent for high-efficient Pb(II) removal from water[J]. Applied Materials Today, 9: 220-228.

MAK K, LEE C, HONE J, et al., 2010. Atomically thin MoS$_2$: A new direct-gap semiconductor[J]. Physical Review Letters, 105(13): 2-5.

MOURI S, YUHEI M, KAZUNARI M, 2013. Tunable photoluminescence of monolayer MoS$_2$ via chemical doping[J]. Nano Letters, 13(12): 5944-5948.

MIN O, HAN G, KIM H, et al., 2016. Photochemical reaction in monolayer MoS$_2$ via correlated photoluminescence, Raman spectroscopy, and atomic force microscopy[J]. ACS Nano, 10(5): 5230-5236.

NAN H, WANG Z, WANG W, et al., 2014. Strong photoluminescence enhancement of MoS$_2$ through defect engineering and oxygen bonding[J]. ACS Nano, 8(6): 5738-5745.

NOVOSELOV K S, GEIM A K, MOROZOV S V, et al., 2004. Electric field effect in atomically thin carbon films[J]. Science, 306(5696): 666-669.

SUN T, LI Z, LIU X, et al., 2017. Oxygen-incorporated MoS$_2$ microspheres with tunable interiors as novel electrode materials for supercapacitors[J]. Journal of Power Sources, 352: 135-142.

WANG Z, MI B, 2017. Environmental applications of 2D molybdenum disulfide (MoS$_2$) nanosheets[J]. Environmental Science and Technology, 51(15): 1-42.

XIA D, GONG F, PEI X, et al., 2018. Molybdenum and tungsten disulfides-based nanocomposite films for energy storage and conversion: A review[J]. Chemical Engineering Journal, 348: 908-928.

XUE Z, MA X, SUN J, et al., 2016. Enhanced catalytic activities of surfactant-assisted exfoliated WS$_2$ nanodots for hydrogen evolution[J]. ACS Nano, 10(2): 2159-2166.

YUAN Y, YANG B, JIA F, et al., 2019. Reduction mechanism of Au metal ions into Au nanoparticles on molybdenum disulfide[J]. Nanoscale, 11(19): 9488-9497.

<table>
<tr>
<td>第
2
章</td>
<td># 二维辉钼矿纳米片的制备</td>
</tr>
</table>

2.1 "自上而下"法制备二维辉钼矿纳米片

2.1.1 机械剥离法

机械剥离法是一种传统的"自上而下"制备二维材料的方法，可根据材料层与层之间范德瓦耳斯力的大小，选取合适的黏性胶带进行人工剥离来制备单层二维材料。早在2004年，Novoselov 和 Geim 就是通过该方法，使用透明胶带对定向热解的石墨进行层层剥离，得到了石墨烯（Novoselov et al.，2004），如图 2.1（Yi et al.，2015）所示，并据此获得了 2010 年的诺贝尔物理学奖。随后人们使用该方法进一步制备了几种单层的二维材料，其中就包括辉钼矿（Novoselov et al.，2005）。Yin 等（2012）和 Li 等（2012）首先使用透明胶带从辉钼矿上剥离适当厚度的薄晶片并反复粘撕，然后将胶带上新鲜的薄晶片与 Si/SiO$_2$ 基片接触，并用塑料镊子对胶带进行刮擦，从而实现了辉钼矿片层与胶带的进一步分离。最后将透明胶带去除，使单层或少数层的二维辉钼矿纳米片沉积到基片上。从图 2.2 可以看出，通过该方法可稳定制备出片径在微米级而厚度约为 0.8 nm 的二维辉钼矿纳米片。虽然机械剥离是一种制备高结晶度和大片径原子级厚度二维辉钼矿纳米片的简单和低成本方法，但该方法面临着产量小、生产效率低等问题。这些问题使该方法目前仅局限于基础研究，使用该方法进行二维辉钼矿纳米片的实际生产还很难实现。

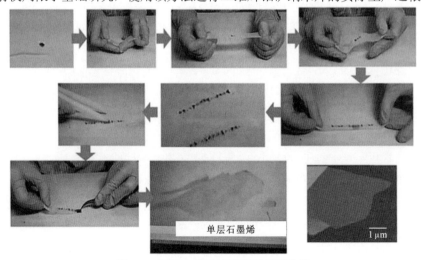

图 2.1 透明胶带机械剥离制备石墨烯

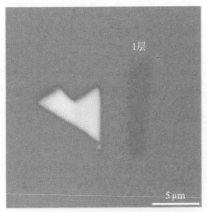 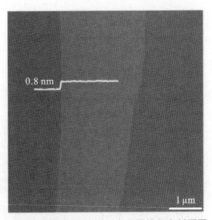

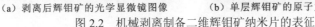

（a）剥离后辉钼矿的光学显微镜图像　　　　（b）单层辉钼矿的原子力显微镜纵向剖面图

图 2.2　机械剥离制备二维辉钼矿纳米片的表征

2.1.2　液相剥离法

　　液相剥离是另一种"自上而下"制备二维辉钼矿纳米片的方法，该法首先将块状辉钼矿晶体分散在液相中以降低其层间作用力，再通过辅助超声将其剥离成二维辉钼矿纳米片。在该方法中降低辉钼矿的层间作用力是制备出高质量二维辉钼矿纳米片的关键，因此许多学者就有效降低辉钼矿层间作用力的方法进行了研究。根据降低层间作用力方法的不同，辉钼矿的液相剥离技术可分为溶剂辅助剥离、表面活性剂辅助剥离和离子插层剥离三种（Zhang et al.，2016）。

1. 溶剂辅助剥离

　　溶剂辅助剥离就是将辉钼矿分散到有机溶剂中，再进行超声剥离，最后通过离心得到二维辉钼矿纳米片，该方法是剥离层状材料最直接的方法之一。Ciesielski 等（2014）研究表明，当层状矿物的表面被浸没到溶剂中时，如果溶剂的表面张力和层状矿物相匹配，层状矿物剥离所需能量可以显著降低。另外，合适的溶剂能通过抑制纳米片间的团聚和重新堆叠，使纳米片稳定分散，因此分散溶剂的种类对辉钼矿的剥离效率起着决定性的作用。Coleman 等（2011）在不同的有机溶剂中对辉钼矿粉末进行了超声剥离来制备二维辉钼矿纳米片，以寻找能实现辉钼矿高效剥离的有机溶剂。该研究结果表明，只有当有机溶剂的表面张力接近 40 mJ/m^2 时才能实现辉钼矿的高效剥离，而 N-甲基-2-吡咯烷酮（N-Methyl-2-pyrrolidone，NMP）正是辉钼矿剥离最有效的溶剂。如图 2.3 所示，当以 NMP 为溶剂对辉钼矿进行超声剥离时，随着剥离时间的延长，辉钼矿的片层厚度逐渐减小直至单层。且随着超声时间的延长，二维辉钼矿纳米片的六方晶体结构保持完整，说明该方法在二维辉钼矿纳米片制备的过程中不会破坏其片层结构。此外，Dong 等（2014）证明了 H_2O_2 和 NMP 的混合溶液是辉钼矿自发剥离良好的溶剂，剥离所得二维辉钼矿纳米片的产率可达 60%。另有研究发现，H_2O_2 不仅能诱导辉钼矿的自发剥离，还能对剥离的二维辉钼矿纳米片进行刻蚀从而形成多孔结构的纳米片，在高 H_2O_2 浓度下甚至可以形成辉钼矿纳米点。虽然以 NMP 为溶剂能实现辉钼矿的有效剥离，但由于 NMP 存在毒性且难以从辉钼矿纳米片上去除，该方法难以实际推广使用。

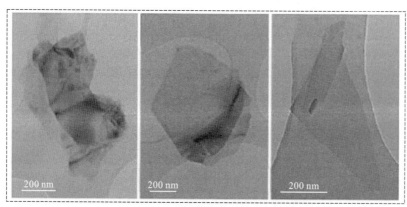

(a) 在NMP溶液中超声23 h、70 h和106 h的TEM图

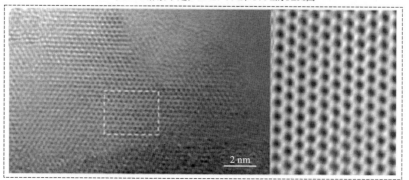

(b) 不同放大倍数下辉钼矿薄片的HRTEM图

图 2.3　溶剂辅助超声剥离制备二维辉钼矿纳米片的表征

TEM（transmission electron microscope，透射电子显微镜），HRTEM（high resolution transmission electron microscope；
高分辨透射电子显微镜）；(b) 图引自 Coleman 等（2011）

　　针对 NMP 难以从剥离后二维辉钼矿纳米片上去除这一问题，研究人员又开发了一些在水溶液或者挥发性溶剂中进行辉钼矿超声剥离的方法。作为一个典型的半经验公式，Hansen 溶解参数理论被用于解释物质溶解行为相关的参数，如溶剂和材料的分散、极性和氢键相互作用等（Bergin et al.，2009）。基于该理论，共溶剂辅助超声剥离被开发用以制备二维辉钼矿纳米片。例如，Zhang 等（2014）证明了由于水和乙醇与辉钼矿存在巨大的表面能差异，二者各自的溶液均不能实现辉钼矿的有效剥离，但二者的混合溶液会改变辉钼矿的溶解性参数，使得辉钼矿在 45%体积分数的乙醇-水溶液中均匀分散，从而在超声环境下实现辉钼矿片层直接的有效分离，且无毒性的水和乙醇能从二维辉钼矿纳米片表面轻易去除。除此之外，挥发性的氯仿和乙腈混合溶液也可用于二维辉钼矿纳米片的制备，最高可获得 0.4 g/L 的辉钼矿纳米片悬浮液。为了寻找最佳的水-醇共溶剂浓度用于辉钼矿的高效剥离，Halim 等（2013）设计了一种通过接触角仪来直接测定辉钼矿固-液界面能的方法。研究结果表明，10%~30%质量分数的叔丁醇（tert-butyl alcohol，TBA）

或异丙醇与水形成的共溶剂能显著增强辉钼矿的剥离效果。另外，共溶剂中有机分子的碳链长度也决定着辉钼矿的剥离效果，对于甲醇（methanol，MeOH）、乙醇、异丙醇和叔丁醇这几种醇，其碳链越长，与水形成的共溶剂对辉钼矿的剥离效果越好。

2. 表面活性剂辅助剥离

表面活性剂辅助剥离是另外一种液相剥离方法，小分子有机物、表面活性剂和聚合物对辉钼矿基面有较高的吸附能，这极大地促进了辉钼矿的剥离。Smith 等（2011）使用 1.5 g/L 的胆酸钠溶液作为溶剂对辉钼矿进行了超声剥离，研究发现作为离子型表面活性剂的胆酸钠能在辉钼矿表面形成吸附层，从而促进辉钼矿的剥离，且获得的二维辉钼矿纳米片晶体结构完好（图 2.4）。Zeta 电位测试发现胆酸钠吸附后的二维辉钼矿纳米片的表面电势为-40 mV，这使得该二维辉钼矿纳米片能在溶液中稳定分散。Mao 等（2014）开发了一种烷基胺辅助的液相剥离方法用以剥离辉钼矿。通过考察丁胺、十二胺和十八胺等不同碳链长度的烷基胺剥离辉钼矿的效果，发现丁胺能有效促进辉钼矿的剥离。Guardia 等（2014）发现使用非离子型表面活性剂（普朗尼克 P-123）作为稳定剂和分散剂时能实现辉钼矿最高效的剥离。Liu 等（2012a）证明了聚乙烯吡咯烷酮（polyvinyl pyrrolidone，PVP）能极大地促进二维辉钼矿纳米片在乙醇溶液中的剥离，但由于其极好

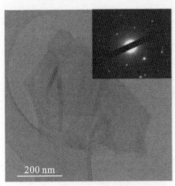
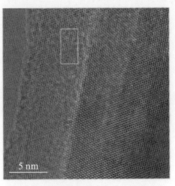

（a）200 nm 表面活性剂辅助超声剥离后二维辉钼矿纳米片的TEM图　　（b）5 nm 表面活性剂辅助超声剥离后二维辉钼矿纳米片的TEM图

（c）二维辉钼矿纳米片原子结构图

图 2.4　表面活性剂辅助超声剥离制备二维辉钼矿纳米片的表征

该图引自 Smith 等（2011）

的溶解性和表面润湿性，PVP 易于吸附到辉钼矿表面从而形成 PVP 涂覆的二维辉钼矿纳米片。Guan 等（2015）发现由于牛血清白蛋白（bovine serum albumin，BSA）能作为稳定剂抑制二维辉钼矿纳米片的团聚，从而促进了辉钼矿在水溶液中的剥离。类似于 PVP 辅助剥离，BSA 同样会吸附到辉钼矿片层上，但该混合物具有较好的生物相容性，环境风险低。

3. 离子插层剥离

层状材料层间插入的离子能显著降低其片层间的范德瓦耳斯力，从而通过简单的机械外力即可将层状矿物片层与片层分开，因此离子插层被视为另外一种提高层状材料剥离效率的有效方法（Benavente et al.，2002）。对于辉钼矿，由于其层间距较小，只有约 0.65 nm，所以只有路易斯碱金属基的小半径离子可以插入其层间。目前来说，锂离子插层剥离是最通用的也是最有效的层状材料剥离制备方法。电化学锂离子插层可促进辉钼矿的有效剥离（Zeng et al.，2011）。如图 2.5（a）所示，以辉钼矿和锂箔分别作为阳极和阴极，在电流释放时锂离子被插入辉钼矿的层间以减小辉钼矿片层间的范德瓦耳斯力，随后在超声作用下锂离子插层后的辉钼矿被逐渐剥离成高分散性的单层辉钼矿纳米片〔图 2.5（b）和（c）〕且剥离产率高达 92%。该方法最显著的优点为其不仅可以通过控

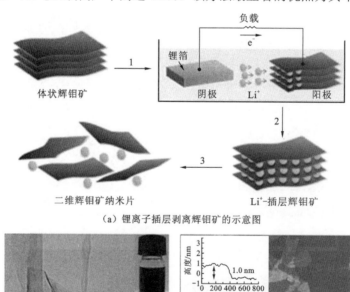

（a）锂离子插层剥离辉钼矿的示意图

（b）剥离后二维辉钼矿纳米片的 TEM   （c）AFM 图

图 2.5　锂离子插层制备二维辉钼矿纳米片的表征（后附彩图）

AFM（atomic force microscope，原子力显微镜），（c）图引自 Zeng 等（2011）

制工作电压来控制辉钼矿层间的锂离子插入量，还可以通过调节该装置的放电过程来调控辉钼矿的晶相。辉钼矿也可通过锂离子化学插层进行有效剥离制备（Wang et al.，2013），该方法主要包含三个制备步骤：首先将辉钼矿浸入含有正丁基锂的惰性溶剂中，使锂离子插入辉钼矿片层间；然后将锂离子插层后的辉钼矿样品浸入纯水中，Li_xMoS_2快速水解产生大量氢气，使辉钼矿片层间膨胀；最后对膨胀后的辉钼矿样品进行超声剥离。值得注意的是，通过该方法剥离制备的二维辉钼矿纳米片会发生晶体结构的转变，由六面体（2H 相）的半导体相转变成八面体（1T 相）的金属相。另外，由于正丁基锂还原性极强，与水反应剧烈，该方法对实验装置要求较为严苛，此外插层反应时间长，锂在辉钼矿中的插入量也无法有效控制（Eda et al.，2012）。Zheng 等（2014）研究表明通过膨胀-萘基金属插层两步法同样可以制备出高质量的单层二维辉钼矿纳米片。膨胀过程是通过水热法将水合肼插入辉钼矿片层之间，由于辉钼矿层间的水合肼在高温高压环境下会分解生成氨气，从而使辉钼矿膨胀，在此过程中辉钼矿的体积可扩大将近 100 倍。随后将膨胀后的辉钼矿用萘基金属进一步插层，并利用超声空穴作用将其剥离，制备得到二维辉钼矿纳米片。该方法可高效制备大片径二维辉钼矿纳米片，例如对 400 μm^2 单层二维辉钼矿纳米片的产率高达 90%以上。尽管如此，由于萘基金属在空气中易燃易爆，同正丁基锂插层剥离辉钼矿的方法类似,膨胀-萘基金属插层剥离制备二维辉钼矿纳米片的危险性也较高。

2.1.3　电化学膨胀剥离法

辉钼矿具有一定的半导体性质，可以通过电化学膨胀剥片制备二维辉钼矿纳米片。辉钼矿电化学膨胀装置如图 2.6（a）所示，分别将体状的天然辉钼矿和铂箔外接电源两极，并浸没于浓度为 0.5 mol/L 的 Na_2SO_4 溶液中（Liu et al.，2017）。首先，对整个剥片体系进行预电解处理，即对体系施加较低电压（如 1 V），因电场作用电解液中的导电离子分别向阴阳两极扩散，阴极的辉钼矿因导电离子进入层间被有效润湿。预电解过程可增强之后的电解膨胀效果。随后，将外接电源电压调至 10 V，此时辉钼矿层间的 OH^-由于电解作用生成氢气并向外溢出，导致辉钼矿片层间较弱的范德瓦耳斯力因层间距显著增加而大幅降低，辉钼矿膨胀，如图 2.6（b）所示。最后，将膨胀辉钼矿置于水溶液中进行超声处理，在超声波辅助作用下膨胀辉钼矿片层被剥离，即可制备得到二维辉钼矿纳米片，如图 2.6（c）所示。

通过 TEM 对电化学剥离法制备的二维辉钼矿纳米片进行表征，如图 2.6（d）～（f）所示。可以看到大多数剥离的二维辉钼矿纳米片展现出较好的透光度，表明纳米片的厚度较薄。在图 2.6（f）中，通过测量折起纳米片的尺寸，可知该纳米片厚度约为 0.7 nm，这与先前报道的单层二硫化钼厚度相一致，证明了电化学剥离法可制备出具有单层结构的二维辉钼矿纳米片。从 AFM 图可以看出二维辉钼矿纳米片的径向尺寸为几十纳米至几百纳米不等[图 2.6（g）]。图 2.6（h）为 200 个二维辉钼矿纳米片的厚度统计结果，由该图可知：纳米片厚度为 0.8～1.9 nm，其中约 13.5%的纳米片厚度为 0.8～1.0 nm，具有单层 MoS_2 结构；约 84.5%的纳米片厚度为 1.0～1.7 nm，具有双层 MoS_2 结构；约 2%的纳米片厚度为 1.7～1.9 nm，具有三层 MoS_2 结构（Jia et al.，2018）。由此可见，电化学剥离法可制备径厚比均一的二维辉钼矿纳米片，但该方法同样面临产量小、生产效率低等问题而难以实际应用。

（a）辉钼矿电化学膨胀装置　　（b）膨胀后辉钼矿　　（c）电化学膨胀剥离法所制备二维辉钼矿纳米片

（d）TEM图I　　　　　　（e）TEM图II　　　　　　（f）TEM图III

（g）AFM图　　　　　　　　（h）厚度统计结果

图 2.6　电化学膨胀-超声剥离法制备二维辉钼矿纳米片的表征（后附彩图）

（b）图引自 Liu 等（2017），（h）图引自 Jia 等（2018）

2.2 "自下而上"法制备二维辉钼矿纳米片

2.2.1 水/溶剂热合成法

水/溶剂热合成法是典型的"自下而上"法，因其具有简单、高效和适应性强等特点，被广泛应用于二维辉钼矿纳米片的合成。通常将钼源（三氧化钼、钼酸铵、钼酸钠等）和硫源（硫粉、硫氰化钾、硫脲等）按一定的配比溶解于水溶液或有机溶剂中，随后将该溶液转移到密封反应釜中，并在 200 ℃左右保温一定时间，反应釜反应结束冷却后即可得到二维辉钼矿纳米片，如图 2.7 所示。

图 2.7 辉钼矿纳米片水/溶剂热合成法制备示意图

以三氧化钼和硫氰化钾分别作为钼源和硫源在 180 ℃条件下进行水热合成，制备出层间距为 0.65～0.70 nm 的少数层二维辉钼矿纳米片（Ramakrishna Matte et al.，2010）。值得注意的是，由于超薄的二维辉钼矿纳米片容易发生褶皱，通过水热合成法难以制备出高分散度的单层辉钼矿纳米片。由于合成过程中反应釜提供的高温和高压环境，所制备的二维辉钼矿纳米片通常会团聚形成纳米花和纳米管等（Lu et al.，2015）。例如 Wang 等（2014）将钼酸铵和硫粉作为前驱体溶解在乙醇和辛胺的混合溶液中，在 200～220 ℃ 的温度下通过溶剂热合成制备出了三维管状结构的辉钼矿纳米管，其由二维辉钼矿纳米片自发自组装所构成，具有介孔结构和较大的比表面积[图 2.8（a）]。而 Chen 等（2020）以钼酸钠和硫脲为前驱体，并以水为溶剂在 200 ℃反应 12 h 后得到二维辉钼矿纳米片，该纳米片规整均一，如图 2.8（b）所示。此外，二维辉钼矿纳米片表面作为催化活性位点的缺陷可以通过在水热合成过程中添加过量的硫脲来制造。过量的硫脲不仅可以作为还原剂将 Mo(VI)还原为 Mo(IV)，还可以作为一种有效的添加剂来稳定纳米片的形貌。过量的硫脲会吸附到初始纳米晶体的表面，阻碍晶体的定向生长从而导致二维辉钼矿纳米片表面裂隙状缺陷的形成。这种缺陷二维辉钼矿纳米片表面活性位点的数量约比体状二维辉钼矿表面活性位点的数量高 13 倍（Xie et al.，2013）。辉钼矿中氧原子的掺杂可增强辉钼矿的导电性能，从而提高其应用性能。Sun 等（2020）提出通过控制二维辉钼矿纳米片的水热合成温度来调控二维辉钼矿纳米片中氧原子的掺杂量，从而调控二维辉钼矿纳米片的导电性及电容脱盐性能。该研究表明氧掺杂量为 2.91%的辉钼矿电极对 500 mg/L 的 NaCl 溶液呈现最高的脱盐容量（28.85 mg/g），这是由于氧掺杂辉钼矿具有更大的比电容和较小的内阻。总的来看，通过水热法合成二维辉钼矿纳米片具有操作简单、易于实施和污染小等特点，但该方法所制备的二维辉钼矿纳米片形状多变且结晶度低，后续需进行退火处理。

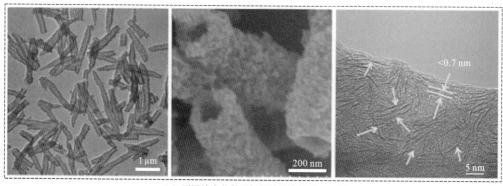

（a）不同放大倍数下辉钼矿纳米管的SEM图

（b）二维辉钼矿纳米片的SEM图及TEM图

图 2.8　水热法制备辉钼矿纳米片的表征

SEM（scanning electron microscope，扫描电子显微镜）

（a）图引自 Wang 等（2014），（b）图引自 Chen 等（2020）

2.2.2　化学气相沉积法

化学气相沉积（chemical vapor deposition，CVD）法是另一种"自下而上"合成单层或少数层二维辉钼矿纳米片的方法。其主要过程为：在高温和特定气氛条件下，将含有 Mo 和 S 的前驱体分解为相应的气态分子，随后在基底上进行反应沉积，从而生成二维辉钼矿纳米片（Voiry et al.，2015）。目前用 CVD 法制备二维辉钼矿纳米片的钼源除 MoO_3 外，主要还有硫代钼酸铵（$(NH_4)_2MoS_4$）、$MoCl_5$ 和钼单质，而硫源主要为硫粉。Lee 等（2012）分别以高纯 MoO_3 和硫粉作为钼源和硫源制备二维辉钼矿纳米片，合成流程如图 2.9（a）所示。将一定量的 MoO_3 和硫粉分别放到两个 Al_2O_3 坩埚中，再将坩埚和 SiO_2 基片分别置于管式炉中气流的上端和下端，然后在 N_2 气氛和 650℃ 条件下进行煅烧，MoO_3 和硫粉在高温作用下挥发并随气流迁移，两种挥发分反应并在 SiO_2 基片上沉积，形成二维辉钼矿纳米片。具体的合成机理如图 2.9（b）所示，高温条件下硫粉对 MoO_3 还原，具体分两步进行：首先硫粉对 MoO_3 进行部分还原，从而生成具有氧空位的 MoO_{3-x}［式（2.1）］；随后硫粉对 MoO_{3-x} 进行进一步还原，再沉积并生成二维辉钼矿纳米片［式（2.2）］。

$$MoO_3 + x/2S \longrightarrow MoO_{3-x} + x/2SO_2 \tag{2.1}$$

$$MoO_{3-x} + (7-x)/2S \longrightarrow MoS_2 + (3-x)/2SO_2 \tag{2.2}$$

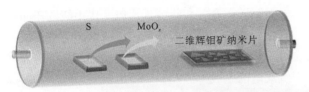
（a）以MoO₃为前驱体CVD法制备二维辉钼矿纳米片的示意图

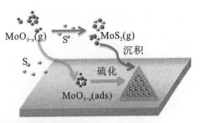
（b）合成机理图

（c）合成二维辉钼矿纳米片的AFM和TEM图
图 2.9　CVD 法制备二维辉钼矿纳米片的表征

　　合成二维辉钼矿纳米片的 AFM 和 TEM 结果如图 2.9（c）所示，通过截面分析可知，该二维辉钼矿纳米片的片层厚度约为 0.72 nm，说明合成的辉钼矿纳米片为单层纳米片。这个制备方法中辉钼矿晶体的生长对其生长前基底的预处理十分敏感。研究表明，当使用还原石墨烯、苝-3,4,9,10-四羧酸四钾盐（perylene-3,4,9,10-tetracarboxylic acid tetrapotassium salt，PTAS）、苝-3,4,9,10-四羧酸二酐（perylene-3,4,9,10-tetracarboxylic dianhydride，PRCDA）等芳香族分子对基质进行预处理，可以促进辉钼矿的径向生长，这是由于芳香族分子可以为辉钼矿生长的表面提供更好的润湿性并降低成核的自由能，PTAS 可以促进二维辉钼矿纳米片在亲水基底表面的生长，而全氟钛铜（1,2,3,4,8,9,10,11,15,16,17,18,22,23,24,25- hexadecafluorophthalocyanine Copper(II)，F₁₆CuPc）可促进二维辉钼矿纳米片在疏水基底表面的均一生长。此外，石墨烯这样的分子可以作为二维辉钼矿纳米片生长的晶核，且这些晶核浓度对制备大片径和高质量辉钼矿单层至关重要。

　　辉钼矿同样可以通过对钼金属进行简单硫化来制备，Zhan 等（2012）首先将钼金属薄膜沉积到 SiO₂/Si 基底上，随后在硫蒸气中煅烧来制备辉钼矿薄膜。该方法为获得原子厚度的辉钼矿薄膜提供了一种简便的途径，可以在玻璃碳、石英和氧化硅等绝缘衬底上制备出紧密堆积且光滑的辉钼矿薄膜。但由于均一金属薄膜的制备存在难度，硫化后基底上会出现单层和少数层二维辉钼矿纳米片共存的现象。此外获得的辉钼矿薄膜呈现低通/断电流比的金属性质，这主要是由样品中未硫化完全的金属杂质所导致的。

　　为制备具有大片径、均一且电学性能优异的二维辉钼矿纳米片，研究者随后提出热分解同时含有钼原子和硫原子的前驱体来制备二维辉钼矿纳米片。Liu 等（2012b）通过对硫代钼酸铵进行两段热解，在各种绝缘衬底上制备出了高结晶度和大片径的辉钼矿薄膜。该基于 CVD 法制备的辉钼矿薄膜在作为场效应晶体管器件时呈现的通/断电流比和载流子迁移率可以同以微机械剥离法制备的二维辉钼矿纳米片所构建的器件相当。当温度高于800℃时，硫代钼酸铵会热分解为辉钼矿、氨气和硫蒸气，但硫代钼酸铵在向辉钼矿转变的过程中包含多个反应步骤，且反应过程中氧气的存在也会严重影响辉钼矿的合成。此外，反应前硫代钼酸铵需要被溶解到极性的有机溶剂中，但反应过程中来自残留溶剂分子的碳杂质会造成最终产品中硫缺陷的生成。因此需要使用两段煅烧来制备高质量的辉钼矿薄膜，具体流程[图2.10（Liu et al.，2012b）]为：第一段煅烧，首先通过浸涂法制备硫代钼酸铵薄膜，随后将该薄膜置于含有Ar/H$_2$气流的石英管内，再将温度升至500℃以去除残余的溶剂及前驱体分解产生的氨气和其他产物；第二段煅烧，将反应温度升至1 000℃并向反应体系内引入硫蒸气。硫代钼酸铵向辉钼矿的完全转变发生在425℃，在第二段煅烧过程中引入硫蒸气可以去除辉钼矿中含氧缺陷并提高其结晶度。用该辉钼矿薄膜制备的晶体管器件的通/断电流比为10^5，且场效应电子迁移率可达6 cm^2/(V·s)。此外这类晶体管器件还具有极高的机械柔韧性，即弯曲形变后其电学特性也无显著改变。

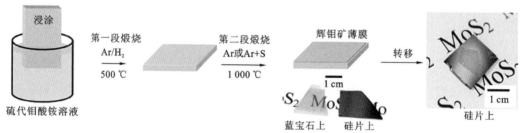

图2.10 热分解制备辉钼矿薄膜示意图

与其他二维辉钼矿纳米片制备方法相比，CVD法可定向制备大片径的单层或少数层二维辉钼矿纳米片，且合成的二维辉钼矿纳米片具有结晶度高等优点，但该方法操作流程复杂、能耗高，因此目前尚无法实现二维辉钼矿纳米片的大规模生产。

参 考 文 献

BENAVENTE E, SANTA ANA M A, MENDIZÁBAL F, et al., 2002. Intercalation chemistry of molybdenum disulfide[J]. Coordination Chemistry Reviews, 224(1-2): 87-109.

BERGIN S D, SUN Z, RICKARD D, et al., 2009. Multicomponent solubility parameters for single-walled carbon nanotube–solvent mixtures[J]. ACS Nano, 3(8): 2340-2350.

CHEN P, ZENG S, ZHAO Y, et al., 2020. Synthesis of unique-morphological hollow microspheres of MoS$_2$@montmorillonite nanosheets for the enhancement of photocatalytic activity and cycle stability[J]. Journal of Materials Science and Technology, 41: 88-97.

CIESIELSKI A, SAMORÌ P, 2014. Graphene via sonication assisted liquid-phase exfoliation[J]. Chemical Society Reviews, 43(1): 381-398.

COLEMAN J N, LOTYA M, O'NEILL A, et al., 2011. Two-dimensional nanosheets produced by liquid exfoliation of layered materials[J]. Science, 331(6017): 568-571.

DONG L, LIN S, YANG L, et al., 2014. Spontaneous exfoliation and tailoring of MoS$_2$ in mixed solvents[J]. Chemical Communications, 50(100): 15936-15939.

EDA G, FUJITA T, YAMAGUCHI H, et al., 2012. Coherent atomic and electronic heterostructures of single-layer MoS$_2$[J]. ACS Nano, 6(8): 7311-7317.

GUAN G, ZHANG S, LIU S, et al., 2015. Protein induces layer-by-layer exfoliation of transition metal dichalcogenides[J]. Journal of the American Chemical Society, 137(19): 6152-6155.

GUARDIA L, PAREDES J I, ROZADA R, et al., 2014. Production of aqueous dispersions of inorganic graphene analogues by exfoliation and stabilization with non-ionic surfactants[J]. Rsc Advances, 4(27): 14115-14127.

HALIM U, ZHENG C R, CHEN Y, et al., 2013. A rational design of cosolvent exfoliation of layered materials by directly probing liquid-solid interaction[J]. Nature Communications, 4(1): 1-7.

JIA F, LIU C, YANG B, et al., 2018. Thermal modification of the molybdenum disulfide surface for tremendous improvement of Hg^{2+} adsorption from aqueous solution[J]. ACS Sustainable Chemistry and Engineering, 6(7): 9065-9073.

LEE Y H, ZHANG X Q, ZHANG W, et al., 2012. Synthesis of large-area MoS$_2$ atomic layers with chemical vapor deposition[J]. Advanced Materials, 24(17): 2320-2325.

LI H, YIN Z, HE Q, et al., 2012. Fabrication of single-and multilayer MoS$_2$ film-based field-effect transistors for sensing NO at room temperature[J]. Small, 8(1): 63-67.

LIU C, JIA F, WANG Q, et al., 2017. Two-dimensional molybdenum disulfide as adsorbent for high-efficient Pb(II) removal from water[J]. Applied Materials Today, 9: 220-228.

LIU J, ZENG Z, CAO X, et al., 2012a. Preparation of MoS$_2$-polyvinylpyrrolidone nanocomposites for flexible nonvolatile rewritable memory devices with reduced graphene oxide electrodes[J]. Small, 8(22): 3517-3522.

LIU K K, ZHANG W, LEE Y H, et al., 2012b. Growth of large-area and highly crystalline MoS$_2$ thin layers on insulating substrates[J]. Nano Letters, 12(3): 1538-1544.

LOH K P, BAO Q, ANG P K, et al., 2010. The chemistry of graphene[J]. Journal of Materials Chemistry, 20(12): 2277-2289.

LU Y, YAO X, YIN J, et al., 2015. MoS$_2$ nanoflowers consisting of nanosheets with a controllable interlayer distance as high-performance lithium ion battery anodes[J]. Rsc Advances, 5(11): 7938-7943.

MAO B, YUAN Y, SHAO Y, et al., 2014. Alkylamine assisted ultrasound exfoliation of MoS$_2$ nanosheets and organic photovoltaic application[J]. Nanoscience and Nanotechnology Letters, 6(8): 685-691.

NOVOSELOV K S, GEIM A K, MOROZOV S V, et al., 2004. Electric field effect in atomically thin carbon films[J]. Science, 306(5696): 666-669.

NOVOSELOV K S, GEIM A K, MOROZOV S, et al., 2005. Two-dimensional gas of massless Dirac fermions in graphene[J]. Nature, 438(7065): 197-200.

RAMAKRISHNA MATTE H S S, GOMATHI A, MANNA A K, et al., 2010. MoS$_2$ and WS$_2$ analogues of graphene[J]. Angewandte Chemie International Edition, 49(24): 4059-4062.

SMITH R J, KING P J, LOTYA M, et al., 2011. Large-scale exfoliation of inorganic layered compounds in aqueous surfactant solutions[J]. Advanced Materials, 23(34): 3944-3948.

SPLENDIANI A, SUN L, ZHANG Y, et al., 2010. Emerging photoluminescence in monolayer MoS_2[J]. Nano Letters, 10(4): 1271-1275.

SUN K, YAO X, YANG B, et al., 2020. Oxygen-incorporated molybdenum disulfide nanosheets as electrode for enhanced capacitive deionization[J]. Desalination, 496: 114758.

VENKATA SUBBAIAH Y P, SAJI K J, TIWARI A, 2016. Atomically thin MoS_2: A versatile nongraphene 2D material[J]. Advanced Functional Materials, 26(13): 2046-2069.

VOIRY D, GOSWAMI A, KAPPERA R, et al., 2015. Covalent functionalization of monolayered transition metal dichalcogenides by phase engineering[J]. Nature Chemistry, 7(1): 45-49.

WANG H, LU Z, XU S, et al., 2013. Electrochemical tuning of vertically aligned MoS_2 nanofilms and its application in improving hydrogen evolution reaction[J]. Proceedings of the National Academy of Sciences, 110(49): 19701-19706.

WANG P, SUN H, JI Y, et al., 2014. Three-dimensional assembly of single-layered MoS_2[J]. Advanced Materials, 26(6): 964-969.

XIE J, ZHANG H, LI S, et al., 2013. Defect-rich MoS_2 ultrathin nanosheets with additional active edge sites for enhanced electrocatalytic hydrogen evolution[J]. Advanced Materials, 25(40): 5807-5813.

YI M, SHEN Z, 2015. A review on mechanical exfoliation for the scalable production of graphene[J]. Journal of Materials Chemistry A, 3(22): 11700-11715.

YIN Z, LI H, LI H, et al., 2012. Single-layer MoS_2 phototransistors[J]. ACS Nano, 6(1): 74-80.

ZENG Z, YIN Z, HUANG X, et al., 2011. Single-Layer Semiconducting Nanosheets: High-yield preparation and device fabrication[J]. Angewandte Chemie International Edition, 50(47): 11093-11097.

ZHAN Y, LIU Z, NAJMAEI S, et al., 2012. Large-area vapor-phase growth and characterization of MoS_2 atomic layers on a SiO_2 substrate[J]. Small, 8(7): 966-971.

ZHANG S L, JUNG H, HUH J S, et al., 2014. Efficient exfoliation of MoS_2 with volatile solvents and their application for humidity sensor[J]. Journal of Nanoscience and Nanotechnology, 14(11): 8518-8522.

ZHANG X, LAI Z, TAN C, et al., 2016. Solution-processed two-dimensional MoS_2 nanosheets: Preparation, hybridization, and applications[J]. Angewandte Chemie International Edition, 55: 8816-8838.

ZHENG J, ZHANG H, DONG S, et al., 2014. High yield exfoliation of two-dimensional chalcogenides using sodium naphthalenide[J]. Nature Communications, 5(1): 1-7.

二维辉钼矿纳米片表面改性

3.1 热处理表面氧化

辉钼矿作为一种硫化矿物，长时间暴露在潮湿的环境中易发生氧化，此时辉钼矿表面将部分转化为 MoO_3 和 SO_4^{2-} 等氧化产物并对其晶体结构造成一定程度的破坏而留下缺陷（Zhang et al.，2017）。相关研究表明辉钼矿表面的氧化和缺陷生成对其吸附及催化性能产生较大的影响。例如，密度泛函理论（density functional theory，DFT）及 X 射线光电子能谱法（X-ray photoelectron spectroscopy，XPS）等分析手段表明辉钼矿表面的氧原子与汞元素具有强作用力，同时生成的缺陷增强了辉钼矿表面的负电性，也有利于阳离子型重金属向辉钼矿表面迁移，因此在辉钼矿表面进行缺陷和氧化的诱导可大大提升其对水溶液中汞离子的吸附能力（Liu et al.，2017）。另外，辉钼矿缺陷处的端面具有更高的催化活性，利用这一特性，Liu 等（2016）制备了边缘暴露型二维辉钼矿纳米片用于光催化杀菌，研究发现其具有优异的抗菌效果。但是，这种自然氧化刻蚀的速度缓慢且无法控制，为了加速这个过程，通常需采用一些手段对辉钼矿的缺陷生成和表面氧化进行调控。辉钼矿表面缺陷及氧化调控常见的方法有热处理法（Jia et al.，2018）、等离子轰击法（Yang et al.，2019）和化学刻蚀法（Amini et al.，2017）等。与其他方法相比，热处理法操作简单，无需额外的药剂及精密的仪器即可实现辉钼矿缺陷和氧化的调控，因而被研究者广泛应用。

3.1.1 热改性辉钼矿晶体结构

一般的热改性过程为将一定质量的辉钼矿放入瓷舟，转移至马弗炉或管式炉中，在不同的气氛及焙烧温度下进行退火处理。为避免辉钼矿在处理过程中表面晶格过度破坏而造成的性能损失，一般控制热处理的温度为 300~500 ℃。如图 3.1（a）所示，在空气中加热辉钼矿至 600 ℃，其质量下降约 10%，此部分是 MoS_2 完全转变为 MoO_3 时的质量损失，同时该结果表明在 400~600 ℃时辉钼矿氧化速度较慢。而在氮气气氛下，没有明显的质量损失，500 ℃的加热条件下仅减轻 1.5%左右的质量，与空气气氛中结果不同，在氮气气氛中热处理辉钼矿只会产生缺陷。

当样品在空气中 400 ℃热处理后辉钼矿的 XRD 特征峰峰强度会降低[图 3.1（b）]，意味着其结晶度的下降，当温度升高至 500 ℃时，特征峰消失，内嵌的图中可看到出现

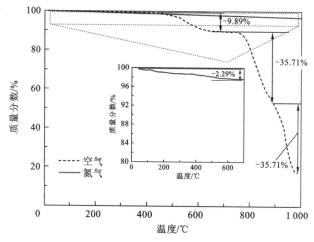

（a）辉钼矿在空气及氮气氛围下的热重曲线

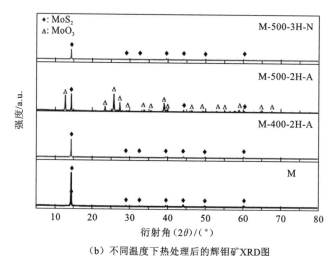

（b）不同温度下热处理后的辉钼矿XRD图

图 3.1　辉钼矿热重曲线及热处理后结构表征（后附彩图）

XRD（X-ray diffraction，X 射线衍射）

图（b）中样品代号含义：M（辉钼矿），M-400-2H-A（辉钼矿在空气气氛中 400 ℃焙烧 2 h），M-500-2H-A（辉钼矿在空气气氛中 500 ℃焙烧 2 h），M-500-3H-N（辉钼矿在氮气气氛中 500 ℃焙烧 3 h）

MoO_3 的特征峰，意味着表面的辉钼矿大部分被氧化为 MoO_3，然而在氮气气氛中即使辉钼矿被加热至 500 ℃，也可明显观察到辉钼矿的特征峰，说明没有氧气存在时辉钼矿不发生氧化。

图 3.2 为不同温度和气氛下热处理前后辉钼矿的拉曼光谱。从图 3.2（a）可以看出，辉钼矿样品在 386 cm^{-1} 和 412 cm^{-1} 处有两个峰值，分别对应于钼和硫的平面内和平面外振动（E_{2g}^1 和 A_{1g}）。样品在空气中 400 ℃热处理后，辉钼矿的两个特征峰没有明显变化。在图 3.2（b）中观察到的位于 285 cm^{-1}、666 cm^{-1}、820 cm^{-1} 和 995 cm^{-1} 的峰分别属于终端氧原子的摆动振动、沿着 c 轴的 Mo—O—Mo 不对称振动、氧原子的对称拉伸及氧原子的不对称拉伸。在热处理后这些峰强只略微增加，表明辉钼矿在经过 400 ℃加热后，其氧化作用可以忽略不计。当温度升高到 500 ℃时，图 3.2（b）中 820 cm^{-1}

处出现强烈的 MoO_3 峰，表明辉钼矿表面发生了明显的氧化。在氧气不存在的情况下，辉钼矿的拉曼峰仅发生轻微的红移，说明在氮气气氛中辉钼矿的厚度轻微减小，同时没有发生氧化。

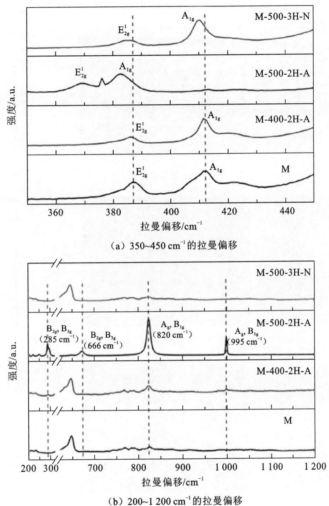

（a）350~450 cm^{-1}的拉曼偏移

（b）200~1 200 cm^{-1}的拉曼偏移

图 3.2　不同温度及气氛下热处理辉钼矿前后的拉曼光谱

3.1.2　热改性辉钼矿表面形貌

热处理法的调控原理是利用辉钼矿热稳定性差的特点，即在高温条件下焙烧时，其表面与氧气之间的作用会加速氧化产物的生成，扫描电子显微镜-能谱仪（scanning electronic microscope-energy dispersive spectrometer，SEM-EDS）分析如图 3.3 所示。通过对热处理前后辉钼矿的氧元素映射和元素能谱的含量分析，推断辉钼矿在空气气氛中的氧化程度是有限的，同时氧化程度随热处理温度的升高而增大，经过 500 ℃热处理后，辉钼矿的 Mo 和 S 质量分数分别降低 8.9%和 16.22%，Mo/S 物质的量比降低至 0.18，远低于辉钼矿的化学计量 Mo/S 物质的量比（0.5），说明热处理过程中释放的硫原子比钼原子多，有力地证实缺陷形成和氧化现象。同时，说明辉钼矿会以原生硫空位为起点发生刻蚀现象，被破坏的晶格以 SO_2 和 MoO_3 或 MoS_2 气体的形式释放到周围环境中，最终形成大面积的晶格缺陷。

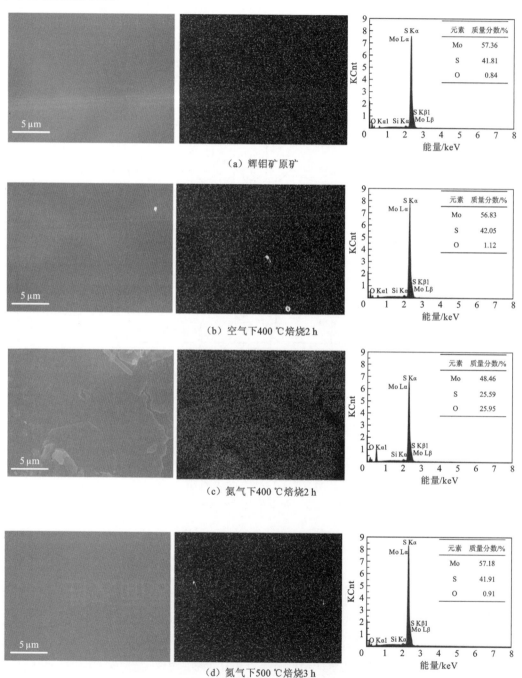

图 3.3　辉钼矿的 SEM-EDS 形貌，氧能谱及能谱分布图（后附彩图）

元素质量分数因修约，合计可能不等于100%

调节热处理温度可控制辉钼矿缺陷生成程度，图 3.4 为不同温度下热处理后辉钼矿的 AFM 图像（二维和三维视图）。在热处理前，可以观察到辉钼矿具有光滑的表面[图 3.4（a）]，在空气气氛中 300 ℃热处理 2 h 后，辉钼矿表面没有出现明显的变化[图 3.4（b）]，说明在空气中低温热处理时，缺陷难以产生；当温度升高至 400 ℃时，辉钼矿表面出现均匀分布的边长为 0.428 μm 的正三角形缺陷[图 3.4（c）]，其中的内嵌图中标记白线对应的高度分布，表明生成的三角形缺陷厚度约为 0.75 nm，对应一个单层辉钼矿的厚度，以上结果证实辉钼矿表面存在等边三角形缺陷；热处理温度升高至 500 ℃，这些三角形的蚀刻物向旁边延伸，缺陷形状变得不规则[图 3.4（d）]，导致表层一半以上的区域被刻蚀，从相应的内嵌图可看出相邻两层缺陷的高度差约为 0.75 nm，说明部分缺陷刻蚀了辉钼矿的第二层甚至多层。上述结果表明，高温和氧气条件下的热处理会导致表层刻蚀后暴露出的新表面被进一步刻蚀。

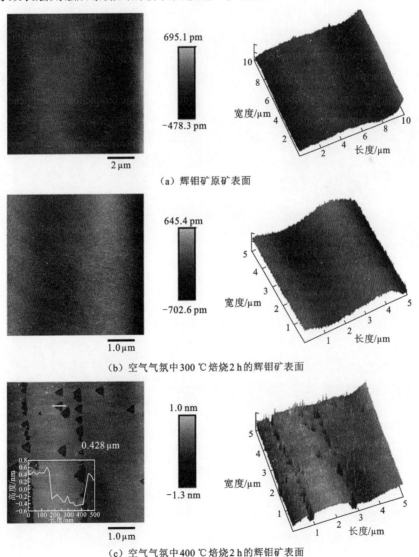

（a）辉钼矿原矿表面

（b）空气气氛中 300 ℃焙烧 2 h 的辉钼矿表面

（c）空气气氛中 400 ℃焙烧 2 h 的辉钼矿表面

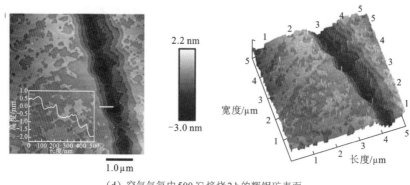

（d）空气气氛中 500 ℃ 焙烧 2 h 的辉钼矿表面

图 3.4　辉钼矿表面 AFM 图（后附彩图）

$1 \text{ pm} = 10^{-12} \text{ m}$

在空气气氛中，辉钼矿可被热处理氧化生成缺陷，在氮气气氛中焙烧处理的方式可避免辉钼矿表面的氧化作用并同时诱导出晶格缺陷，但缺陷的生长速度比在空气气氛中缓慢，图 3.5 为氮气气氛中 500 ℃ 热处理 3 h 后辉钼矿的表面形态，其表面出现边长为 1.05 μm 的统一朝向的正三角形缺陷，比 400 ℃ 空气气氛中热处理产生的三角形更大，但缺陷只产生在辉钼矿表层。

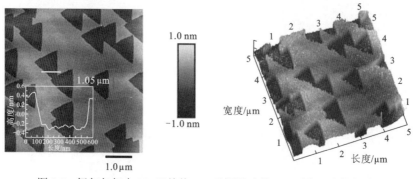

图 3.5　氮气气氛中 500 ℃ 焙烧 3 h 后辉钼矿的 AFM 图（后附彩图）

热处理时间对辉钼矿缺陷的影响结果如图 3.6 所示。在空气气氛中 400 ℃ 热处理 1 h 后，辉钼矿的表面出现较小的等边三角形缺陷 [图 3.6（a）]。随着热处理时间延长至 3 h，这些缺陷逐渐扩大，但依然保持等边三角形 [图 3.6（b）]，同时缺陷数量没有增加，说明热处理产生的缺陷可能是由辉钼矿的内部缺陷引起的。在空气气氛中热处理温度为 500 ℃ 时，几乎不存在等边三角形凹坑，在很短的时间（10 min）内，缺陷同时在水平和垂直方向上展开，因此在顶部和新暴露的层出现连续的缺陷 [图 3.6（c）]，随着热处理时间的延长，可以观察到辉钼矿表面出现更多缺陷 [图 3.6（d）]。当辉钼矿在氮气气氛中 500 ℃ 热处理 30 min 时，表面会出现一些尺寸较小的缺陷 [图 3.6（e）]，当时间延长到 1 h，这些缺陷会扩大并连接在一起，从而暴露出一个新的表面。值得注意的是，不同的辉钼矿样品在热处理后的缺陷情况不同，因为热处理产生的缺陷是由自身的固有缺陷引起。上述现象表明，在热处理过程中，辉钼矿表面缺陷的生长与热处理温度、氧气浓度和热处理时间相关，温度及氧浓度的提升或延长热处理时间均会导致辉钼矿产生更多的缺陷。

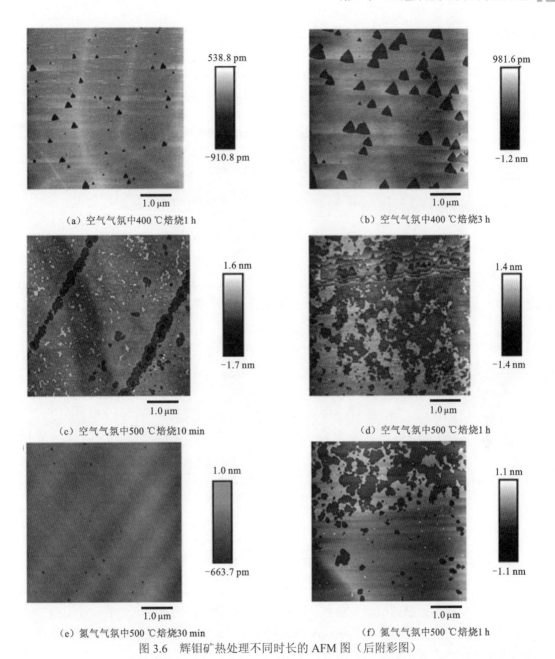

（a）空气气氛中400 ℃焙烧1 h

（b）空气气氛中400 ℃焙烧3 h

（c）空气气氛中500 ℃焙烧10 min

（d）空气气氛中500 ℃焙烧1 h

（e）氮气气氛中500 ℃焙烧30 min

（f）氮气气氛中500 ℃焙烧1 h

图 3.6　辉钼矿热处理不同时长的 AFM 图（后附彩图）

　　因此，空气气氛中热处理辉钼矿时，缺陷边缘的原子与氧气发生反应，形成氧化钼和氧化硫，形成的氧化物随着周围温度的升高挥发并离开辉钼矿表面，留下更多的缺陷。当体系中引入更多氧气和提高温度时，辉钼矿表面产生更多的氧化钼和氧化硫，实现辉钼矿表面氧化和亚微米缺陷的控制。空气气氛中辉钼矿氧化与热效应的共同作用促进辉钼矿表面缺陷的形成及氧化的发生，在氮气气氛中热处理，只存在辉钼矿与氮气之间的热效应，当向系统输入高热能时，辉钼矿的化学键变得不稳定并被热效应破坏，此时解离的原子或分子可能以气体的形式从表面逃逸，使辉钼矿表层产生缺陷，如图 3.7 所示。

探索发现，改变热处理温度、热处理时间和氧气含量等方式可对辉钼矿表面的氧化及缺陷程度进行定向调控。

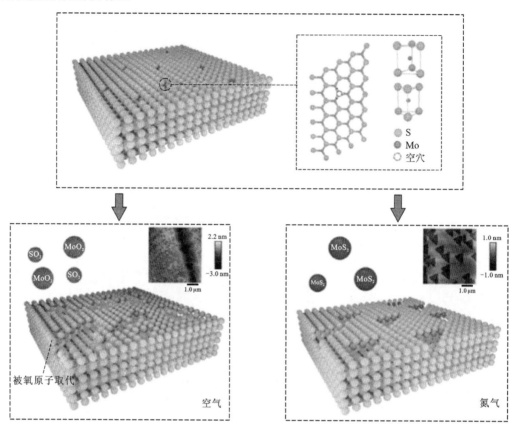

图 3.7　辉钼矿表面产生缺陷及其氧化示意图（后附彩图）

3.2　晶格原子掺杂

晶格原子掺杂是晶体中的一些原子被外界原子所替代，为点缺陷中的一种类型。晶格原子掺杂的策略主要包括固相法、液相法和气相法合成，通过控制反应物浓度与温度等反应条件，调控其本征结构。固相法主要通过机械力化学作用增强材料活性，使颗粒表面层产生晶格缺陷，发生晶格畸变，进而实现原子掺杂，是一种传统的制粉工艺，虽然有其固有的缺点，如能耗大、效率低、粉体不够细、易混入杂质等，但由于该法制备的粉体具有无团聚、填充性好、成本低、产量大、制备工艺简单等优点，迄今仍是常用的粉体制备方法。液相法是选择一种或多种合适的可溶性金属盐类，按所制备的材料组成计量配制成溶液，使各元素呈离子或分子态，再选择一种合适的沉淀剂或用蒸发、升华、水解等操作，使金属离子均匀沉淀或结晶出来，最后将沉淀或结晶进行脱水或者加热分解从而得到所需的粉体材料。根据制备过程不同，液相法一般可分为沉淀法、水热法、溶胶凝胶法、水解法、电解法、氧化法、还原法、喷雾法、冻结干燥法等，其中前4 种应用前景较好。CVD 法是指化学气体或蒸汽在基质表面反应形成涂层或纳米材料的方法，是半导体工业中应用最为广泛的材料沉积制备技术，制成材料包括绝缘材料、大多数金属材料和金属合金材料。晶格原子掺杂产生的变化破坏晶体规则的点阵周期性排列，引起质点间势场的畸变，造成晶体结构的不完整性，可改善材料的物理性质、化学性质和电子结构，在原子尺度上实现性能优化，对拓展其在电化学、能源存储与转化、催化等领域的应用具有重要的意义。

　　晶格原子掺杂是改善半导体吸附及催化性能较为常见的方法，当半导体中存在杂质原子时，便形成与能带对应的束缚状态，束缚电子会形成杂质能级，存在于半导体的带隙中，对实际半导体的性质起决定性作用，可分为几种状态。①施主能级。如果杂质在带隙中提供电子，则形成施主能级。这种能级由于距离导带很近，电子在外场作用下激发到导带上，激发程度远远高于价带对导带的激发，所以这种半导体的载流子大多为施主杂质能级到导带的激发电子。②受主能级。与施主能级正好相反，受主杂质能级在带隙中提供空位，这种情况下，价带上的电子很容易激发到受主能级，从而在原价带上留下空穴。由于受主能级的电子为局部束缚态，不参与导电，所以这种半导体的导电载流子大多为空穴。③类氢杂质能级。杂质和缺陷束缚电子的情况是非常复杂的。不同材料、不同杂质产生的原因都不一样。类氢杂质能级中，锗、硅、III-V 族化合物半导体中加入多一个价电子的元素，在填满价带之外还多余一个电子，同时原子比原来也多了一个正电荷，这个多余正电荷会束缚多余电子，就如同氢原子一样，形成的是施主能级。反之，少一个价电子的元素，填满原来的电子结构，必须要加入一个电子，此时杂质中多了一个电子，但满带中多了一个空穴，空穴为杂质的电子束缚，则成为受主能级。④深能级杂质。深能级是指杂质或者缺陷在半导体带隙中引入更深能级。深能级杂质引入的能级大多为多重能级。如在硅的半导体中掺入金元素时，则会形成二重深能级。该能级一般会形成原子间距级别的短程势，其理论分析远远要比类氢杂质能级复杂。

3.2.1　层间原子掺杂

　　水热法制备异质原子掺杂辉钼矿晶体结构材料较为简单及安全，将钼源（钼酸钠、钼酸铵等）、硫源（硫脲、硫代乙酰胺）和其他金属盐溶液混合放置于反应釜中加热至一定温度并保温一定时间即可合成异质原子掺杂辉钼矿。根据掺杂原子作用位点的不同，可分为层间掺杂和面内掺杂。层间掺杂是将一些分子、原子或者离子插入辉钼矿层间，改变插层组分种类或者浓度可有效调控其结构，并引发多种物理或者化学现象，例如电荷密度波、各向异性的输运性能及超导电性等多种电子行为。对于碱金属离子，例如锂离子等，通常具有较小的离子体积及较高的活性，因此易于掺入层间，从而进一步引起辉钼矿纳米片自身电子结构甚至晶体结构变化（Zhao et al.，2016）。辉钼矿纳米片的稳定晶体结构为 2H 相，如图 3.8（a）（Enyashin et al.，2011）所示。当层间掺入碱金属后，碱金属离子向辉钼矿纳米片中注入更多电子，为保持能量最低的电子排布，于是中心钼离子的配位环境变为八面体 1T 相，4d 轨道分为两组，新注入的电子与原来的两个电子刚好排布在能量最低的 d_{xy}、d_{yz} 和 d_{xz} 三个简并轨道上。由此可知，碱金属离子层间掺杂后将改变辉钼矿纳米片的晶体结构，同时引起其自身电学行为的变化，使半导体态变为金属态，如图 3.8（b）所示。

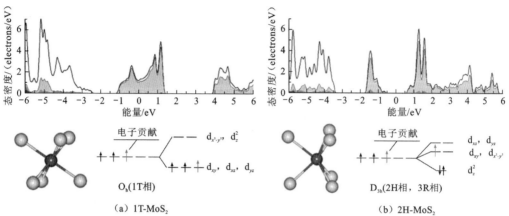

（a）1T-MoS$_2$ （b）2H-MoS$_2$

图 3.8   1T-MoS$_2$ 和 2H-MoS$_2$ 的总态密度分布、Mo 4d 轨道态密度分布及各自电子排布示意图

3.2.2 面内原子掺杂

面内原子掺杂也是一种有效的辉钼矿性能调控手段（Jadczak et al.，2014），在生长过程中或生长之后引入异质原子取代钼原子或硫原子，在基面上与其他原子形成共价键，进而调控辉钼矿的能带结构、吸附特性和导电特性等，进而优化其磁性、导电性或光吸收性等物理性能或者化学性能（Komsa et al.，2012）。掺杂原子一般为非金属原子（氧、氮或磷原子等）或过渡金属原子（锰、钴或铁原子等）。例如，如图 3.9（Zhan et al.，2020a）所示，通过降低水热合成温度，进而降低二维辉钼矿纳米片的结晶程度，实现氧原子掺入辉钼矿面内取代硫原子，增强基面的极性，提高纳米片与水分子的亲和力，最终提升

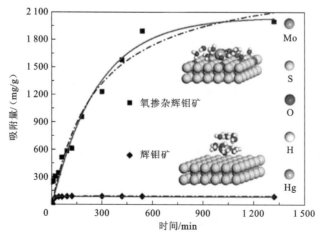

图 3.9   氧掺杂二维辉钼矿纳米片吸附 Hg^{2+} 示意图（后附彩图）

辉钼矿吸附汞离子的性能，11%氧原子的掺入，汞离子吸附速率和吸附量分别提升 17 倍和 21 倍，通过 DFT 计算再次证明氧原子与汞具有较好的亲和性，改变基面疏水性，可增加汞离子与辉钼矿间的作用（Zhan et al.，2020a）。

向水热合成的溶液中加入氯化锰或氯化钴盐溶液可制备锰掺杂或钴掺杂二维辉钼矿纳米片，相关的 XRD 结果[图 3.10（a）和（b）]证实异质原子掺杂不改变辉钼矿的晶体结构，而相应的 XPS 结果[图 3.10（c）和（d）]则证明通过简单的水热法可成功地将异质原子引入辉钼矿晶体结构中，但不改变辉钼矿中钼和硫的存在状态。

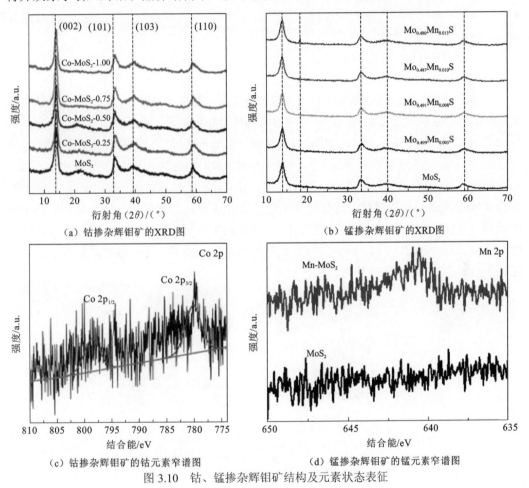

图 3.10 钴、锰掺杂辉钼矿结构及元素状态表征

3.3 界面异质结构建

在一块半导体中借助掺杂的方法做成两个导电类型不同的部分，称为普通的 p-n 结，一个经过掺杂形成空穴多的 p 型，另一个经过掺杂形成电子多的 n 型，也称为同质结，而在两块或两块以上不同的半导体材料中，一块形成 p 型掺杂，一块形成 n 型掺杂，称

为异质结。当两种不同导电类型的半导体材料构成异质结时，由于半导体的能带结构包括费米能级及载流子浓度的不同，不同半导体间会有载流子的扩散、转移，直到费米能级拉平，这样就形成能垒，此时异质结处于热平衡状态。与此同时，两种半导体材料界面的两侧形成空间电荷区（即势垒区或耗尽区），n 型半导体一边为正空间电荷区，p 型半导体一般为负空间电荷区，由于不考虑界面态，所以在势垒区中正空间电荷数等于负空间电荷数。正、负空间电荷区产生电场，也称内电场，方向是从 n 区指向 p 区，阻碍着电子和空穴的扩散，使 n 区的少数载流子空穴和 p 区的少数载流子电子分别向 p 区和 n 区做漂移运动，导致结区的能带发生弯曲。

3.3.1 界面异质结分类

在光催化中，异质结的构建可有效减缓光生电子-空穴对的复合，进而提高光催化剂的催化活性。根据相互接触的两种半导体价带和导带相互位置，通常有三种形式（Type I、Type II 和 Type III）的异质结，如图 3.11 所示。在 Type I 异质结的结构中，一种半导体（A）的导带和价带分别低于及高于另一种半导体（B）的导带和价带，光照时电子和空穴均匀聚集于 B 的导带和价带上，难以分离。在 Type II 异质结的结构中，A 半导体的导带和价带均高于 B 半导体，光照时光生电子将转移至 B 半导体，而光生空穴迁移至 A 半导体，可很好地分离光生电子-空穴对。在 Type III 异质结的结构中，两个半导体的能级结构排布与 Type II 类似，但交错间隙极端导致带隙不重叠，因此该类型异质结不能实现光生电子-空穴对的有效分离。

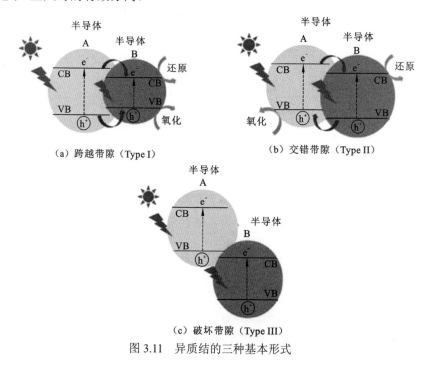

图 3.11 异质结的三种基本形式

3.3.2　界面异质结特性

异质结构建可以进一步提高辉钼矿载流子浓度、增加活性位点、增强载流子迁移率,降低转移阻力和减少能带带隙,从而更好地应用于光催化领域。例如,Zhan 等(2020b)通过一步水热法构建辉钼矿/硫化锌异质结(Type I 异质结),如图 3.12 所示,形成紧密的 Zn—S 键界面有利于快速转移电子,提高载流子的迁移速率的同时有效抑制电子-空穴对的复合,大幅度提高光催化活性,当硫化锌含量增加时,催化活性反而降低。

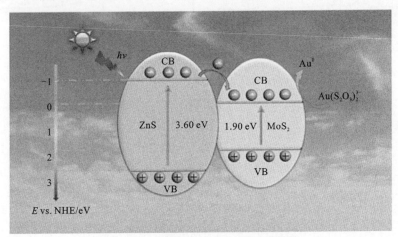

图 3.12　辉钼矿/硫化锌异质结示意图

NHE(normal hydrogen electrode,标准氢电极)

硫化锌、辉钼矿和一系列辉钼矿/硫化锌纳米异质结的 XRD 图如图 3.13(a)所示。在 14.1°(002)、33.3°(100)、39.4°(103)和 59.0°(110)处观察到的衍射峰与 2H 相辉钼矿匹配。同时,立方相硫化锌在 28.6°(111)、47.6°(220)和 56.6°(311)三处存在显著的衍射峰。所有的硫化锌和辉钼矿的峰都在辉钼矿/硫化锌纳米异质结中被检测到,这说明辉钼矿和硫化锌的相互耦合对其晶体结构几乎没有影响。此外,辉钼矿/硫化锌纳米异质结的峰值强度随组分比的变化而变化。

通过紫外-可见吸收光谱研究硫化锌、辉钼矿和辉钼矿/硫化锌纳米异质结的光学性质,如图 3.13(b)所示。在辉钼矿中观察到两个在 200～400 nm 明显的吸收肩,硫化锌样品的吸附边缘在 370 nm 左右。在可见光和紫外(ultraviolet,region,UV)区,辉钼矿比硫化锌有更大的吸附范围。除 $Mo_{0.43}Zn_{0.14}S$ 外,辉钼矿/硫化锌纳米异质结在可见光和紫外区均具有良好的吸附性能。

XPS 光谱证明了 Mo、S 和 Zn 元素存在于辉钼矿/硫化锌纳米异质结中[图 3.14(a)]。对于纯辉钼矿,Mo $3d_{3/2}$ 和 Mo $3d_{5/2}$ 的峰分别位于 232.68 eV 和 229.48 eV[图 3.14(b)],显示 Mo 以 +4 价状态存在于辉钼矿中。与硫化锌结合后,Mo 的 3d 峰值分别变为 231.88 eV($3d_{3/2}$)和 228.98 eV($3d_{5/2}$),这可能是 Zn 的存在导致纳米片不连续生长所致。234.78 eV(Mo(VI))的峰值可能来自硫化锌与辉钼矿的相互作用。通过对样品的 S 2p 谱[图 3.14(c)]

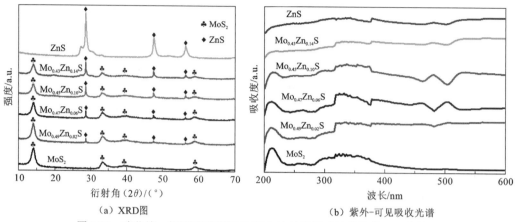

（a）XRD图   （b）紫外-可见吸收光谱

图 3.13 硫化锌、辉钼矿和辉钼矿/硫化锌纳米异质结的结构及吸光性能

进行分析，进一步研究硫化锌对辉钼矿的影响。在 163.48 eV 和 162.28 eV 处 S $2p_{1/2}$ 和 S $2p_{3/2}$ 的峰值与 MoS_2 的 S^{2-} 一致，在 162.73 eV 和 161.18 eV 处观察到的峰值可以归为硫化锌。杂化后，与辉钼矿和硫化锌相比，辉钼矿/硫化锌纳米异质结的 S 2p 峰（162.98 eV，161.78 eV）发生了轻微的位移。此外，辉钼矿/硫化锌纳米异质结的 Zn $2p_{1/2}$（1 044.91 eV）和 Zn $2p_{3/2}$（1 021.74 eV）的峰与硫化锌的 Zn 2p 谱（1 045.18 eV，1 022.28 eV）相比出现了位移。这些现象证实了辉钼矿和硫化锌之间有强的电子相互作用，促进了光生电荷的分离和转移。因此，异质结和 Zn—S—Mo 键的形成将有利于提高辉钼矿的光催化性能。

借助 SEM 和 TEM 表征硫化锌、辉钼矿和辉钼矿/硫化锌纳米异质结的形貌和微观结构。SEM 图[图 3.15（a）和（d）]显示硫化锌的表面存在大量小颗粒，而辉钼矿的形貌为无数超薄纳米薄片形成的绣球花，如图 3.15（b）和（e）所示。至于辉钼矿/硫化锌纳米异质结[图 3.15（c）和（f）]，其形貌与辉钼矿相似，但片层间距与辉钼矿相比较为

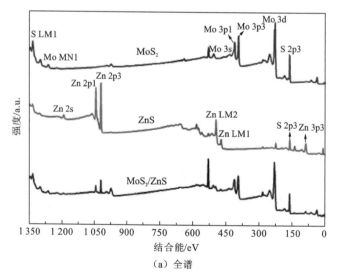

（a）全谱

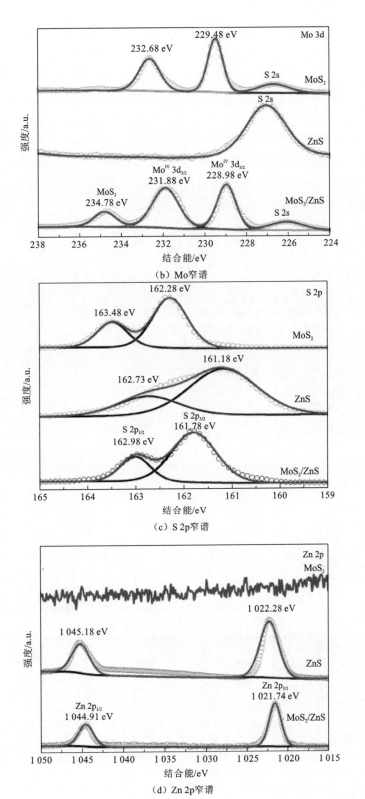

图 3.14　硫化锌、辉钼矿和辉钼矿/硫化锌纳米异质结的 XPS 谱图（后附彩图）

稀疏。为了进一步观察辉钼矿/硫化锌纳米异质结的结构及元素分布状态，采用 TEM 观察，结果如图 3.16 所示。图 3.16（a）为辉钼矿/硫化锌纳米异质结的形貌图，显示纳米薄片堆叠的花状结构，与 SEM 的结果一致，即辉钼矿/硫化锌纳米异质结的边缘由大量的纳米片构成。高分辨率 TEM 图像清晰显示，层间距为 0.651 nm 的辉钼矿与层间距为 0.313 nm 的硫化锌密切接触[图 3.16（b）]，证明了辉钼矿和硫化锌的存在。选区电子衍射（selected area electron diffraction，SAED）图谱[图 3.16（c）]表明，制备的样品中含有硫化锌的多晶态和辉钼矿的六方相，这与 XRD 结果一致。对应的 EDS 元素映射显示 Mo 和 Zn 的均匀分布、Zn 的集中分布和 S 在 Mo 和 Zn 上的重叠分布。

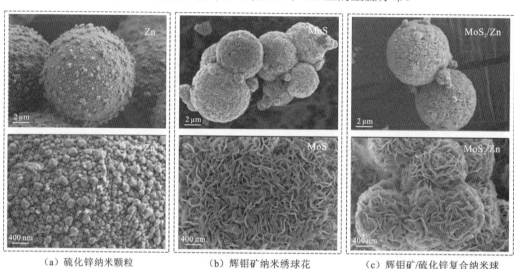

（a）硫化锌纳米颗粒　　　（b）辉钼矿纳米绣球花　　　（c）辉钼矿/硫化锌复合纳米球

图 3.15　硫化锌纳米颗粒、辉钼矿纳米绣球花和辉钼矿/硫化锌复合纳米球的 SEM 图像

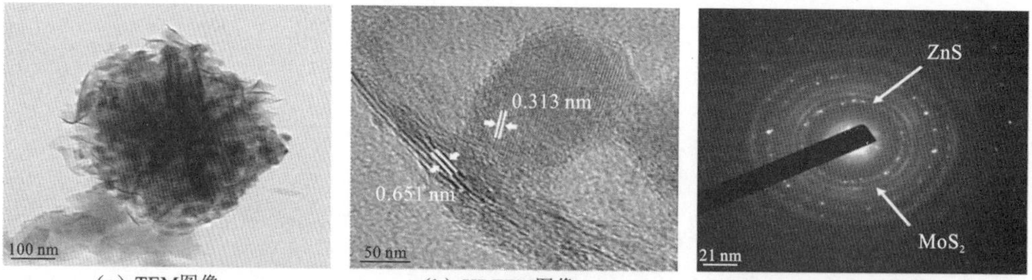

（a）TEM 图像　　　　　（b）HRTEM 图像　　　　　（c）SAED 图像

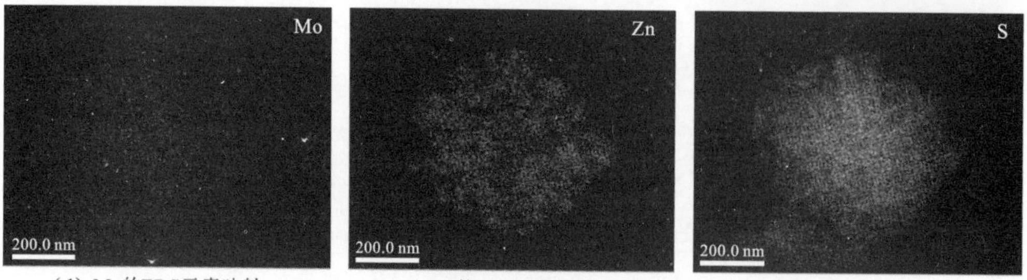

（d）Mo 的 EDS 元素映射　　（e）Zn 的 EDS 元素映射　　（f）S 的 EDS 元素映射

图 3.16　辉钼矿/硫化锌纳米异质结的 TEM、HRTEM 和 SAED 图像及

相应的 EDS 元素映射（后附彩图）

3.4　纳米片磁化

二维辉钼矿纳米片具有巨大的比表面积、丰富的活性位点及独特的半导体性质，因而被广泛应用于医学、环境及能源等多个领域。然而，纳米材料在液相中难以固液分离的固有缺点极大限制了纳米片的进一步应用。通过磁化制备磁性二维辉钼矿纳米复合材料，可易于实现辉钼矿纳米片的固液分离，同时利于改善纳米片本身易堆叠的缺点。磁性辉钼矿主要是通过将磁性颗粒（如四氧化三铁纳米颗粒）与二维辉钼矿纳米片复合而成。主要包含两种形式：其一，将四氧化三铁纳米颗粒通过水热法沉积于二维辉钼矿纳米片表面，形成四氧化三铁@辉钼矿纳米复合物；其二，将二维辉钼矿纳米片生长于四氧化三铁纳米颗粒上，形成以四氧化三铁纳米颗粒为"核"，二维辉钼矿纳米片为"壳"的辉钼矿@四氧化三铁壳-核结构复合物。通过这两种方式制备的磁性二维辉钼矿纳米片易于实现固液分离，提高辉钼矿的吸附、催化活性，从而使辉钼矿纳米片更好地应用于液相体系中。

3.4.1　磁化纳米片晶体结构

辉钼矿@四氧化三铁壳-核结构复合物的 XRD 图谱如图 3.17 所示。在衍射角 2θ 为 $30.1°$、$35.4°$、$43.1°$、$56.9°$ 及 $62.5°$ 观测到四氧化三铁的特征峰，分别对应四氧化三铁的(220)、(311)、(400)、(511)及(440)晶面，说明四氧化三铁纳米颗粒成功制备。同样的，辉钼矿的衍射峰在 2θ 为 $13.9°$、$32.5°$、$35.9°$ 及 $57.3°$ 被发现，分别对应辉钼矿的(002)、(100)、(103)和(110)晶面，说明辉钼矿纳米片成功制备。在复合物的 XRD 图中，辉钼矿与四氧化三铁的特征峰均出现，说明在水热过程中，二维辉钼矿纳米片与四氧化三铁纳米颗粒成功复合。

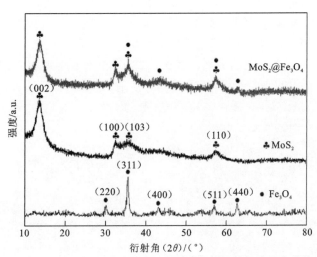

图 3.17　辉钼矿、四氧化三铁纳米球及辉钼矿@四氧化三铁纳米球的 XRD 图

图 3.18 是二维辉钼矿纳米片和辉钼矿@四氧化三铁壳-核结构复合物的氮气吸附-脱附等温线。根据多点比表面积计算法，计算出二维辉钼矿纳米片和辉钼矿@四氧化三铁壳-核结构复合物的比表面积分别为 16.9 m²/g 和 27.1 m²/g；当形成辉钼矿@四氧化三铁壳-核结构后，比表面积显著增大，原因是该结构有效减少了二维辉钼矿纳米片的相互堆叠，二维辉钼矿纳米片的分散更为均匀。更大的比表面积使辉钼矿暴露更多的催化活性位点，且更有利于溶液中离子扩散到辉钼矿的表面，促进了吸附、催化等反应的进行。

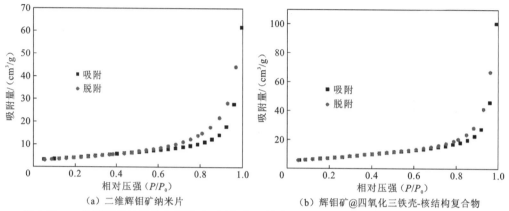

（a）二维辉钼矿纳米片　　　　（b）辉钼矿@四氧化三铁壳-核结构复合物

图 3.18　二维辉钼矿纳米片和辉钼矿@四氧化三铁壳-核结构复合物的氮气吸附-脱附等温线

3.4.2　磁化纳米片表面形貌

四氧化三铁纳米球、二维辉钼矿纳米片和辉钼矿@四氧化三铁壳-核结构复合物的透射电镜图如图 3.19 所示。图 3.19（a）为四氧化三铁纳米球的 TEM 图，可以看出四氧化三铁呈球状，直径小于 500 nm，表明四氧化三铁纳米球成功制备。图 3.19（b）为二维辉钼矿纳米片的 TEM 图，二维辉钼矿纳米片片层之间相互堆叠，不易暴露活性位点。图 3.19（c）是辉钼矿@四氧化三铁壳-核结构复合物的 TEM 图。从图中可以看出，四氧化三铁纳米球颗粒作为该复合物的"核"，而二维辉钼矿纳米片则生长其上形成一层包覆结构，构成"壳-核"结构的复合物。当二维辉钼矿纳米片生长在四氧化三铁纳米球颗粒"核"上时，有效减少了纳米片之间的堆叠，有利于二维辉钼矿纳米片暴露出更多的端面催化活性位点，呈现出更大的比表面积，从而有利于吸附、催化等反应的进行，而且作为"核"的四氧化三铁纳米球颗粒具有磁性，易于实现磁选分离。

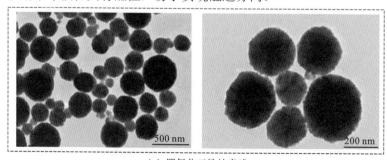

（a）四氧化三铁纳米球

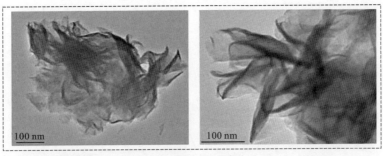

（b）二维辉钼矿纳米片

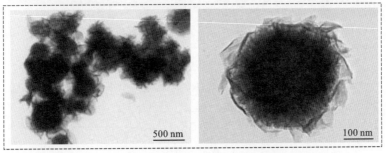

（c）辉钼矿@四氧化三铁壳-核结构复合物

图 3.19　四氧化三铁纳米球、二维辉钼矿纳米片、辉钼矿@四氧化三铁壳-核结构复合物的 TEM 图

3.4.3　磁化纳米片固液分离

图 3.20（a）显示了四氧化三铁纳米球和辉钼矿@四氧化三铁壳-核结构复合物的磁滞回线。四氧化三铁纳米球的饱和磁场强度达到 58.3 emu/g（1 emu＝10 c），在负载了二维辉钼矿纳米片之后，饱和磁场强度降低至 9.8 emu/g，这是由在负载过程中四氧化三铁纳米球的占比（6.7%）较低导致的。尽管如此，均匀分散在水溶液中的辉钼矿@四氧化三铁颗粒在磁场作用下仍旧能够被很快地富集回收。因此，辉钼矿@四氧化三铁壳-核结构复合物通过简单的磁选即可实现固液分离。此外，在制备的辉钼矿@四氧化三铁壳-核磁性复合材料的基础上，添加聚多巴胺（polydopamine，PDA）可增强该复合物的催化性能。通过水热法制备四氧化三铁@PDA-辉钼矿壳-核结构纳米复合物，增大二维辉钼矿纳米片的比表面积，同时实现简易固液分离的目的[图 3.20（b）]。尽管四氧化三铁@PDA-辉钼矿的饱和磁化强度比另两种材料低，但是依然高于大多数报道的磁性复合材料（28.7～52.0 emu/g），可以满足实际应用需求。此外，磁化曲线中没有磁滞环说明四氧化三铁@PDA-辉钼矿纳米球具有超顺磁性。由于高饱和磁化强度及超顺磁性，该磁性纳米复合材料可以很容易被附近的磁铁在几秒内吸引到一起并分离。可以看到当磁铁被移走时，磁性纳米复合物会重新在溶液中分散均匀，保证了材料在实际应用中的经济性及循环性。

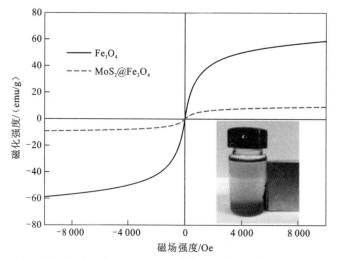

（a）四氧化三铁纳米球和辉钼矿@四氧化三铁壳-核结构复合物的磁滞回线

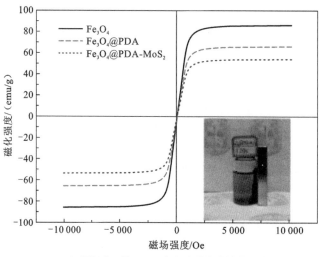

（b）四氧化三铁@PDA-辉钼矿纳米球的磁滞回线

图 3.20 磁性辉钼矿复合物的磁性表征

1 Oe = 79.577 5 A/m

3.5 纳米片三维结构化

因具有巨大的表面能和较小的粒度，二维纳米片在使用过程中易于团聚堆叠，从而降低其分散稳定性和有效比表面积，且固液分离困难、循环使用性能较差。三维结构化是改善二维纳米片使用性能的有效手段，通过该方法可有效降低二维纳米片固有的堆叠、聚集特性，增强其比表面积、减少离子扩散阻力并增加活性位点数量（Zhang et al., 2015）。凝胶化是纳米片实现三维结构化最常用的方式，通过纳米片与高分子间的交联聚合，可形成具有众多孔道结构和较强机械稳定性的空间网状结构。为了实现二维辉钼矿纳米片的三维结构化，可首先通过有机改性在二维辉钼矿纳米片表面引入多种官能团，如羧基、羟基、硫醇基、烷基链等（Chen et al.，2017），随后添加交联剂使改性后的二维辉钼矿纳米片交联聚合进而形成辉钼矿凝胶。

3.5.1　纳米片三维化形貌表征

为了制备高催化活性的辉钼矿凝胶，Chen 等（2020）首先制备了壳聚糖凝胶，随后通过水热合成法将二维辉钼矿纳米片锚定在壳聚糖凝胶表面，从而制备了高强度和三维多孔结构的辉钼矿/壳聚糖凝胶。所制备的辉钼矿/壳聚糖凝胶如图 3.21（a）所示，该凝胶可稳定地置于轻薄的纸片上，表明该凝胶具有低密度和轻质的特点。而通过 SEM 测试可

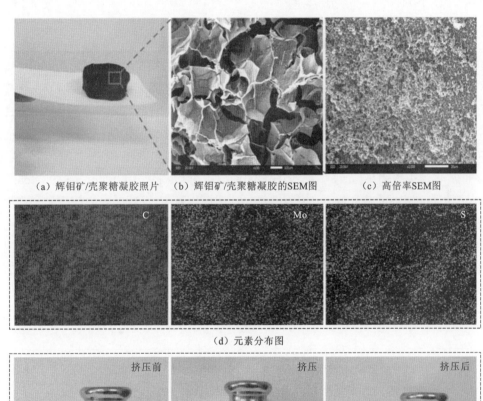

(a) 辉钼矿/壳聚糖凝胶照片　　(b) 辉钼矿/壳聚糖凝胶的SEM图　　(c) 高倍率SEM图

（d）元素分布图

（e）辉钼矿/壳聚糖凝胶力学性能的照片

图 3.21　辉钼矿/壳聚糖凝胶形貌及力学性能表征

以清晰地观察到辉钼矿/壳聚糖凝胶上具有众多连通的孔道结构[图 3.21（b）]。该结构可缩短物质在该凝胶中的扩散迁移，从而有利于传质。从高倍率的 SEM 图[图 3.21（c）]中可以看出，二维辉钼矿纳米片均匀地锚定于壳聚糖凝胶的孔壁上，这将有效抑制使用过程中辉钼矿纳米片的团聚，从而增加辉钼矿的有效表面积。辉钼矿/壳聚糖凝胶的 EDS 结果显示该凝胶表面 C、Mo、S 元素均匀分布[图 3.21（d）]，进一步证实了二维辉钼矿纳米片在壳聚糖凝胶表面的均匀锚定。此外，辉钼矿/壳聚糖凝胶的力学性能测试如图 3.21（e）所示，在受到 500 g 砝码的挤压时，该凝胶的形貌在挤压前后几乎未发生变化，表明其具有优异的机械稳定性。

3.5.2　纳米片三维化结构表征

该凝胶的 XRD 谱和傅里叶变换红外光谱（Fourier transform infrared spectroscopy，FT-IR）分别如图 3.22（a）和（b）所示。从辉钼矿的 XRD 图中观察到 4 个衍射角为 14.38°、32.81°、39.52° 和 58.43° 的特征衍射峰，而辉钼矿/壳聚糖凝胶所有的衍射峰均与纯辉钼矿的衍射峰一致。壳聚糖的 FT-IR 图中，$3\,426\ cm^{-1}$ 处的吸收峰是由—NH—和—OH 的拉伸振动所引起的，$2\,939\ cm^{-1}$ 处的吸收峰对应—CH—的拉伸振动，而在 $1\,713\ cm^{-1}$ 和 $1\,650\ cm^{-1}$ 处的吸收峰分别对应酰胺 I（—NH$_2$，伯酰胺）和酰胺 II（—NH—，仲酰胺）的拉伸振动。从辉钼矿/壳聚糖凝胶的 FT-IR 图中可检测到 $3\,426\ cm^{-1}$、$2\,939\ cm^{-1}$ 和 $1\,650\ cm^{-1}$ 处壳聚糖的特征峰。上述测试结果证明辉钼矿/壳聚糖凝胶中辉钼矿和壳聚糖的成功复合。辉钼矿/壳聚糖凝胶的比表面积和孔结构通过氮气吸附-脱附等温线进行测定，结果如图 3.22（c）和（d）所示。辉钼矿/壳聚糖凝胶的氮气吸附-脱附等温线呈现出具有 H3 型迟滞环的 IV 型吸附曲线。通过 BET（Brunauer-Emmett-Teller，布鲁诺尔-埃梅特-泰勒）理论计算，该凝胶的比表面积（$32.46\ m^2/g$）约为纯辉钼矿纳米片比表面积（$15.34\ m^2/g$）的 2 倍，而其孔体积为 $0.094\,4\ cm^3/g$ 且其孔径主要分布在 2.4 nm 处。

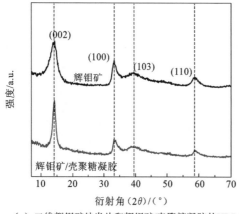

（a）二维辉钼矿纳米片和辉钼矿/壳聚糖凝胶的XRD谱

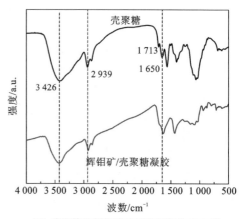

（b）壳聚糖和辉钼矿/壳聚糖凝胶的FT-IR谱

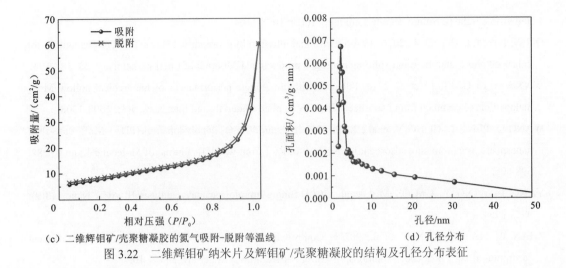

（c）二维辉钼矿/壳聚糖凝胶的氮气吸附–脱附等温线　　　　（d）孔径分布
图 3.22　二维辉钼矿纳米片及辉钼矿/壳聚糖凝胶的结构及孔径分布表征

参 考 文 献

AMINI M, AHMAD S A, MORTEZA F, et al., 2017. Ultrasonics-sonochemistry preparation of nanostructured and nanosheets of MoS_2 oxide using oxidation method[J]. Ultrasonics-Sonochemistry, 39: 188-196.

CHEN P, LIANG Y, YANG B, et al., 2020. In situ reduction of Au(I) for efficient recovery of gold from thiosulfate solution by the 3D MoS_2/chitosan aerogel[J]. ACS Sustainable Chemistry and Engineering, 8(9): 3673-3680.

CHEN P, LIU X, JIN R, et al., 2017. Dye Adsorption and photo-Induced recycling of hydroxypropyl cellulose/molybdenum disulfide composite hydrogels[J]. Carbohydrate Polymers, 167: 36-43.

ENYASHIN A, YADGAROV L, HOUBEN L, et al., 2011. New route for stabilization of 1T-WS_2 and MoS_2 phases[J]. Journal of Physical Chemistry C, 115(50): 24586-24591.

JADCZAK J, DUMCENCO D O, HUANG Y S, et al., 2014. Composition dependent lattice dynamics in $MoS_xSe_{(2-x)}$ alloys[J]. Journal of Applied Physics, 116(19): 193505-193512.

JIA F, LIU C, YANG B, et al., 2018. Microscale control of edge defect and oxidation on molybdenum disulfide through thermal treatment in air and nitrogen atmospheres[J]. Applied Surface Science, 462: 471-479.

KOMSA H, KOTAKOSKI J, KURASCH S, et al., 2012. Two-dimensional transition metal dichalcogenides under electron irradiation: Defect production and doping[J]. Physical Review Letters, 109(3): 1-5.

KRISHNAN U, KAUR M, SINGH K, et al., 2019. A synoptic review of MoS_2: Synthesis to applications[J]. Superlattices and Microstructures, 128: 274-297.

LIU C, JIA F, WANG Q, et al., 2017. Two-dimensional molybdenum disulfide as adsorbent for high-efficient Pb(II) removal from water[J]. Applied Materials Today, 9: 220-228.

LIU C, KONG D, CHUN H P, et al., 2016. Rapid water disinfection using vertically aligned MoS_2 nanofilms and visible light[J]. Nature Nanotechnology, 11(12): 1098-1104.

OU W, PAN J, LIU Y, et al., 2020. Two-dimensional ultrathin MoS_2-modified Black Ti^{3+}-TiO_2 nanotubes for enhanced photocatalytic water splitting hydrogen production[J]. Journal of Energy Chemistry, 43: 188-194.

WANG M, LI G, XU H, et al., 2013. Enhanced lithium storage performances of hierarchical hollow MoS_2 nanoparticles assembled from nanosheets[J]. ACS Applied Materials and Interfaces, 5(3): 1003-1008.

WANG Q, PENG L, GONG Y, et al., 2019. Mussel-inspired Fe_3O_4 @polydopamine(PDA)-MoS_2 core-shell nanosphere as a promising adsorbent for removal of Pb^{2+} from water[J]. Journal of Molecular Liquids, 282: 598-605.

YANG J, WANG Y, LAGOS M J, et al., 2019. Single atomic vacancy catalysis[J]. ACS Nano, 13(9): 9958-9964.

ZHAN W, JIA F, YUAN Y, et al., 2020a. Controllable incorporation of oxygen in MoS_2 for efficient adsorption of Hg^{2+} in aqueous solutions[J]. Journal of Hazardous Materials, 384: 1-10.

ZHAN W, YUAN Y, YANG B, et al., 2020b. Construction of MoS_2 Nano-Heterojunction via ZnS doping for enhancing in-situ photocatalytic reduction of gold thiosulfate complex[J]. Chemical Engineering Journal, 394: 124866-124876.

ZHANG X, JIA F, YANG B, et al., 2017. Oxidation of molybdenum disulfide sheet in water under in situ atomic force microscopy observation[J]. The Journal of Physical Chemistry C, 121(18): 9938-9943.

ZHANG Y, ZUO L, HUANG Y, et al., 2015. In-situ growth of few-layered MoS_2 nanosheets on highly porous carbon aerogel as advanced electrocatalysts for hydrogen evolution reaction[J]. ACS Sustainable Chemistry and Engineering, 3(12): 3140-3148.

ZHAO X, MA X, SUN J, et al., 2016. Enhanced catalytic activities of surfactant-assisted exfoliated WS_2 nanodots for hydrogen evolution[J]. ACS Nano, 10(2): 2159-2166.

二维辉钼矿纳米片
吸附脱除水中重金属离子

4.1 吸附法脱除重金属离子研究现状

重金属一般指密度大于 4.5 g/cm³ 的金属,常见的重金属有铜、铅、锌、铁、钴、镍、锰、镉、汞等。尽管其中的锰、铜、锌等重金属是生命活动所需要的微量元素,但大部分的重金属如汞、铅、镉等不仅对人类的新陈代谢无任何益处,而且含量过高会造成人体生长发育迟缓、器官衰竭及心脑血管疾病等多种健康问题。更为严重的是,重金属离子不具备可降解性,且会在自然环境中通过生物链富集进入人体,从而对人体的健康产生巨大的危害(Ma et al.,2017)。

工业相关的生产活动是环境中重金属污染的主要来源,近些年生态环境部门对水体中重金属污染问题日益重视,针对含重金属离子的工业废水制定了严格的排放指标,要求各生产单位所产生的重金属废水必须经专业化治理后,方可排入河流、湖泊等自然环境中。常用的重金属废水治理方法包括沉淀法、絮凝法、离子交换法及吸附法等,其中吸附法具有投入成本低、操作简单、适用 pH 范围广、可处理 mg/L 级别浓度的重金属离子等特点,近些年被广泛地研究和应用(Modwi et al.,2017)。

吸附剂是用于吸附法治理重金属废水的材料,将吸附剂投入含重金属离子的废水中,溶液中的重金属离子会扩散并富集于吸附剂的表面,随后通过固液分离以实现重金属离子从液相环境中脱除的效果。因此,吸附剂是吸附技术的核心所在,吸附速率、吸附量是衡量吸附材料对水体中重金属离子去除能力的关键指标。传统的吸附剂一般具有多孔结构,如沸石、氧化铝、活性炭等,这些吸附材料一般不与重金属离子发生化学反应即可将重金属离子吸附于孔道之中,但受制于孔道阻塞效应及对重金属无络合作用的影响,这些传统的吸附剂在去除重金属离子的过程中存在吸附能力不强、吸附速率慢等缺点。针对上述缺点,近些年的研究提出了以氧化石墨烯这种二维结构的吸附材料作为吸附剂去除水体中重金属离子,相较于传统吸附剂,氧化石墨烯表面的含氧官能团对重金属具有络合作用力,另外其巨大的比表面积为重金属的吸附提供了丰富的络合位点。但由于这些含氧官能团对重金属离子的络合作用较弱,氧化石墨烯对水体重金属的去除效果提升得并不明显。

二维辉钼矿的结构如图 4.1 所示,在晶格单元层中,硫原子和钼原子以共价键的方式结合,并形成了 2∶1 型的二硫化钼类 "三明治" 结构,而二维辉钼矿是由 1 个或几个这样的晶格层堆叠而成,并形成了约 0.3 nm 的层间距(Castro et al.,2016)。与氧化石墨烯相比，二维辉钼矿表面富含硫原子，这些硫原子对重金属离子具有强烈的络合作用力。这样的结构特点使二维辉钼矿在重金属的吸附领域具有重要的研究意义及应用前景（Wang et al.，2017）。本章主要以 Hg^{2+}、Pb^{2+}、Cd^{2+} 为重金属离子代表，通过吸附试验并结合现代测试手段发现，二维辉钼矿是性能优异的重金属离子吸附剂，并就其对水体中重金属离子的去除机理进行深入探讨，最后利用微观结构改性、复合材料构建等方式，简化固液分离的流程、增强二维辉钼矿吸附剂在溶液环境中的稳定性并进一步提高其对重金属离子的去除能力。

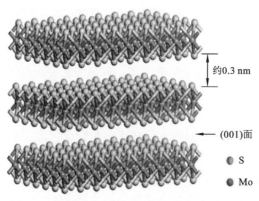

图 4.1　二维辉钼矿的结构示意图（后附彩图）

4.2　二维辉钼矿纳米片吸附剂作用原理

二维辉钼矿对重金属的吸附机理包括以表面静电效应引起的物理吸附作用，以及络合作用引起的化学吸附作用。

静电效应引起的物理吸附作用以双电层（electric double layer，EDL）理论为基础。当吸附剂颗粒处于液相环境中，其表面的电荷会发生不均匀分布的现象而形成 EDL 结构。EDL 内层为定位离子层，是吸附剂表面自身的定位离子所在的位置，其决定了吸附剂颗粒的表面电荷。而溶液中与定位离子所带电荷相反的离子（配衡离子）则会受到其静电吸引的作用力而向吸附剂表面靠近进而被吸附形成 EDL 外层。通过 Zeta 电位的表征可准确了解吸附剂表面所带的电荷量，进而有助于判断吸附剂与溶液中吸附质之间的静电吸附作用。对于二维辉钼矿纳米片而言，根据 Zeta 电位的测试结果可知，其表面在较广的溶液 pH 范围（1～11）内均带有负电荷，因此荷正电的重金属阳离子均会作为其配衡离子通过静电作用力吸附在其表面。另外，随着 pH 的升高，二维辉钼矿纳米片表面的负电性得到增强，更利于重金属离子向其表面的扩散。很多研究表明，在较高 pH 的水环境中，二维辉钼矿纳米片对重金属离子具有更大的吸附量，这很大程度上是其更强的静电吸附作用所导致的（Liu et al.，2019a）。

络合作用是建立在重金属吸附质与吸附剂表面形成稳定的化学键的基础上所产生

的一种强吸附作用。对于二维辉钼矿而言，表面的硫原子是其与重金属之间络合作用力的来源，可与多种重金属离子形成 S—M（M 为重金属）化学键的形式将重金属从溶液环境中牢牢固定在二维辉钼矿的表面，从而达到吸附脱除的效果。另外，二维辉钼矿对不同的重金属离子具有不同强度的络合吸附能力，这取决于它们之间的络合吸附强度。为了定量描述这种吸附强度关系，可引入皮尔逊软硬酸碱理论（hard-soft-acid-base，HSAB）对其加以解释说明。该理论的核心为：体积小、正电荷数高、可极化性低的中心原子称为硬酸，反之称为软酸；电负性高、极化性低且难以被氧化的配位原子称为硬碱，反之为软碱；硬酸和硬碱以库仑力作为主要的作用力，软酸和软碱以共价键（共价化合物原子间作用力）作为主要的相互作用力；而原子硬度值（η）则作为一个引用的参数，用于衡量软硬酸碱强度的相对大小关系（Saha et al.，2016）。对于二维辉钼矿而言，其表面的 S^{2-} 属于软碱，重金属为软酸，因此在溶液环境中它们之间会发生特殊的软软相互作用力。然而，不同的重金属具有不同的硬度值（η），因此硬度值低的重金属会与二维辉钼矿表面发生更强的络合作用从而展现出更强的吸附能力。Gash 等（1998）研究了二硫化钼与不同重金属之间的选择吸附能力，研究表明吸附能力关系表现为 $Hg^{2+}>Pb^{2+}>Cd^{2+}>Zn^{2+}$，这与它们的软硬度关系相一致。

二维辉钼矿对重金属的静电物理吸附作用和络合作用是协同进行的。通过静电吸附作用，溶液中的重金属离子会扩散至二维辉钼矿的表面，进而与其表面的 S^{2-} 形成共价键而从溶液中被吸附去除。二维辉钼矿纳米片这种二维结构的材料，表面富含大量的硫原子，因而具有大量的吸附位点，对重金属展现出了极强的吸附能力。

4.3　辉钼矿/水界面吸附 Hg^{2+}

汞可轻易地突破机体的血脑屏障从而进入大脑组织中引起脑组织的严重损伤。无机汞的危害主要是损害中枢神经系统、肾脏和肝脏的正常生理功能，例如：人体吸入大量的汞蒸气时，会引发肝炎、肾炎、蛋白尿及尿毒症等疾病，机体表现出急性汞中毒的症状；而有机态的含汞化合物，如甲基汞、乙基汞等，则可引起急、慢性中枢神经系统损害及生殖发育毒性。1956 年在日本水俣湾附近发生了轰动世界的"水俣病"事件，其根本原因就是当地的企业向周围环境中排放了大量含汞废水（Manohar et al.，2002）。因此，针对这种高毒的重金属离子，本节详细阐述辉钼矿基吸附剂对水体中 Hg^{2+} 的去除性能。

4.3.1　辉钼矿吸附水中 Hg^{2+} 的 AFM 研究

AFM 是近年来发展起来的一种对材料表面离子或分子的吸附进行成像的强大技术，能够直接观察吸附剂的表面形貌特征和离子或分子在吸附剂上的吸附行为（Zhang et al.，2017）。因此，通过 AFM 观察 Hg^{2+} 在辉钼矿/水界面上的吸附过程，对研究 Hg^{2+} 在辉钼矿上吸附的机理和行为具有重要意义（Jia et al.，2017a）。

1. 吸附时间对 Hg^{2+} 吸附的影响

对 Hg^{2+} 在辉钼矿表面吸附过程的观察发现，其作用形式为多层吸附。图 4.2 是辉钼矿表面吸附 50 mg/L Hg^{2+} 不同时间后的 AFM 形貌图。吸附前的辉钼矿表面光滑无任何杂质[图 4.2（a）]，吸附 4 h 后辉钼矿表面出现大量的聚团物质，呈点状分布[图 4.2（b）]，可推测此时 Hg^{2+} 被吸附到了辉钼矿表面。随着吸附时间的延长，辉钼矿表面的 Hg^{2+} 吸附层变得越来越致密，且在完全覆盖辉钼矿表面后，又出现了新的吸附层[图 4.2（c）]。当吸附 20 h 后，表面 Hg^{2+} 吸附量明显增加且吸附层明显变厚[图 4.2（d）]，这说明 Hg^{2+} 可以多层吸附的形式吸附于辉钼矿表面。

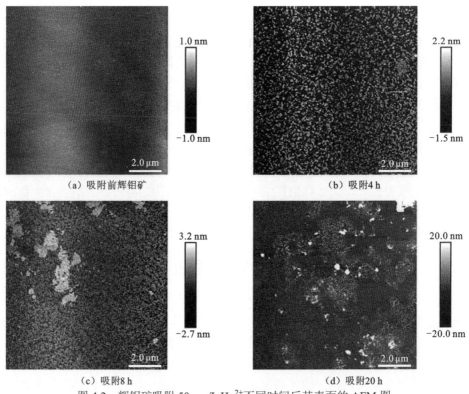

图 4.2　辉钼矿吸附 50 mg/L Hg^{2+} 不同时间后其表面的 AFM 图

这种吸附形式首先是由于辉钼矿表面的 S^{2-} 与 Hg^{2+} 形成了共价键并以络合作用的方式将 Hg^{2+} 固定下来，随着吸附的进行，外层的 Hg^{2+} 通过辉钼矿表面的静电作用力继续吸附，从而展现出了这种多层吸附的模型。图 4.3 是吸附 50 mg/L Hg^{2+} 24 h 前后的辉钼矿表面的红外光谱图。辉钼矿中的特征伸缩振动峰 Mo—S 均在波数低于 650 cm^{-1} 处，而在 650～4 000 cm^{-1} 处没有明显特征峰。因此图中所观察到的辉钼矿表面的波带可能是由辉钼矿氧化或者是辉钼矿从空气或水中吸收水分子和气体分子所致。在 821 cm^{-1}、773 cm^{-1} 及 670 cm^{-1} 波数处是 Mo—O 的伸缩振动峰。在 1158 cm^{-1} 处的峰属于不对称的 O═S═O 和 S—O—S 的伸缩振动峰（Wang et al.，2000）。1640 cm^{-1} 和 3360 cm^{-1} 处是 O—H 的伸缩振动峰，包括辉钼矿表面水分子中的 O—H。处于 1734 cm^{-1} 的峰可能是由 NO 二聚体作用

于 MoS_2 表面所致,并且在 2344 cm^{-1} 和 2368 cm^{-1} 处的伸缩振动峰是由 MoS_2 表面吸附 CO_2 所致。在 2874 cm^{-1}、2928 cm^{-1} 和 2958 cm^{-1} 处是 H_2O—CO_2 的伸缩振动峰。在吸附 Hg^{2+} 后,一些新的伸缩振动峰出现在 870 cm^{-1}、942 cm^{-1}、1026 cm^{-1}、1056 cm^{-1}、1110 cm^{-1}、1164 cm^{-1}、1254 cm^{-1}、1381 cm^{-1}、1459 cm^{-1} 和 1730 cm^{-1} 处,这些振动峰对应于不同形式的 Hg-S 络合物(Zhou et al.,2010),红外测试的结果证实了 Hg^{2+} 和辉钼矿表面发生化学吸附。除此之外,明显的 Hg-S 络合物也表明 Hg^{2+} 和辉钼矿表面强有力的和有效的相互作用。

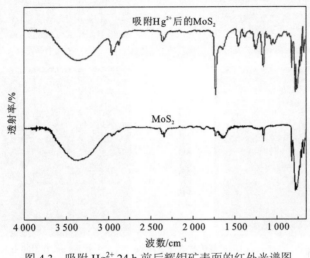

图 4.3 吸附 Hg^{2+} 24 h 前后辉钼矿表面的红外光谱图

2. 水化层对 Hg^{2+} 吸附的影响

水化层的存在会阻碍 Hg^{2+} 在辉钼矿表面的吸附。图 4.4(a)是吸附前辉钼矿表面,将其放于水中 16 h 后,辉钼矿表面因吸附了水分子而形成了 1.2 nm 厚的水化层[图 4.4(b)],而水化层中会有一部分圆形区域未被水化层覆盖。随后置于 Hg^{2+} 的水溶液环境中,未被水化层覆盖的区域逐渐被 Hg^{2+} 填满,从而吸附层变得更加紧实[图 4.4(c)]。因此水化后辉钼矿表面的第一层覆盖层被认为是水化层和 Hg^{2+} 层。当 Hg^{2+} 的吸附时间延长至 8 h 和 20 h 后,辉钼矿表面会形成更多的聚团并不再变化[图 4.4(d)和(e)],最终形成了多层吸附的形式。与未水化的辉钼矿相比,水化后辉钼矿表面 Hg^{2+} 的吸附层厚度明显降低。

4.3.2 辉钼矿表面硫空位吸附 Hg^{2+} 的理论计算

在制备辉钼矿吸附剂的过程中,很难得到拥有完整 MoS_2 晶格的辉钼矿,其往往存在着硫空位,而该结构上的缺陷会对辉钼矿吸附 Hg^{2+} 的性能产生重要的影响。DFT 在模拟材料表面的构型和电子结构方面有很好的应用,它可以在原子水平上深入研究吸附剂表面微观结构对重金属吸附能力的影响。因此,为了更好地理解 Hg^{2+} 在辉钼矿表面的吸附行为,并提供合理的解释,通过结合 DFT 模拟计算的方法可以从理论上研究 Hg^{2+} 在具有结构缺陷的辉钼矿表面的吸附行为,这对开发利用辉钼矿吸附剂具有重要意义(Yi et al.,2019)。

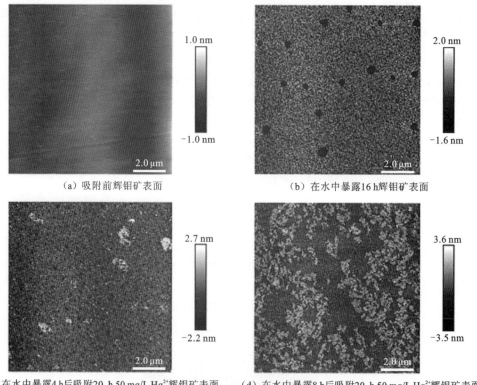

（a）吸附前辉钼矿表面 　　　　　　　　　（b）在水中暴露16 h辉钼矿表面

（c）在水中暴露4 h后吸附20 h 50 mg/L Hg²⁺辉钼矿表面　　（d）在水中暴露8 h后吸附20 h 50 mg/L Hg²⁺辉钼矿表面

（e）在水中暴露20 h后吸附20 h 50 mg/L Hg²⁺辉钼矿表面

图 4.4　辉钼矿表面水化层对 Hg^{2+} 吸附的 AFM 图（后附彩图）

1. H_2O、Hg^{2+} 或 O_2 在 MoS_2 或 $S\text{-}MoS_2$ 表面的作用行为

通过 DFT 计算，对单独的 Hg^{2+}、O_2、H_2O 分子在有无硫空位缺陷的辉钼矿表面上的吸附行为进行理论研究，探讨界面的相互作用。图 4.5 显示的是 H_2O 在 MoS_2（无硫空位的辉钼矿）和 $S\text{-}MoS_2$（有硫空位的辉钼矿）表面上的界面吸附构型。表 4.1 为吸附质（H_2O、Hg^{2+} 或 O_2）与 MoS_2 或 $S\text{-}MoS_2$ 表面的吸附能。对于 MoS_2，H_2O 分子与 MoS_2 表面上的顶部硫平面相距 3.59 Å。对于 $S\text{-}MoS_2$，H_2O 分子与 $S\text{-}MoS_2$ 表面相距 1.32 Å，并且刚好位于硫空位缺陷位点上方。H_2O 在 MoS_2 上的吸附能为 0.218 eV，属于吸热反

应（Zhao et al.，2014）。该理论计算结果与辉钼矿具有强疏水性的实际情况相吻合。在 S-MoS$_2$ 表面上，S-MoS$_2$/H$_2$O 的吸附能为-0.275 eV，这表明水分子与有缺陷的辉钼矿表面之间具有较强的结合亲和力。这项理论研究表明，无缺陷的辉钼矿相互作用非常弱，不利于水的吸附，与以前的研究结果一致（Ghuman et al.，2015）。此外，由于硫空位缺陷的存在，H$_2$O 分子在 S-MoS$_2$ 表面上的吸附能越大，表明缺陷表面的反应性越强。

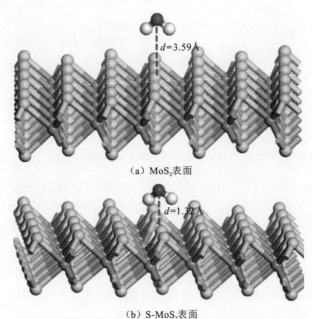

（a）MoS$_2$表面

（b）S-MoS$_2$表面

图 4.5　MoS$_2$ 和 S-MoS$_2$ 表面上 H$_2$O 的吸附构型（后附彩图）

表 4.1　吸附质（H$_2$O、Hg^{2+}或 O$_2$）与 MoS$_2$ 或 S-MoS$_2$ 表面的吸附能

结构	吸附能/eV
MoS$_2$/H$_2$O	0.218
S-MoS$_2$/H$_2$O	-0.275
MoS$_2$/O$_2$	-0.007
S-MoS$_2$/O$_2$	-0.661
MoS$_2$/Hg^{2+}	-1.196
S-MoS$_2$/Hg^{2+}	-1.473

图 4.6 为 MoS$_2$ 和 S-MoS$_2$ 表面上 Hg^{2+} 的界面吸附构型及电子密度图。Hg^{2+} 与硫平面的距离从 MoS$_2$ 上的 2.30 Å 减少到 S-MoS$_2$ 上的 1.47 Å。Hg^{2+} 在 MoS$_2$ 和 S-MoS$_2$ 表面上的吸附能分别为-1.196 eV 和-1.473 eV，表明其具有很强的化学吸附能力。此外，由图 4.6 可知，电子云没有重叠，因此在 MoS$_2$ 或 S-MoS$_2$ 表面上 Hg^{2+} 和硫原子之间的相互作用更可能是离子键。由于 Hg^{2+} 与辉钼矿表面上的硫位点之间具有很高的结合亲和

力，即使没有硫空位缺陷，Hg^{2+}也能与辉钼矿表面紧密结合。其他实验研究也证明，在辉钼矿表面上，Hg^{2+}和硫之间存在强烈的相互作用力（Ai et al.，2016）。本小节从理论计算的角度验证了辉钼矿和Hg^{2+}之间的这种强相互作用力，并且六芳环中心的空穴和缺陷位点是Hg^{2+}的潜在吸附位点。此外，由于Hg^{2+}与硫原子之间的亲和力较高，硫空位缺陷的存在使辉钼矿具有更高的吸附性能。

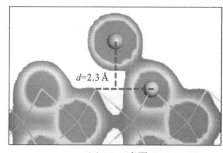 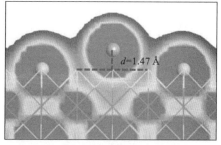

（a）MoS_2表面 　　　　　　　　　　（b）S-MoS_2表面

图 4.6　Hg^{2+}在 MoS_2 和 S- MoS_2 表面上的吸附构型和电子密度图（后附彩图）

图 4.7 为 O_2 在 MoS_2 和 S-MoS_2 表面上的界面吸附构型和电子密度图。在无缺陷的 MoS_2 表面上，两个氧原子仅在硫原子上方被吸收，分别距硫平面 3.57 Å 和 3.37 Å。O_2 与 MoS_2 表面的吸附能很小，仅为 0.007 eV，表明物理吸附很弱。如此长的间距和弱的范德瓦耳斯力清楚地表明，完整晶格的单层辉钼矿不能被氧化。相比之下，吸附的 O_2 分子在硫空位处与周围的三个钼原子形成共价键。O_2 和 S-MoS_2 表面之间的-0.661 eV 吸附能明显强于 O_2 和 MoS_2 表面，并且在典型的共价键能范围内，这也表明 O_2 可以化学吸附在辉钼矿表面的缺陷处。O_2 和钼原子在无缺陷[图 4.7（a）]和硫空位[图 4.7（b）]辉钼矿表面上的电子密度图也显示了硫空位的影响，图 4.7（b）中电子云的重叠表明了 O_2 和钼原子在 S-MoS_2 表面上的共价相互作用。因此，辉钼矿表面的硫空位缺陷对其表面氧化行为具有很大的影响。O_2 分子可与辉钼矿缺陷处不饱和的 Mo 形成化学键，但是却很难靠近具有完整晶格的辉钼矿，这与前人的研究结果相一致。因此，可以得出结论，只有在含空位的情况下，Hg^{2+} 的吸附和表面氧化作用才能同时在辉钼矿表面发生。

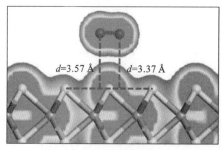 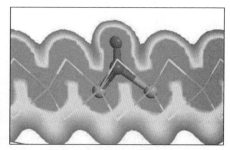

（a）MoS_2表面 　　　　　　　　　　（b）S-MoS_2表面

图 4.7　O_2 在完全 MoS_2 表面和 S-MoS_2 表面上的吸附构型和电子密度图（后附彩图）

为了进一步研究硫空位缺陷对表面性质的影响，测定了硫空位附近硫原子和钼原子的偏态密度（partial density of states，PDOS）。图 4.8 展示了硫原子和钼原子在 MoS_2

和 S-MoS$_2$ 单分子层上 PDOS 的不同之处。硫空位主要是在带隙中引入一种浅层状态 [图 4.8（a）]，导致缺陷位置周围的硫原子反应性更高。对于 Mo 在 MoS$_2$ 和 S-MoS$_2$ 表面上的 PDOS，如图 4.8（b）所示，硫空位缺陷主要导致了两种不同的 PDOS 效应：一种是接近导带底的缺陷状态，这是由 Mo 4d 轨道的不饱和电荷导致的悬空键引起的；另一种是接近费米能级的浅态变化，如图 4.8（b）中箭头所示。由于电子在费米能级附近非常活跃（Ataca et al., 2012），S-MoS$_2$ 表面上硫空位附近的钼原子和硫原子都比 MoS$_2$ 表面上的活跃。因此不难理解，在 S-MoS$_2$ 表面上，接近硫空位的钼原子容易被氧化，而无缺陷的辉钼矿表面只是物理吸附 O$_2$ 分子。由于硫空位的存在，费米能级的局域态密度增大，这就合理地解释了 S-MoS$_2$ 表面与吸附质之间吸附能较大的原因。

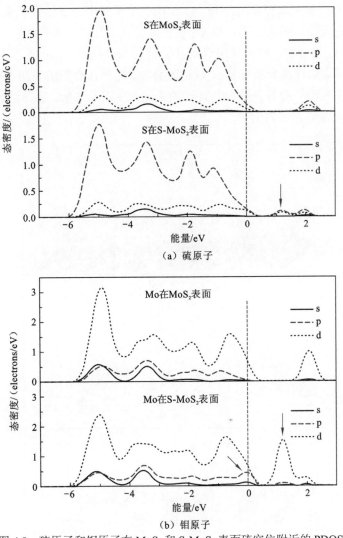

图 4.8　硫原子和钼原子在 MoS$_2$ 和 S-MoS$_2$ 表面硫空位附近的 PDOS

2. S-MoS$_2$ 表面上 H$_2$O、Hg^{2+} 和 O$_2$ 的共吸附构型

本小节在发现 Hg^{2+} 吸附和表面氧化只能在缺陷的 S-MoS$_2$ 表面发生竞争之后，继续研究 H$_2$O、Hg^{2+} 和 O$_2$ 在 S-MoS$_2$ 表面的共吸附顺序。为了进一步了解 Hg^{2+} 在辉钼矿表面上吸附和氧化之间的竞争行为。考虑三种吸附模式，通过将 H$_2$O、Hg^{2+} 和 O$_2$ 分别放置在 S-MoS$_2$ 表面硫空位的上方来模拟吸附行为。

图 4.9 展示了在 S-MoS$_2$ 单分子层硫空位上方与 H$_2$O[图 4.9（a）]、Hg^{2+}[图 4.9（b）]和 O$_2$[图 4.9（c）]的共吸附构型。无论是上述何种情况，最终 Hg^{2+} 都会优先吸附于辉钼矿表面，表明 Hg^{2+} 与 S-MoS$_2$ 表面之间的结合亲和力最强。值得注意的是，如果将 H$_2$O 置于硫空位缺陷之上，Hg^{2+} 可以直接吸附于辉钼矿表面，而不与 H$_2$O 分子或 O$_2$ 分子结合。若最初将 Hg^{2+} 置于硫空位上，Hg^{2+} 会与 H$_2$O 分子的氧原子结合形成 Hg—O 络合物，并吸附在 MoS$_2$ 表面。相比之下，将 O$_2$ 置于硫空位上方时，Hg^{2+} 将与 O$_2$ 分子的氧原子连接形成 Hg—O 络合物，然后该络合物被吸附到 MoS$_2$ 表面上。总之，将 Hg^{2+} 或 O$_2$ 放置在缺陷部位上，最终都会形成 Hg—O 的复合物。即使在辉钼矿表面存在硫空位的情况下，溶液环境和溶解氧也不会对水中 Hg^{2+} 的去除产生不利影响，因为溶解氧可以与 Hg^{2+} 结合，然后吸附在辉钼矿表面。

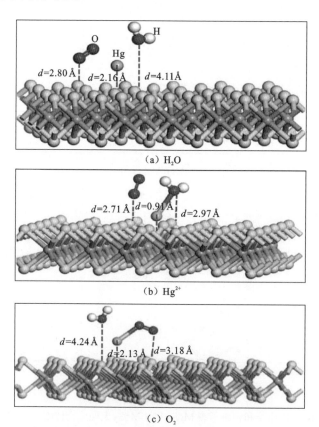

图 4.9　在 S-MoS$_2$ 表面上硫空位上方分别与 H$_2$O、Hg^{2+} 和 O$_2$ 的共吸附构型（后附彩图）

另外，建立含两个硫空位的单层辉钼矿模型并将 O_2 和 Hg^{2+} 分别置于这两个空位的上方，以进一步研究该位点处 Hg^{2+} 吸附和表面氧化的竞争关系。如图 4.10 所示，Hg^{2+} 与 H_2O 分子的氧原子结合形成 Hg—O 络合物，并被吸附在一个缺陷点附近。至于在另一个缺陷位点上方的 O_2，它与硫空位附近的钼原子发生化学反应，这表明辉钼矿表面发生了氧化。也就是说，只有当 Hg^{2+} 与 O_2 同时存在、且单层辉钼矿表面存在足够多的反应位点时，Hg^{2+} 吸附与表面氧化才能同时发生。综上所述，Hg^{2+} 将以两种方式吸附在辉钼矿表面，这取决于 H_2O、Hg^{2+} 和 O_2 在硫空位缺陷周围的位置。一种是与 O_2 或 H_2O 形成 Hg—O 络合物吸附在辉钼矿表面，另一种是直接吸附在辉钼矿表面与硫原子形成 S-Hg 离子键。此外，辉钼矿表面对 Hg^{2+} 的吸附比 O_2 强得多，所以有足够的反应位点时，才会发生表面氧化。

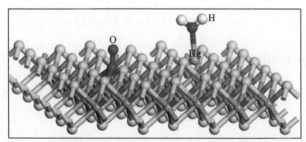

图 4.10　在 S-MoS$_2$ 表面的硫空位上方具有 Hg^{2+} 和 O_2 的共吸附构型

4.3.3　二维辉钼矿纳米片吸附水中 Hg^{2+}

辉钼矿表面的负电性及其含硫结构使其对溶液中 Hg^{2+} 的吸附具有很大的潜能。但是天然的辉钼矿呈现出体相结构，大量可用于络合 Hg^{2+} 的位点隐藏于结构内部，无法与溶液中的 Hg^{2+} 接触从而起到去除的效果，这使其无法展现出全部的吸附能力。而辉钼矿晶体层间的弱相互作用力使其容易沿(002)晶面解离，从而制备出二维辉钼矿纳米片。不同于体相的辉钼矿，二维辉钼矿纳米片具有高径厚比的特点，大量的硫原子可暴露在溶液环境中参与 Hg^{2+} 的吸附。因此，通过电化学辅助超声剥离法制备得到的二维辉钼矿纳米片可以作为一种优良的吸附剂用于溶液中 Hg^{2+} 的去除（Jia et al.，2017b）。

1. Hg^{2+} 在二维辉钼矿纳米片上的吸附动力学

Hg^{2+} 在二维辉钼矿纳米片上吸附量随时间的变化如图 4.11 所示。将 16.0 mg 二维辉钼矿纳米片加入 500 mL 的 100 mg/L Hg^{2+} 溶液中后，其在前 60 min 内展现出快速的吸附速率，并在吸附 60 min 后达到 183.579 mg/g 的吸附量，远超过补充活性炭的吸附量（45 mg/g）（Krishnan et al.，2002）。结果表明，二维辉钼矿纳米片对 Hg^{2+} 有较好的去除效果。

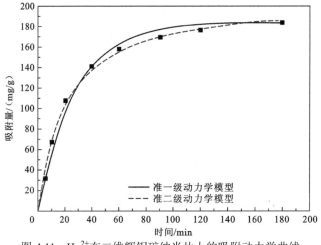

图 4.11　Hg²⁺在二维辉钼矿纳米片上的吸附动力学曲线

2. Hg²⁺在二维辉钼矿纳米片上的吸附等温线

　　二维辉钼矿纳米片吸附 Hg²⁺的性能与温度有关，35 ℃时的吸附量高于 20 ℃时的吸附量，图 4.12 显示了 20 ℃和 35 ℃时 Hg²⁺在二维辉钼矿纳米片上的吸附等温线。吸附容量随 Hg²⁺平衡质量浓度的升高而增加，最后达到平衡状态。20 ℃和 35 ℃时 Hg²⁺在二维辉钼矿纳米片上的最大吸附容量分别为 254 mg/g 和 305 mg/g。据报道，活性炭去除 Hg²⁺的最大容量为 95 mg/g，这表明二维辉钼矿纳米片对 Hg²⁺的亲和力比传统的吸附剂更好（Inbaraj et al.，2006）。二维辉钼矿纳米片的有效吸附特性与二维辉钼矿纳米片表面暴露的硫原子高度相关。

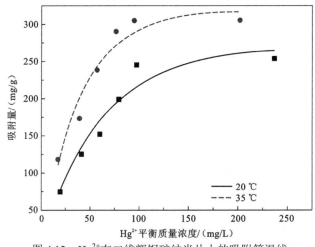

图 4.12　Hg²⁺在二维辉钼矿纳米片上的吸附等温线

　　通过 SEM-EDS 测试进一步证实了 Hg²⁺在二维辉钼矿纳米片上的吸附。图 4.13（a）显示了二维辉钼矿纳米片的 SEM 形态图像，可以看到一块片状的二维辉钼矿纳米片沉积在一块碳基质上。图 4.13（b）～（d）分别是二维辉钼矿纳米片吸附 Hg²⁺后表面 Hg、

Mo、S 的 EDS 元素图。Hg 在二维辉钼矿纳米片表面的密度与 S 和 Mo 的密度几乎相同，表明 Hg^{2+} 在二维辉钼矿纳米片上具有较好的吸附效果。

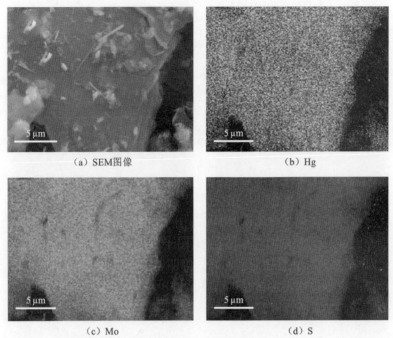

(a) SEM图像　　　　　　　　　　(b) Hg

(c) Mo　　　　　　　　　　(d) S

图 4.13　吸附 Hg^{2+} 后二维辉钼矿纳米片的 SEM 图像及 Hg、Mo 和 S 的 EDS 元素图（后附彩图）

3. pH 对二维辉钼矿纳米片吸附 Hg^{2+} 的影响

图 4.14（a）为 pH 对二维辉钼矿纳米片吸附 Hg^{2+} 的影响结果。Hg^{2+} 的吸附量在 pH 为 5.0 之前显著增加，随后基本保持恒定，这可能是由静电吸附所致。在 pH 为 1.0～5.0 时，汞在溶液中以 Hg^{2+} 的形式为主。而在整个 pH 范围内，二维辉钼矿纳米片表面为负电性，且 Zeta 电位随着 pH 升高而降低[图 4.14（b）]。因此，pH 为 1.0～5.0 时，表面负电荷增加，导致二维辉钼矿纳米片与 Hg^{2+} 之间的静电相互作用增强，当 Hg^{2+} 接近二维辉钼矿纳米片表面时，更多的 Hg^{2+} 被表面的活性位点吸附。此外，当溶液中 pH 较低时，溶液中存在过量的 H^+，H^+ 与 Hg^{2+} 竞争活性位点，导致二维辉钼矿纳米片吸附能力较低。当 pH 升高到较高值时，Hg^{2+} 逐渐转化形成 $Hg(OH)^+$（pH 为 5.0～7.0）或 $Hg(OH)_2$（pH 为 7.0～11.0）。虽然二维辉钼矿纳米片表面在 pH 较高时呈较强的负电性，但由于汞的正电荷减少，其静电引力并未明显增大，这可能是 pH 为 5.0～11.0 时吸附量略有增加的原因（Zhang et al.，2005）。

4. Hg^{2+} 在二维辉钼矿纳米片上的吸附机理

通过 XPS 对 Hg^{2+} 在二维辉钼矿纳米片上的吸附机理进行探究。二维辉钼矿纳米片吸附 Hg^{2+} 的全谱图中[图 4.15（a）]检测到了代表 Mo、S、O、Hg 的元素峰，以及以 C 为基质的元素峰。Hg 4f 和 Hg 4d 的强度较高，表明二维辉钼矿纳米片表面吸附了大量

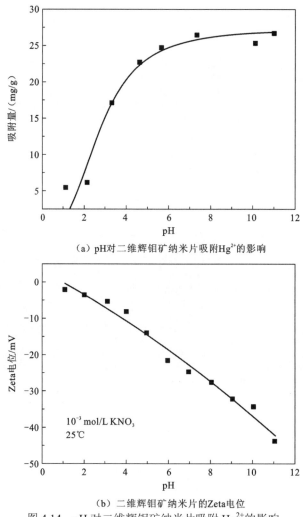

（a）pH对二维辉钼矿纳米片吸附Hg²⁺的影响

（b）二维辉钼矿纳米片的Zeta电位

图 4.14　pH 对二维辉钼矿纳米片吸附 Hg²⁺的影响

汞元素。Hg $4f_{5/2}$ 和 Hg $4f_{7/2}$ 的自旋轨道分裂后的光谱如图 4.15（b）所示。在 100.9 eV 和 104.9 eV 处的双峰可能归因于 Hg—S 结构，而在 102.3 eV 和 106.3 eV 处的双峰被认为是 HgO（Wang et al.，2009）。HgS 和 HgO 的形成可能是 Hg²⁺与吸附剂亲和力较强的原因。此外，HgS 比 HgO 的峰更强，说明 Hg²⁺主要固定在 S 结合位点上。在 99.0～99.9 eV 未发现 Hg⁰的特征峰，说明吸附过程中 Hg²⁺未发生氧化还原反应。S 2p 的谱图如图 4.15（c）所示，可以分解为 5 个小峰。161.9 eV 和 163.2 eV 的峰值分别对应于 MoS₂ 的 S $2p_{3/2}$ 和 S $2p_{1/2}$，而 161.8 eV 的峰值对应于 HgS 的 S $2p_{3/2}$，再次证明 S 与 Hg²⁺之间形成了络合物 （Zeng et al.，2001）。而在 164.5 eV 和 168.4 eV 的峰分别为硫酸基团（SO_3^{2-}）中 MoS₃ 和 S⁴⁺，后者可能是由位于表面或二维辉钼矿纳米片边缘的硫的氧化所致。图 4.15（d）中的 O 1s 谱中，位于 530.9 eV、532.9 eV 和 531.9 eV 的峰分别代表 MoO₃、HgO 和吸附在表面的 H₂O 分子中的 OH⁻峰（Zheng et al.，2014）。而二维辉钼矿纳米片中的 MoO₃ 和 HgO 的存在进一步证实了吸附剂中 Mo 的氧化及 Hg²⁺与二维辉钼矿纳米片表面 O 位点的结合作用。

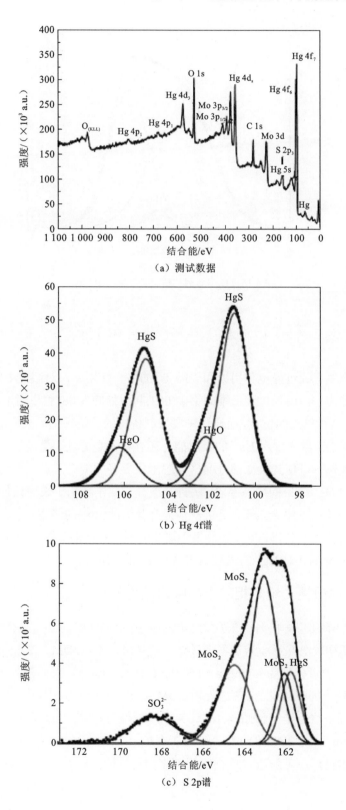

（a）测试数据

（b）Hg 4f谱

（c）S 2p谱

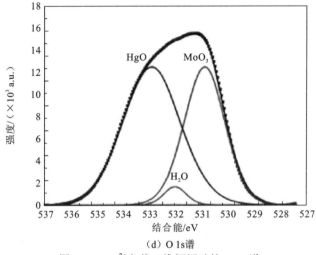

（d）O 1s谱

图 4.15　Hg²⁺负载二维辉钼矿的 XPS 谱

4.3.4　热改性二维辉钼矿纳米片吸附水中 Hg²⁺

尽管二维辉钼矿通过静电作用力和表面 S²⁻的络合作用力，对溶液中的 Hg²⁺展现出了极强的吸附能力，但由于位于二维辉钼矿(002)基面处的 MoS₂ 位点对 Hg²⁺的吸附能力要弱于 MoS₂ 晶格棱端处的位点，而通过剥离法制备出的二维辉钼矿表面的 MoS₂ 晶格较为完整，二维辉钼矿纳米片对 Hg²⁺的吸附能力还存在不足之处。通过焙烧的方式对二维辉钼矿进行热改性，可使其表面部分晶格分解形成更多的端面，是一种用于活化二维辉钼矿吸附溶液中 Hg²⁺效果的简易手段。另外热改性在二维辉钼矿表面诱导生成的氧化产物对 Hg²⁺也具有很强的络合效果，可进一步提升其吸附 Hg²⁺的能力。本小节对二维辉钼矿纳米片（2DM）在 400℃和 500℃条件下焙烧 2 h，得到相应的吸附剂分别记为 2DM-400 和 2DM-500，并探究其对 Hg²⁺的去除效果（Jia et al.，2018a）。

1. Hg²⁺在热改性二维辉钼矿上的吸附动力学

热改性二维辉钼矿吸附 Hg²⁺的动力学结果如图 4.16（a）所示。吸附过程中，吸附速率在反应的初期较快并逐渐趋于平缓最终达到吸附平衡。2DM、2DM-400、2DM-500 对 Hg²⁺的平衡吸附量分别为 65 mg/g、150 mg/g 和 630 mg/g。表明热处理 2DM 能够显著地提高其对 Hg²⁺的吸附能力。热改性对 2DM 吸附 Hg²⁺的速率影响通过 5 min 内的平均吸附速率进行评估，结果如图 4.16（b）所示。经过计算，2DM-500 的吸附速率为 11.27 mg/（g·min），是 2DM 的 17.6 倍、2DM-400 的 5.3 倍，表明热改性不仅有助于提高对 Hg²⁺的吸附量，还可加速 Hg²⁺向吸附剂表面的扩散。

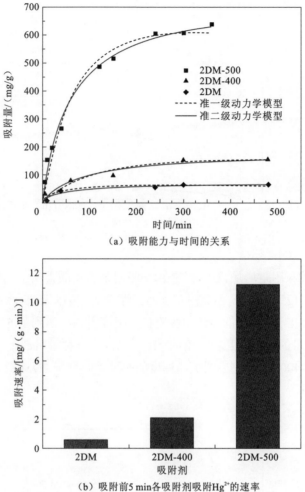

（a）吸附能力与时间的关系

（b）吸附前5 min各吸附剂吸附Hg^{2+}的速率

图 4.16　热改性前后的 2DM 吸附 Hg^{2+}的动力学结果

2. Hg^{2+}在热改性二维辉钼矿上的吸附等温线

2DM、2DM-400 和 2DM-500 对 Hg^{2+}的吸附等温线如图 4.17 所示。可以看到这三种吸附剂的吸附量随着 Hg^{2+}初始质量浓度的升高而增加，并逐渐趋于一个平衡值。当吸附达到饱和时，2DM-500 的 Hg^{2+}吸附量约为 750 mg/g，是 2DM 的 11 倍、2DM-400 的 2.5 倍。这些结果表明 2DM-500 对 Hg^{2+}有着更好的吸附效果，是一种吸附性能卓越的 Hg^{2+}吸附剂。

3. pH 对热改性二维辉钼矿吸附 Hg^{2+}的影响

由于 Hg^{2+}在 pH 大于 6 时会生成沉淀，在 pH 为 1.0～6.0 时考察热改性的 2DM 对 Hg^{2+}吸附的影响，结果如图 4.18 所示。可以看到 pH 为 1 时，2DM、2DM-400 和 2DM-500 对 Hg^{2+}的吸附能力都比较弱，Hg^{2+}吸附量均未能达到 100 mg/g。这是因为溶液中过多的 H$^+$使吸附剂表面质子化，进而占据了 Hg^{2+}的吸附位点。当溶液 pH 升高时，2DM 和

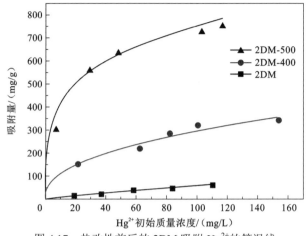

图 4.17　热改性前后的 2DM 吸附 Hg^{2+} 的等温线

2DM-400 对 Hg^{2+} 的吸附量增加较少，这是由于吸附剂表面的去质子化作用暴露出了更多吸附位点，有利于 Hg^{2+} 的吸附，但吸附剂表面活性较低，所以无法有效固定更多的 Hg^{2+}。而对于 2DM-500，在 pH 为 2 的溶液中吸附量大幅度提高，达到了 570 mg/g，并在更高的 pH 下保持吸附量的稳定，且在考察的 pH 范围内，三种吸附剂对 Hg^{2+} 的吸附量均满足 2DM-500>2DM-400>2DM，表明更高温度的热处理有利于 2DM 对 Hg^{2+} 的吸附。

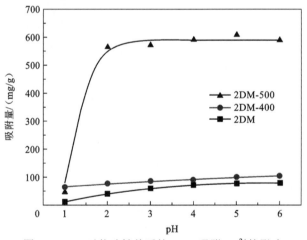

图 4.18　pH 对热改性前后的 2DM 吸附 Hg^{2+} 的影响

4. 热改性二维辉钼矿对 Hg^{2+} 的吸附机理

用 XPS 来探究 2DM、2DM-400 和 2DM-500 吸附 Hg^{2+} 的作用机理。图 4.19（a）为吸附 Hg^{2+} 后的 XPS 全谱图，可以看到在 101 eV、106 eV、360 eV、380 eV 和 578 eV 的结合能位置上出现了 Hg 的特征峰，且强度关系为 2DM-500>2DM-400>2DM，说明热改性有利于 2DM 对 Hg^{2+} 的捕获。图 4.19（b）为 Hg $4f_{5/2}$ 和 Hg $4f_{7/2}$ 的窄谱图，这两个 Hg 4f

轨道的图谱均可被分成两个小峰。100.5 eV 和 104.5 eV 位置的峰代表 Hg—S，而 101.5 eV
和 105.5 eV 位置的峰代表 Hg—O，这表明吸附过程中 Hg^{2+} 与吸附剂表面的 S 元素及 O
元素发生了络合作用。此外：在 2DM 的 Hg 4f 中，Hg—S 占有更大的峰面积，说明 2DM
主要以 Hg—S 的形式将 Hg^{2+} 络合；在 2DM-400 中，Hg—O 与 Hg—S 所占比例几乎相同；
而在 2DM-500 中，Hg—O 的比例进一步增加，且高于 Hg—S，表明溶液中的 Hg^{2+} 主要
被 2DM-500 表面的 O 所络合。上述分析说明热处理生成的氧化产物有利于 Hg^{2+} 的络合。
根据 XPS 全谱中 2DM-500 的半定量分析，S 元素物质的量分数为 30.7%，高于 O 的 20.6%，
然而 Hg—O 的相对含量却高于 Hg—S。这说明与 S 相比，O 对 Hg^{2+} 的亲和力更强。此
外，当结合能为 99~100 eV 时未检测到单质汞，这表明 Hg^{2+} 在吸附过程中，未发生氧
化还原反应（Behra et al.，2001）。

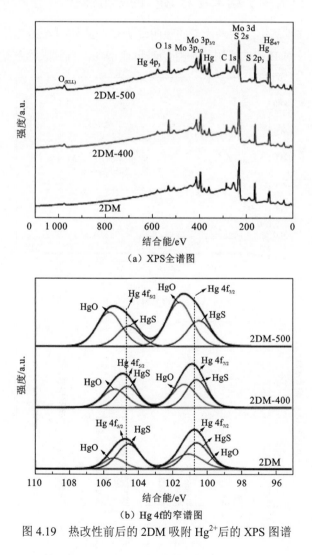

（a）XPS全谱图

（b）Hg 4f的窄谱图

图 4.19　热改性前后的 2DM 吸附 Hg^{2+} 后的 XPS 图谱

4.3.5　氧掺杂二维辉钼矿纳米片吸附水中 Hg^{2+}

虽然通过热改性的方式在二维辉钼矿纳米片表面进行活化改性可促进其吸附 Hg^{2+} 的能力，并且氧化产物也被认为是重要的贡献因素之一，但是这些诱导生成的氧化产物的稳定性差，易于在溶液中分解，使得原本被吸附固定的 Hg^{2+} 再次释放进溶液中。为了改善 MoS$_2$ 的不稳定结构，提高 Hg^{2+} 在 MoS$_2$ 上的吸附能力，Zhan 等（2020）提出了元素掺入法，通过调控水热合成的时间可将氧元素掺杂进入 MoS$_2$ 的晶格内，以实现同时优化改善 MoS$_2$ 的稳定性能及高效去除水体中 Hg^{2+} 的效果。将制备出的不同氧掺杂 MoS$_2$ 吸附材料命名为 SX，其中 X 为水热合成 MoS$_2$ 的时间。

1. 氧掺杂二维辉钼矿纳米片对 Hg^{2+} 的吸附性能

Hg^{2+} 在氧掺杂二维辉钼矿纳米片上的吸附动力学曲线如图 4.20（a）所示。可以看出，该二维辉钼矿纳米片对 Hg^{2+} 的吸附量在开始时迅速增加，直到吸附剂达到吸附饱和状态。

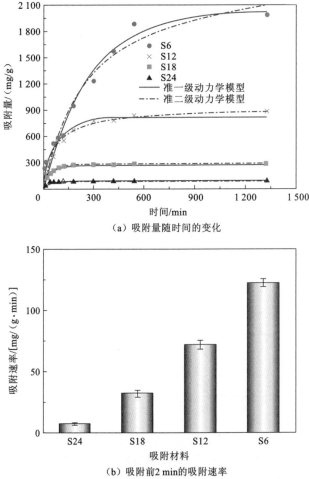

（a）吸附量随时间的变化

（b）吸附前 2 min 的吸附速率

图 4.20　Hg^{2+}对氧掺杂二维辉钼矿纳米片的吸附动力学结果

此外，随着二维辉钼矿纳米片中氧掺杂量的增加，Hg^{2+}的吸附能力不断提高。S24 对 Hg^{2+}的吸附量最低，为 93.11 mg/L，而 S6 对 Hg^{2+}的吸附量最大，为 1 995.72 mg/L，几乎是 S24 的 21 倍。以上结果表明，氧的掺杂能明显提高二维辉钼矿纳米片对 Hg^{2+}的吸附能力。

以初始吸附速率（定义为前 2 min 内单位时间每克吸附剂上吸附的 Hg^{2+}质量）来评价氧掺杂二维辉钼矿纳米片对 Hg^{2+}吸附动力学的影响，如图 4.20（b）所示。随着二维辉钼矿纳米片中氧掺杂量的增加，初始吸附速率逐渐升高。S6 的吸附速率达到了 122.5 mg/（g·min），是 S24 的 17.3 倍，进一步证明了氧的掺杂有利于二维辉钼矿纳米片吸附溶液中的 Hg^{2+}。

通过 XPS 研究氧掺杂二维辉钼矿纳米片对 Hg^{2+}的固定机理，图 4.21（a_1）～（d_1）展示的是吸附于氧掺杂二维辉钼矿纳米片表面的 Hg^{2+}所对应的 Hg 4f 光谱图。其中，Hg $4f_{5/2}$ 和 Hg $4f_{7/2}$ 的光谱可分为两个强峰，而位于 99.9 eV 左右的 Hg^0 结构没有被检测出，说明 Hg^{2+}在吸附过程中没有发生还原反应。在 100.7 eV 和 104.8 eV 左右的双峰为 HgS，而在 102.0 eV 和 106.0 eV 左右的双峰是 HgO，这表明 Hg^{2+}和氧掺杂二维辉钼矿纳米片之间存在很强的化学键作用力。此外，S 2p 的光谱如图 4.21（a_2）～（d_2）所示，可以分为 161.9 eV 和 163.5 eV 处的 MoS_2 峰和 163.5 eV 处的 HgS 峰（Jeong et al.，2010）。另外，S18、S12 和 S6 的 O 1s 谱如图 4.21（b_3）～（d_3）所示，可以分为两个峰，而 S24 的 O 1s 谱没有检测到峰的存在[图 4.21（a_3）]。其中，530.3 eV 处的峰值对应于 MoO_2 的 O 1s，532.6 eV 处的峰值对应于 HgO 的 O 1s（Zeng et al.，2001）。因此，氧掺杂二维辉钼矿纳米片表面的氧原子同样可以与 Hg^{2+}发生很强的络合作用。

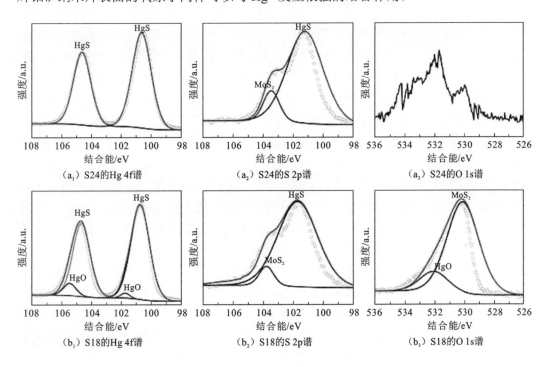

（a_1）S24的Hg 4f谱　　　　（a_2）S24的S 2p谱　　　　（a_3）S24的O 1s谱

（b_1）S18的Hg 4f谱　　　　（b_2）S18的S 2p谱　　　　（b_3）S18的O 1s谱

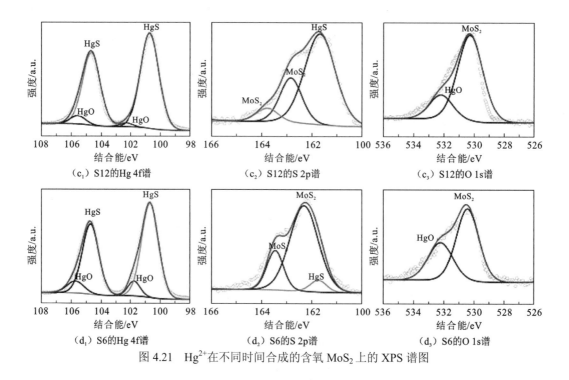

图 4.21 Hg^{2+} 在不同时间合成的含氧 MoS_2 上的 XPS 谱图

2. 氧掺杂二维辉钼矿纳米片对 Hg^{2+} 吸附的 DFT 计算

1）H_2O、Hg^{2+} 与氧掺杂二维辉钼矿之间的作用能

对氧掺杂二维辉钼矿纳米片吸附 Hg^{2+} 的机理进行了 DFT 计算。通过研究界面相互作用，研究水溶液体系中分离得到的 Hg^{2+} 及其在吸附剂表面的吸附能，如图 4.22（a）所示。随着二维辉钼矿纳米片上掺杂氧原子的含量增加，无论是在单独吸附体系中还是在水溶液体系中，计算得出的 Hg^{2+} 在吸附剂表面的吸附能都会急剧升高。水溶液体系中氧掺杂二维辉钼矿纳米片对 Hg^{2+} 的吸附能高于二维辉钼矿纳米片对 Hg^{2+} 的吸附能。这是由于氧原子的电负性较强，氧掺杂二维辉钼矿纳米片表面上的氧原子比硫原子对 Hg^{2+} 的亲和力更强。此外，随着二维辉钼矿纳米片上氧掺杂量的增加，Hg^{2+} 在其表面上的吸附能逐渐升高并最终达到平衡值。这种现象可能是由 Hg^{2+} 与氧掺杂二维辉钼矿纳米片之间的饱和相互作用造成的。另外，水分子对吸附剂表面 Hg^{2+} 的吸附也有影响，其可促进 Hg^{2+} 在氧掺杂二维辉钼矿纳米片上的吸附，减弱 Hg^{2+} 在二维辉钼矿纳米片上的吸附。为了说明这一现象，计算 Hg^{2+} 与 H_2O、吸附剂与 H_2O 之间的相互作用能，从图 4.22（b）中可以看出，H_2O 在二维辉钼矿纳米片上的吸附能为 0.245 eV（吸热反应），说明 H_2O 与二维辉钼矿纳米片之间存在排斥作用（Zhao et al.，2014）。由于 Hg^{2+} 的水合作用，Hg^{2+} 展现出极强的水化性质。在二维辉钼矿纳米片上掺入氧原子后，水与二维辉钼矿纳米片的亲和力大幅提高。结果表明，随着氧的掺入，吸附的水分子可以加速 Hg^{2+} 向吸附剂表面靠近，从而使 Hg^{2+} 与硫原子和氧原子发生良好的络合作用。

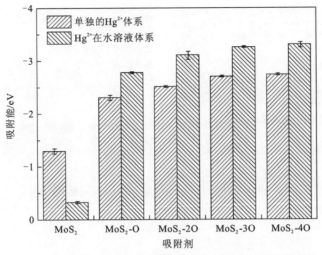

（a）吸附剂与Hg^{2+}在单独吸附体系和水溶液体系中的相互作用能

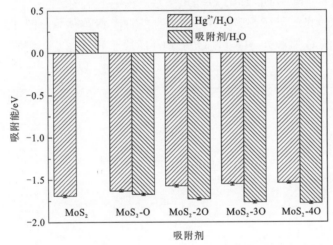

（b）Hg^{2+}与H$_2$O的相互作用能及吸附剂与H$_2$O在水溶液体系中的相互作用能

图 4.22　吸附剂与 Hg^{2+} 间相互作用的 DFT 计算结果

2）差分电荷密度

水溶液体系中 Hg^{2+} 在二维辉钼矿纳米片与氧掺杂辉钼矿上吸附的电子密度图如图 4.23 所示。由该图可知，Hg^{2+} 与二维辉钼矿纳米片之间的电子云基本没有重叠，而 Hg^{2+} 与 H$_2$O 之间的重叠非常密集，说明 Hg^{2+} 与 H$_2$O 之间的亲和力很强，而 Hg^{2+} 与二维辉钼矿纳米片之间没有亲和力。对于 Hg^{2+} 在氧掺杂二维辉钼矿纳米片上的吸附而言，Hg^{2+} 与 H$_2$O 分子中的氧原子和氧掺杂二维辉钼矿纳米片中的氧原子均存在重叠，说明氧掺杂二维辉钼矿纳米片表面的氧原子可与 H$_2$O 分子竞争对 Hg^{2+} 的吸附。有趣的是，在二维辉钼矿纳米片结构上引入氧原子后，Hg^{2+} 与硫原子之间出现了紧密的重叠。可以解释为当 H$_2$O 被吸附到氧掺杂二维辉钼矿纳米片的表面时，H$_2$O 也会将 Hg^{2+}拉近，进而使 Hg^{2+} 与二维辉钼矿纳米片表面的硫原子和氧原子发生相互作用，这与吸附能的测定结果一致。

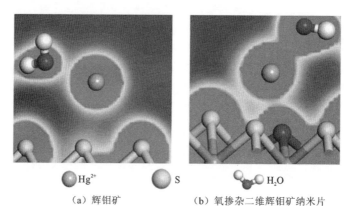

（a）辉钼矿　　　　　　（b）氧掺杂二维辉钼矿纳米片

图 4.23　水溶液体系中 Hg^{2+} 在辉钼矿和氧掺杂二维辉钼矿纳米片上吸附的电子密度图（后附彩图）

3）PDOS 和米利肯原子电荷的变化度

通过计算 PDOS，阐明 Hg^{2+}、H_2O 与氧掺杂辉钼矿纳米片之间的相互作用机理。对于水溶液体系中氧掺杂二维辉钼矿纳米片表面上的 Hg^{2+} 吸附体系，图 4.24 展示了 Hg^{2+} 与 O_W（H_2O 分子的 O 原子）、H_W（H_2O 分子的 H 原子）、O_M（二维辉钼矿纳米片表面的 O 原子）、S_M（二维辉钼矿纳米片表面的 S 原子）之间，以及 H_W 与 O_M 之间相互作用

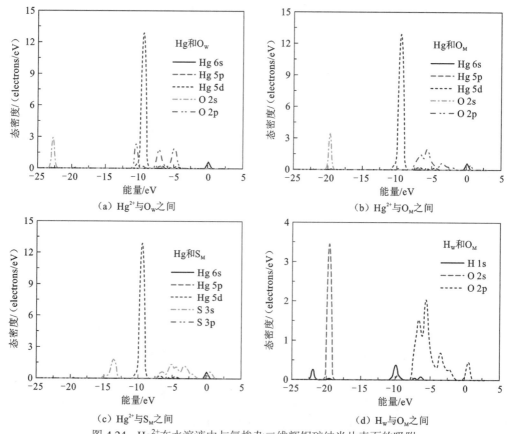

（a）Hg^{2+} 与 O_W 之间　　　　　　　　　　（b）Hg^{2+} 与 O_M 之间

（c）Hg^{2+} 与 S_M 之间　　　　　　　　　　（d）H_W 与 O_M 之间

图 4.24　Hg^{2+} 在水溶液中与氧掺杂二维辉钼矿纳米片表面的吸附

的 PDOS。从图中可以看出，Hg 原子的轨道主要分布在价带上，而非导带上，说明 Hg 原子参与了键的相互作用。可以发现，Hg 5d 轨道和 O_W 2p 轨道之间在-10～-5 eV 存在键合[图 4.24（a）]，但其键合强度弱于 Hg 5d 轨道和 O_M 2p 轨道之间的键合强度[图 4.24（b）]，这意味着汞与氧掺杂二维辉钼矿纳米片表面的氧原子之间存在强烈的相互作用。Hg 5d 轨道与 S_W 3p 轨道之间也有键合[图 4.24（c）]，表明汞与氧掺杂二维辉钼矿纳米片表面的硫也存在相互作用。如图 4.24（d）所示，H_W 1s 轨道与 O_M 轨道之间存在大量的重叠，说明 H_W 与 O_M 之间的相互作用属于氢键作用范畴。

　　图 4.25 为 Hg^{2+} 吸附前后 Hg^{2+}、O_W、O_M 和 S_M 的 Milliken 原子电荷变化（ΔQ）结果。Milliken 原子电荷变化情况可反映水系统中 Hg^{2+} 的电荷给受情况。电荷变化（ΔQ）为正值时代表 Hg^{2+} 损失电子，负值代表 Hg^{2+} 获得电子。结果发现，Hg^{2+} 吸附后的 ΔQ 为正值，表明 Hg^{2+} 以损失电荷为主，其损失的电荷转移至附近的 O_M、S_M 和 O_W 中（Peng et al.，2016）。O_W、O_M 和 S_M 的 ΔQ 为负值，表明三者以获得电荷为主，其中 O_M 负值的绝对值最大，表明其从 Hg^{2+} 中获得了最多数量的电子，即 Hg^{2+} 的大量电子被转移到氧掺杂二维辉钼矿纳米片表面的 O 原子中。同理，O_M 的负电荷量大于 S_M，说明 O_M 与 Hg^{2+} 的相互作用强于 S_M 与 Hg^{2+} 的作用。此外，由于共价键的饱和，随着氧掺杂量的提高，Hg^{2+} 至二维辉钼矿纳米片表面 O 原子的电荷转移先迅速上升后趋于平缓。同时，氧的掺杂也增强了二维辉钼矿纳米片中 S 原子与 Hg^{2+} 之间的相互作用。

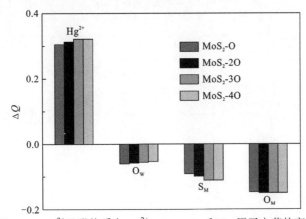

图 4.25　Hg^{2+} 吸附体系中 Hg^{2+}、O_W、O_M 和 S_M 原子电荷的变化

4.3.6　辉钼矿/蒙脱石纳米片复合材料吸附水中 Hg^{2+}

　　吸附剂的亲水性也是影响其处理溶液中重金属能力的重要因素之一。若吸附剂的亲水性差，在吸附过程中吸附剂无法与溶液中的重金属离子充分接触，就会降低其处理性能。二维辉钼矿纳米片属于非极性结构，因此亲水性差。通过水热自组装法将二维辉钼矿纳米片与亲水性强的蒙脱石纳米片进行复合，以制备出辉钼矿/蒙脱石（MoS₂/montmorlloniote，MoS₂/MMT）纳米片复合材料，可大大改善辉钼矿的弱亲水性，从而提高其作为吸附剂去除溶液中 Hg^{2+} 的能力（Mário et al.，2020）。

1. MoS₂/MMT 纳米片复合材料对 Hg²⁺的吸附动力学

MoS$_2$/MMT 纳米片复合材料吸附 Hg^{2+}的吸附动力学曲线如图 4.26 所示。吸附量在 240 min 前逐渐增加,并在 360 min 后达到了吸附的饱和量(1 050 mg/g),表明 MoS$_2$/MMT 纳米片复合材料对 Hg^{2+}有很强的吸附能力。为了探究复合材料中各组分对吸附的影响,对单一的 MMT 和 MoS$_2$组分吸附 Hg^{2+}的动力学进行探究,吸附动力学结果如图 4.27 所示。可以看到 MoS$_2$较 MMT 对 Hg^{2+}有更高的吸附性能,但略低于复合材料的吸附性能。这进一步揭示了 MoS$_2$和 MMT 对复合材料提高吸附速率的协同作用。

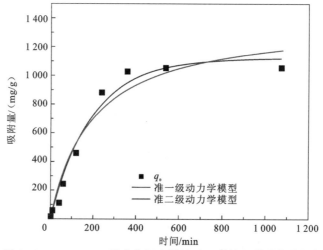

图 4.26 MoS$_2$/MMT 纳米片复合材料对 Hg^{2+}的吸附动力学曲线

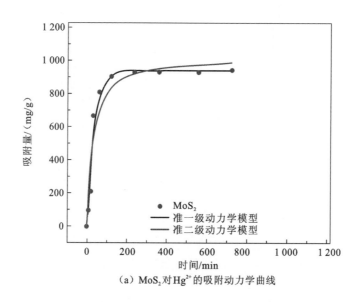

(a) MoS$_2$对 Hg^{2+}的吸附动力学曲线

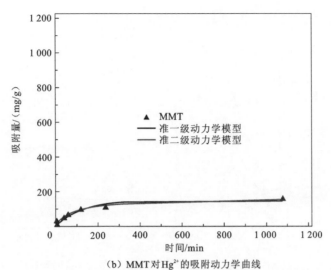

（b）MMT 对 Hg^{2+} 的吸附动力学曲线

图 4.27　MoS$_2$ 和 MMT 对 Hg^{2+} 的吸附动力学曲线

此外，比较 MMT、MoS$_2$ 和 MoS$_2$/MMT 纳米片复合材料对 Hg^{2+} 的吸附能力（图 4.28），可以看到 MoS$_2$/MMT 纳米片复合材料对 Hg^{2+} 的吸附容量高达 1 053.9 mg/g，高于单一的 MoS$_2$ 或 MMT 组分的吸附剂。结果证明将 MoS$_2$ 与 MMT 进行复合，可显著减小 MoS$_2$ 表面的疏水性，以促进复合物分散在溶液中吸附更多 Hg^{2+}。如图 4.29 所示，对 MoS$_2$/MMT 纳米片复合材料中 MoS$_2$ 含量与吸附 Hg^{2+} 的性能进行探究。可以发现，Hg^{2+} 吸附量随 MoS$_2$ 含量的上升而增加，再次证明 MoS$_2$ 对增强复合物的吸附能力起关键作用。

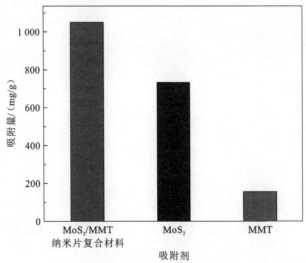

图 4.28　MoS$_2$/MMT 纳米片复合材料、MoS$_2$ 及 MMT 对 Hg^{2+} 吸附性能对比

2. MoS$_2$/MMT 纳米片复合材料对 Hg^{2+} 的吸附等温线

在 25 ℃和 35 ℃温度条件下研究 MoS$_2$/MMT 纳米片复合材料对 Hg^{2+} 的吸附等温线，结果如图 4.30 所示。吸附量随 Hg^{2+} 平衡浓度升高而增加直至达到吸附稳定，且 35 ℃时

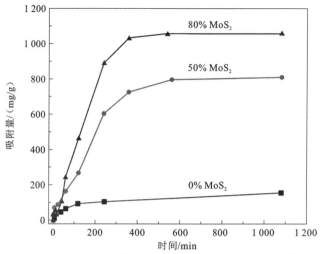

图 4.29 MoS₂/MMT 纳米片复合材料中 MoS₂ 含量对 Hg(II)吸附性能影响

吸附量大于 25 ℃时吸附量。说明温度的升高有利于吸附过程的进行，这可能是由扩散速率提升所致，即当温度较高时，Hg^{2+} 将更快地接近吸附剂表面并与吸附剂发生络合作用。值得注意的是，35 ℃时 MoS₂/MMT 纳米片复合材料对 Hg^{2+} 的吸附量可达 1 836 mg/g，高于很多报道过的吸附剂。例如：Wu 等（2018）使用的鱼骨碳材料对 Hg^{2+} 吸附量为 243.77 mg/g；Awual（2017）报道的纳米复合材料对 Hg^{2+} 的最大吸附容量为 179.74 mg/g。因此，MoS₂/MMT 纳米片复合材料较其他吸附剂具有更高的去除污水中 Hg^{2+} 的能力。

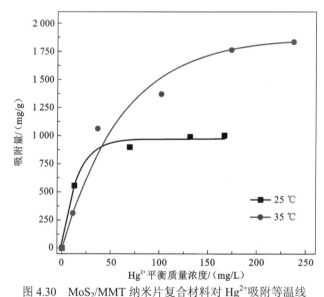

图 4.30 MoS₂/MMT 纳米片复合材料对 Hg^{2+} 吸附等温线

3. MoS₂/MMT 纳米片复合材料对 Hg^{2+} 的吸附循环使用性能

吸附剂的循环性能对工业实际应用及经济效益具有重要意义。每次吸附结束后，MoS₂/MMT 纳米片复合材料表面所络合的 Hg^{2+} 可通过在乙醇中超声洗涤轻松脱附。每次循环试验后，MoS$_2$/MMT 纳米片复合材料经过离心、超声并用乙醇洗涤后用于后续试验。图 4.31 表明 4 次循环后 MoS$_2$/MMT 纳米片复合材料对 Hg^{2+} 仍具有 85.2% 的去除率，表明该吸附剂良好的循环使用性能。此外，XRD 结果表明 4 次循环后吸附剂与吸附前相比未发生明显变化，这证明吸附剂具备较强的结构稳定性（图 4.32）。

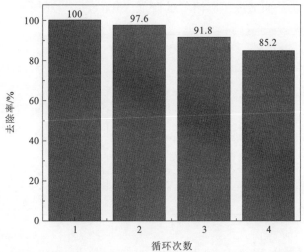

图 4.31　MoS$_2$/MMT 纳米片复合材料吸附 Hg^{2+} 循环性能

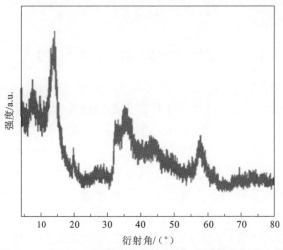

图 4.32　MoS$_2$/MMT 纳米片复合材料 4 次循环后 XRD 图

4. pH 对 MoS$_2$/MMT 纳米片复合材料吸附 Hg^{2+} 的影响

pH 对吸附的影响是考察吸附剂性能的重要指标。图 4.33（a）展示了 pH（1～6）对 MoS$_2$/MMT 纳米片复合材料吸附 Hg^{2+} 的影响，可以看出吸附量在 pH<3 前迅速增大，并在 pH=3 时达到最大值，随后呈下降的趋势。pH 为 3～6 时吸附量的下降可能是由于汞存在形态的变化。通过 Zeta 电位的测试可以解释这种现象，结果如图 4.33（b）所示。MoS$_2$/MMT 纳米片复合材料在整个 pH 范围内表面均带负电，且随 pH 的上升，负电性

不断增强。另外，前人的研究表明，汞在不同的 pH 溶液中具有不同的形态。当 pH<3 时，汞的主要存在形式为 Hg^{2+}，因此当溶液的 pH 在 1～3 升高时，MoS_2/MMT 纳米片复合材料与 Hg^{2+} 之间的静电作用加强，从而具有更大的吸附量。当 pH>3 时，Hg^{2+} 会逐渐转化为 $HgOH^+$ 及 $Hg(OH)_2$ 等形态，其表面所带正电荷减少，使其与吸附剂表面的静电吸附作用减弱，从而造成了吸附量的降低（Wu et al.，2018）。

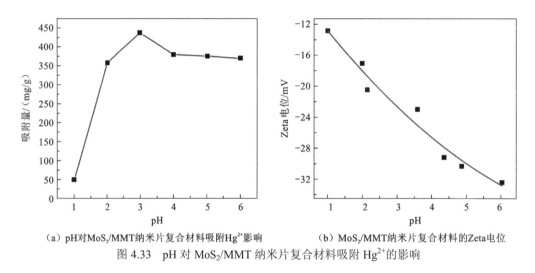

（a）pH对MoS_2/MMT纳米片复合材料吸附Hg^{2+}影响　　（b）MoS_2/MMT纳米片复合材料的Zeta电位

图 4.33　pH 对 MoS_2/MMT 纳米片复合材料吸附 Hg^{2+} 的影响

4.4　辉钼矿/水界面吸附 Pb^{2+}

铅不是人体的必需元素，它对人体具有强烈的神经毒性作用。铅可通过食物、饮水和呼吸等途径被人体摄入，再经由消化道等被人体所吸收。铅离子（Pb^{2+}）进入人体血液中，可阻碍血细胞的形成，导致智力下降。当 Pb^{2+} 在人体中富集到一定浓度时，轻微中毒者会表现出贫血、噩梦、失眠、头晕头痛、精神烦躁等慢性中毒症状；中毒严重者还可能表现出四肢乏力、出现幻觉、腹部疼痛、腹泻及肾功能受损等症状。被人体吸收的 Pb^{2+} 可以随着血液循环最终进入脑组织，造成小脑及大脑皮层的损害，干扰代谢和内分泌活动，并且可导致弥漫性脑损伤等重大疾病。成年人对摄入的铅的吸收率约为 10%，而儿童由于机体生长发育旺盛对摄入的铅的吸收率高达 35%～50%，铅污染对儿童健康的损害更为严重。当机体血液中的铅质量浓度达到 60 μg/100 mL 的水平时，儿童会表现出智力低下和行为异常等症状，并且通常情况下这种疾病是不可逆的。铅是目前世界上三大重金属污染物之一，根据报道，在过去的几十年里我国某些地区的河流、湖泊中铅元素严重超标，对当地居民的身体健康造成较为严重的危害。因此，针对水体中铅元素的治理已刻不容缓。本节将详细阐述辉钼矿基吸附材料对溶液中 Pb^{2+} 的去除效果。

4.4.1　二维辉钼矿纳米片吸附水中 Pb^{2+}

不同于体相的辉钼矿，二维辉钼矿纳米片具有高径厚比的特点，大量的硫原子可暴露在溶液环境中参与 Pb^{2+} 的吸附。根据文献报道，电化学辅助超声剥离法可快速制备出二维辉钼矿纳米片，且制备得到的产品片层少，属于高径厚比的二维纳米材料。因此，通过电化学辅助超声剥离法制备得到的二维辉钼矿纳米片可以作为一种优良的吸附剂用于溶液中 Pb^{2+} 的去除（Liu et al.，2017）。

1. Pb^{2+} 在二维辉钼矿纳米片上的吸附动力学

采用二维辉钼矿纳米片在初始浓度为 600 mg/L、pH 为 5.0 的 Pb^{2+} 溶液中进行吸附动力学试验，结果如图 4.34 所示。可以看出，在最初的 15 min 内，吸附以很高的速率进行，仅 20 min 即达到吸附平衡。这可能是因为二维辉钼矿纳米片上具有完全暴露的吸附位点，Pb^{2+} 可快速扩散至二维辉钼矿纳米片的表面。因此，在二维辉钼矿纳米片上观察到极高的 Pb^{2+} 吸附速率。从这个角度看，二维辉钼矿纳米片可作为一种潜在的吸附剂用以去除水中的 Pb^{2+}。

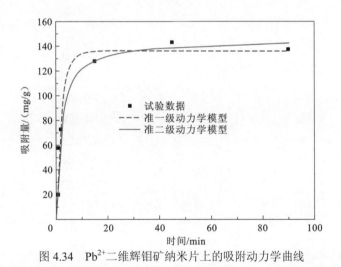

图 4.34　Pb^{2+} 二维辉钼矿纳米片上的吸附动力学曲线

2. Pb^{2+} 在二维辉钼矿纳米片上的吸附等温线

在 20℃和 35℃的吸附条件下，Pb^{2+} 在二维辉钼矿纳米片上的吸附量与 Pb^{2+} 平衡质量浓度的关系如图 4.35 所示。可以看到吸附量随 Pb^{2+} 平衡质量浓度的升高而增大，最终达到饱和吸附的状态，35℃时最大吸附量为 1 479 mg/g，表明二维辉钼矿纳米片对 Pb^{2+} 具有巨大的吸附能力。而 Pb^{2+} 在 35℃时的吸附量大于 20℃时的吸附量，表明二维辉钼矿纳米片对 Pb^{2+} 的吸附为吸热反应。

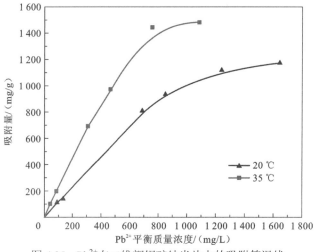

图 4.35　Pb^{2+}在二维辉钼矿纳米片上的吸附等温线

　　通过 SEM-EDS 检测进一步证实 Pb^{2+}在二维辉钼矿纳米片上的吸附。图 4.36（a）为二维辉钼矿纳米片吸附 Pb^{2+}后的形貌图像，图 4.36（b）～（d）为样品表面上 S、Mo、Pb 元素的 EDS 面扫图。可以看到大量的 Pb 元素均匀分布在样品表面，密度几乎与 Mo 和 S 相同，表明二维辉钼矿纳米片表面吸附了大量的 Pb^{2+}。同样 XPS 测试也证明 Pb^{2+}被成功固定于二维辉钼矿纳米片表面。图 4.37 为二维辉钼矿纳米片吸附 Pb^{2+}前后的 XPS 全谱图。吸附后二维辉钼矿纳米片的 XPS 全谱中观察到 Pb 4f 轨道特征峰，同样可证明 Pb^{2+}成功被二维辉钼矿纳米片所吸附。

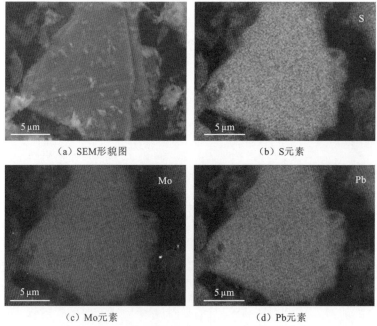

（a）SEM形貌图　　　　　　　　　（b）S元素

（c）Mo元素　　　　　　　　　　（d）Pb元素

图 4.36　二维辉钼矿纳米片吸附 Pb^{2+}后的 SEM-EDS 结果（后附彩图）

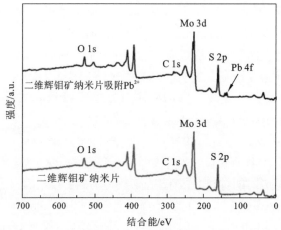

图 4.37 二维辉钼矿纳米片吸附 Pb^{2+} 前后的 XPS 全谱图

3. pH 对二维辉钼矿纳米片吸附 Pb^{2+} 的影响

为确保溶液中 Pb^{2+} 以离子形式存在，在 1.0～5.0 的 pH 范围内研究二维辉钼矿纳米片对 Pb^{2+} 的吸附性能。图 4.38（a）展示了 pH 对二维辉钼矿纳米片吸附 Pb^{2+} 的影响，可以看到二维辉钼矿纳米片吸附能力随 pH 的升高而增大，这种现象可通过二维辉钼矿纳米片的 Zeta 电位来解释。如图 4.38（b）所示，二维辉钼矿纳米片在 pH 为 1.0～11.0 时均带负电，且 Zeta 电位的绝对值随 pH 升高而增大。因此，静电相互作用可能是 Pb^{2+} 在二维辉钼矿纳米片上被大量吸附的原因之一。在高 pH 溶液中，二维辉钼矿纳米片表面负电荷的增加使其与 Pb^{2+} 之间具有更强的静电相互作用，从而吸引更多的 Pb^{2+} 接近吸附剂表面进而被吸附。此外，二维辉钼矿纳米片更高的负电性使其分散性增强，使更多的活性位点暴露在溶液环境中，增大了其与 Pb^{2+} 接触的概率进而促进了吸附的进行。

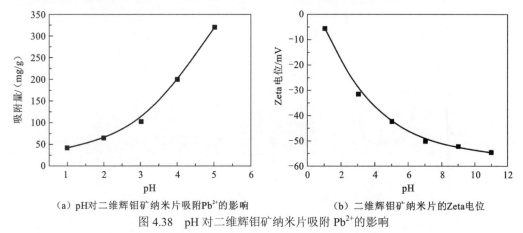

（a）pH对二维辉钼矿纳米片吸附Pb^{2+}的影响　　　　（b）二维辉钼矿纳米片的Zeta电位

图 4.38 pH 对二维辉钼矿纳米片吸附 Pb^{2+} 的影响

4. Pb^{2+} 在二维辉钼矿纳米片上的吸附机理

XPS 用于研究 Pb^{2+} 在二维辉钼矿纳米片上的吸附机理。以结合能为 284.5 eV 的 C 1s

峰对其他元素的特征峰进行了校准。图 4.39（a）为 S 2p 轨道窄谱，被去卷积分为三个小峰。其中位于 160.82 eV 的峰源自 PbS，而位于 162.00 eV 和 163.48 eV 的峰分别归因于 MoS_2 中 S $2p_{3/2}$ 和 S $2p_{1/2}$ 两个半自旋轨道（Szargan et al.，1999；Wang et al.，1997）。另外，可以看到 PbS 特征峰强度较高，表明二维辉钼矿纳米片表面的 S 络合了大量的 Pb^{2+}。图 4.39（b）中，Pb 4f 的 XPS 光谱于 137.16 eV、138.84 eV 和 143.72 eV 处被分为 3 个小峰。137.16 eV 处的峰对应于 PbO 结构，138.84 eV 和 143.72 eV 处的峰对应于 PbS 的特征峰（Kovalev et al.，2010；Wang et al.，1997），另外 PbS 的特征峰强度比 PbO 的强得多，表明在 Pb^{2+} 的吸附过程中，二维辉钼矿纳米片表面的 S 和 O 对 Pb^{2+} 的络合作用起到了贡献，且主要以 S 为主，这是该吸附剂对 Pb^{2+} 具有超强吸附能力的主要原因。图 4.39（c）所示的 O 1s 光谱中，位于 530.68 eV 和 532.75 eV 的特征峰可能分别归因于 PbO 和 H_2O（Liu et al.，2016；Yoshida et al，2003），这进一步证实了 Pb^{2+} 可被二维辉钼矿纳米片表面的 O 所络合。

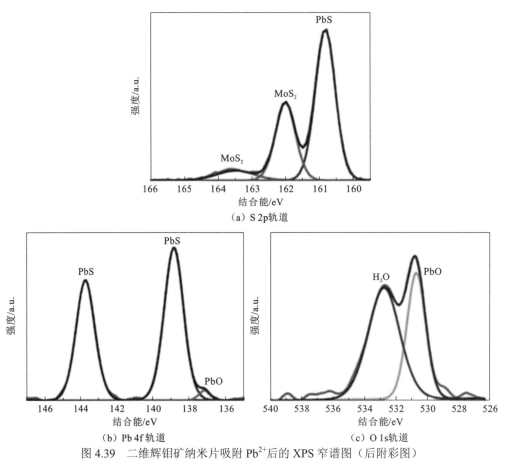

图 4.39　二维辉钼矿纳米片吸附 Pb^{2+} 后的 XPS 窄谱图（后附彩图）

基于以上结果和分析，提出二维辉钼矿纳米片吸附 Pb^{2+} 的机理：首先，表面荷负电的二维辉钼矿纳米片通过静电作用将 Pb^{2+} 吸引至其表面并通过大量的 S 及少量 O 而固定下来；然后，当表面的络合位点被完全占据时，静电作用力仍可发挥影响，Pb^{2+} 可继续被二维辉钼矿纳米片表面所吸引，最终以多层吸附的形式从溶液中脱除。

4.4.2　Fe$_3$O$_4$@PDA-辉钼矿壳核结构纳米球吸附水中 Pb^{2+}

二维辉钼矿纳米片作为吸附剂可对溶液中的 Pb^{2+} 展现出优异的去除性能。然而在实际应用过程中，不仅要求吸附剂具备高效的重金属离子去除能力，还要保证其易于从溶液中回收。然而二维辉钼矿纳米片的尺寸过小，难以通过常规的过滤方式达到固液分离的目的，这严重限制了二维辉钼矿纳米片吸附剂的应用。将磁性的 Fe$_3$O$_4$ 与二维辉钼矿纳米片进行复合是解决吸附剂回收问题的方法之一，在吸附结束后，通过简单的磁选方式即可对吸附重金属离子后的吸附剂进行收集。另外，溶液中的酸性介质会侵蚀 Fe$_3$O$_4$ 的结构，从而削弱吸附剂的循环使用性能，因此对 Fe$_3$O$_4$ 进行保护以避免其与溶液中的 H$^+$ 反应也是十分必要的。PDA 具有良好的黏结性能，可作为 Fe$_3$O$_4$ 高效稳定的保护涂层，因此 Fe$_3$O$_4$@PDA-辉钼矿壳核结构吸附剂的设计对辉钼矿纳米片的应用具有重要意义（Wang et al.，2019）。

1. pH 对 Fe$_3$O$_4$@PDA-辉钼矿吸附 Pb^{2+} 的影响

溶液 pH 是重金属离子去除的重要影响因素，因为其决定了金属离子在溶液中的存在形态并影响了吸附剂的表面电荷。图 4.40（a）所示为不同 pH 的溶液中 Fe$_3$O$_4$-辉钼矿纳米球对 Pb^{2+} 的吸附性能。pH 为 1.0～4.0 时该材料对 Pb^{2+} 的吸附能力随 pH 升高而上升，接着在 pH 为 4.0～7.0 时吸附量趋于平稳。当溶液的 pH<6.0 时，铅主要以 Pb^{2+} 或 Pb(OH)$^+$ 或二者共存的形式存在，当溶液 pH>7.0 后 Pb^{2+} 形成水解产物。Fe$_3$O$_4$@PDA-辉钼矿纳米球的表面电势随 pH 变化如图 4.40（b）所示，Fe$_3$O$_4$@PDA-辉钼矿纳米球在整个 pH 范围内表面均荷负电，且纳米球表面的负电性随 pH 的升高而上升。因此，在低 pH 溶液中对低浓度 Pb^{2+} 的吸附主要源于 Pb^{2+} 和高浓度 H$^+$ 之间对结合位点的竞争（Peng et al.，2017）。当 pH 上升至 4.0 时，H$^+$ 对 Pb^{2+} 在吸附位点的竞争作用减少，Pb^{2+} 和纳米复合物表面静电吸引增强，导致 Fe$_3$O$_4$@PDA-辉钼矿纳米球表面吸附 Pb^{2+} 能力的提高。随着溶液 pH 由 4.0 上升至 7.0，尽管 Fe$_3$O$_4$@PDA-辉钼矿核壳纳米球表面呈现越来越多的负电荷，但其表面对 Pb^{2+} 的络合作用已趋于饱和，因此吸附量只有少量提升。

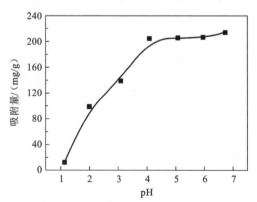
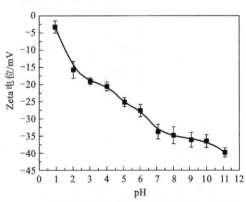

（a）溶液pH对Fe$_3$O$_4$@PDA-辉钼矿纳米球吸附Pb^{2+}的影响　　（b）Fe$_3$O$_4$@PDA-辉钼矿纳米球的Zeta电位图

图 4.40　pH 对 Fe$_3$O$_4$@PDA-辉钼矿纳米球吸附 Pb^{2+} 的影响

2. Fe₃O₄@PDA-辉钼矿对 Pb²⁺的吸附动力学和吸附等温线

图 4.41（a）所示为吸附动力学的试验结果。Fe_3O_4@PDA-辉钼矿对 Pb^{2+}具有快速的吸附速率，约在 60 min 时达到平衡。

图 4.41（b）所示为 293 K 温度条件下 Pb^{2+}的吸附等温线，在 293 K 的吸附温度条件下，Fe_3O_4@PDA-辉钼矿纳米球对 Pb^{2+}的吸附量为 508.9 mg/g，明显大于常见的吸附剂。此外，与其余一些不同结构的辉钼矿/Fe_3O_4复合物相比，Fe_3O_4@PDA-辉钼矿纳米球的吸附能力也大得多，这归因于辉钼矿在 Fe_3O_4@PDA 纳米球表面原位生长使其比表面积显著增大，且辉钼矿表面用于与重金属离子结合的位点在组装制备过程中被占用较少。

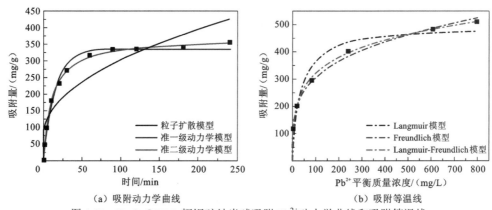

（a）吸附动力学曲线　　　　　　　（b）吸附等温线

图 4.41　Fe_3O_4@PDA-辉钼矿纳米球吸附 Pb^{2+}动力学曲线和吸附等温线

3. Fe₃O₄@PDA-辉钼矿对 Pb²⁺的吸附热力学及机理分析

为进一步解释吸附机理，在 293 K、303 K、313 K 温度条件下进行 Fe_3O_4@PDA-辉钼矿纳米球吸附 Pb^{2+}的等温线试验，结果如图 4.42 所示。

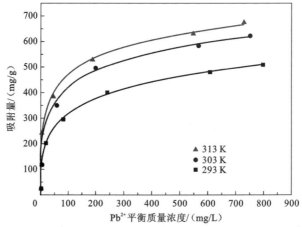

图 4.42　293 K、303 K 及 313 K 时 Fe_3O_4@PDA-辉钼矿纳米球吸附 Pb^{2+}动力学曲线

使用焓变（ΔH_0），熵变（ΔS_0）和吉布斯自由能（ΔG_0）分析试验数据，表达式为

$$\Delta G_0 = -RT\ln K_0 \tag{4.1}$$

$$\ln K_0 = \Delta S_0 / R - \Delta H_0 / RT \tag{4.2}$$

式中：T 为系统温度，K；R 为通用气体常数，8.314 J/mol·K。通过绘制 $\ln(Q_e/C_e)$ 与 Q_e 的关系曲线（图 4.43）并将 Q_e 外推到 0 以获得不同温度下的分配常数（K_0）汇总于表 4.2。

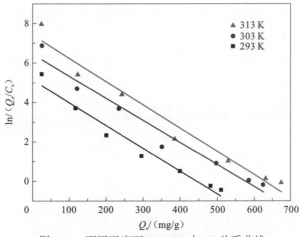

图 4.43　不同温度下 $\ln(Q_e/C_e)$ 与 Q_e 关系曲线

表 4.2　不同温度下 Fe$_3$O$_4$@PDA-辉钼矿纳米球吸附 Pb^{2+}的分配常数值

温度/K	K_0	$\ln K_0$
293	5.14	1.637
303	6.44	1.863
313	7.38	1.999

根据式（4.2），ΔH_0 和 ΔS_0 可以通过绘制 $\ln K_0$-$1/T$ 曲线从范托夫（van't Hoff）方程得出，结果如图 4.44 与表 4.3 所示。在选定温度下发现了高度相关的线性关系，证明了范托夫方程对吸附热力学参数的修正。如表 4.4 所示，计算得到的 ΔG_0 值为负而 ΔH_0 值为正，说明 Fe$_3$O$_4$@PDA-辉钼矿纳米球对 Pb^{2+}的吸附是自发吸热过程，高温有利于吸附。值得

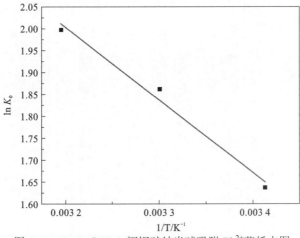

图 4.44　Fe$_3$O$_4$@PDA-辉钼矿纳米球吸附 Pb^{2+}范托夫图

注意的是，ΔG_0 为 $-3.990 \sim -5.209$ kJ/mol，低于 -20 kJ/mol，说明对 Pb^{2+} 的吸附包含物理过程（Sari et al.，2007）。ΔS_0 可达 60.89 J/mol·K，说明在吸附过程中固液相界面的有序性下降（Hao et al.，2010）。

表 4.3　Fe_3O_4@PDA-辉钼矿纳米球吸附 Pb^{2+} 范托夫参数

参数	数值
截距	7.324
斜率	$-1\,662.55$
R^2	0.970

表 4.4　Fe_3O_4@PDA-辉钼矿纳米球吸附 Pb^{2+} 的热力学常数

温度/K	ΔG_0/（kJ/mol）	ΔH_0/（kJ/mol）	ΔS_0/（J/mol·K）
293	-3.990		
303	-4.699	13.82	60.89
313	-5.209		

根据以上结果及之前的研究，Fe_3O_4@PDA-辉钼矿纳米球对 Pb^{2+} 吸附行为的机理可能源于与 Fe_3O_4@PDA-辉钼矿纳米球静电性质的离子交换作用及通过 Pb^{2+} 与辉钼矿中硫原子之间的表面络合反应。

4. Fe_3O_4@PDA-辉钼矿对 Pb^{2+} 的吸附循环性能测试

良好的吸附剂应具有易脱附及高循环性能的特点。由于其在低 pH 环境中吸附能力的下降及在酸溶液中的长效稳定性，Fe_3O_4@PDA-辉钼矿纳米球可以通过酸处理重复利用。如图 4.45 所示，与第一次循环的吸附性能相比，循环再利用 10 次后吸附剂的吸附性能也没有明显下降，进一步说明了 Fe_3O_4@PDA-辉钼矿纳米球良好的循环稳定性及在实际重金属去除应用中重复利用的可行性。

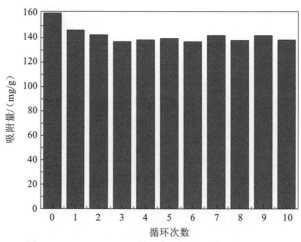

图 4.45　Fe_3O_4@PDA-辉钼矿纳米球循环吸附性能

4.5　辉钼矿/水界面吸附 Cd^{2+}

镉元素具有高毒性，是对自然环境和人体健康威胁最大的重金属元素之一。镉元素可通过食物链的传递、富集作用，经由人体消化道、呼吸道和皮肤等部位摄入和吸收之后被转移至人体内。进入人体后，镉离子（Cd^{2+}）首先由血液被运送到肝脏，与特定蛋白质结合形成复合物，最终被运送到肾脏，Cd^{2+} 可以在肾脏中长期积累，从而损坏肾脏的过滤机制，引起尿液中钙及磷浓度的升高，既阻碍了人体对钙的吸收，还可能引起氨基酸尿、糖尿及蛋白尿等疾病。短期的镉中毒症状包括恶心、呕吐、腹泻和抽筋等，长期的镉中毒症状则表现为肾脏损害、骨质疏松、肝脏解毒功能下降和血液成分异常等。镉的生物半衰期为 10～30 年，因此一旦进入人体之后，Cd^{2+} 很难再被完全排出体外。镉污染严重的水源主要分布在重工业发达区及其周边农业灌溉区，在有色金属的开采及其周边农田灌溉过程中，镉元素会在水体中积累。"镉大米"事件曾对我国多地的粮食安全造成隐患，经调查，灌溉水源中镉污染超标是罪魁祸首。因此，治理水源中超标的镉元素已刻不容缓。基于此，本节将阐述辉钼矿纳米片吸附剂对溶液中 Cd^{2+} 的去除效果（Wang et al.，2018a）。

4.5.1　二维辉钼矿纳米片吸附 Cd^{2+} 的 pH 影响

图 4.46（a）展示的是 pH 对二维辉钼矿纳米片吸附 Cd^{2+} 的影响结果，可以看到在 1～4 的 pH 下，Cd^{2+} 的吸附量随溶液 pH 的升高而增加，这是因为随着溶液 pH 的升高，二维辉钼矿纳米片表面携带更多的负电荷（Jia et al.，2017b），导致离子与吸附剂之间的静电吸引作用增强。此外，随着 H_3O^+ 浓度的降低，带负电荷的二维辉钼矿纳米片表面的质子化作用变弱，进而导致更多的吸附位点暴露并与 Cd^{2+} 络合吸附。但随着 pH 进一步升高，Cd^{2+} 的吸附量基本未发生变化并保持在 140 mg/g。此时，尽管二维辉钼矿纳米片表面的负电性增强，但有限的吸附位点无法为更多的 Cd^{2+} 提供额外的固定位置。

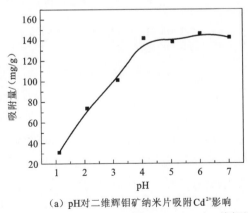

（a）pH对二维辉钼矿纳米片吸附 Cd^{2+} 影响

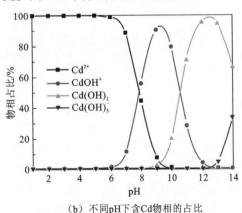

（b）不同pH下含Cd物相的占比

图 4.46　pH 对二维辉钼矿纳米片吸附 Cd^{2+} 的影响

根据含 Cd 物质的水解平衡及稳定性常数，图 4.46（b）展示的是不同 pH 下溶液中含 Cd 的物相占比（Borah et al.，2006）。显然，pH 小于 6.0 时，Cd^{2+} 是水溶液介质中的主要物质。pH 为 8.5 时 $Cd(OH)_2$ 沉淀开始形成。

4.5.2　二维辉钼矿纳米片吸附 Cd^{2+} 动力学

Cd^{2+} 在二维辉钼矿纳米片上的吸附动力学结果如图 4.47（a）所示，可以看到吸附仅 30 min 即可达到平衡状态，表明二维辉钼矿纳米片对 Cd^{2+} 具有较快的吸附速率。为了研究吸附过程及 Cd^{2+} 在二维辉钼矿纳米片上的扩散机理，分别通过准一级动力学、准二级动力学和 Weber-Morris 粒子内扩散模型［式（4.3）］对试验数据进行拟合。

$$q_t = k_i \times t^{1/2} + C \tag{4.3}$$

式中：q_t 为在不同时间间隔下重金属的吸附量，mg/g；k_i 为粒子内扩散模型的速率常数，$mg/(g \cdot min^{1/2})$；C 为边界层的厚度常数，mg/g。

根据拟合结果，准二级动力学速率模型与试验数据具有更高的相关性。由于准二级动力学模型是基于吸附过程为化学作用的假设，Cd^{2+} 在二维辉钼矿纳米片上的整体固定过程归因于化学吸附（Ho et al.，2000）。如图 4.47（b）所示，吸附过程可被分为三个不同的吸附阶段：阶段 1 归因于本体扩散；阶段 2 归因于粒子内扩散；而阶段 3 归因于最终平衡，该阶段由于溶液中 Cd^{2+} 的浓度较低，粒子内扩散速率降低。

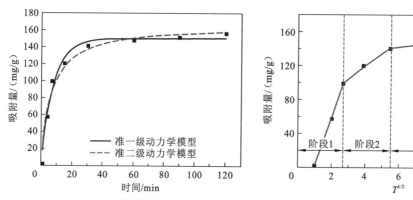

（a）Cd^{2+} 在二维辉钼矿纳米片上的吸附动力学　　（b）二维辉钼矿纳米片吸附 Cd^{2+} 的粒子内扩散模型

图 4.47　二维辉钼矿纳米片吸附 Cd^{2+} 的吸附动力学结果

4.5.3　二维辉钼矿纳米片吸附 Cd^{2+} 等温线

Cd^{2+} 在二维辉钼矿纳米片上的吸附等温线试验结果，以及 Langmuir 吸附等温线、Freundlich 吸附等温线和 Langmuir-Freundlich（LF）吸附等温线拟合结果如图 4.48 所示。由于 LF 吸附等温线的拟合结果具有更高的相关系数（0.999），该模型更符合试验数据。值得注意的是，即使 LF 吸附等温线具有最佳的整体拟合度，但是 Langmuir 和 Freundlich 吸附等温线都有相对较好的拟合度，其相关系数（R^2）分别为 0.984 和 0.917。实际上，这是因为 LF 吸附等温线结合了 Langmuir 吸附等温线和 Freundlich 吸附等温线的结果。根据相应的理论，LF 吸附等温线极佳的拟合度表明二维辉钼矿纳米片表面的非均质性（Umpleby et al.，2001）。同时，硫原子在晶体中均匀规则地分布，因此猜想原始的二维辉钼矿纳米片表面是均匀的，其非均质表面可能源于电化学辅助超声剥离制备过程中产生的缺陷、部分氧化等结果（Xie et al.，2013）。

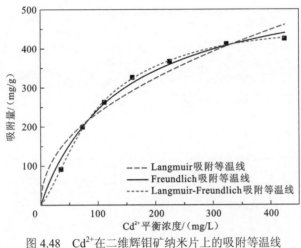

图 4.48　Cd^{2+} 在二维辉钼矿纳米片上的吸附等温线

4.5.4　二维辉钼矿纳米片吸附 Cd^{2+} 机理

XPS 测试用于分析了解二维辉钼矿纳米片对 Cd^{2+} 的吸附机理。图 4.49（a）展示了吸附 Cd^{2+} 前后二维辉钼矿纳米片的 XPS 全谱图分析，吸附后新出现的 Cd 3d 特征峰表明二维辉钼矿纳米片成功吸附了 Cd^{2+}。Cd 3d 窄谱分析如图 4.49（b）所示，其中结合能在 405.4 eV 和 412.4 eV 处的双峰对应于 CdS 的 Cd $3d_{5/2}$ 和 Cd $3d_{3/2}$ 的两个半自旋轨道（Hota et al.，2007），该结构的发现证明 Cd^{2+} 与二维辉钼矿纳米片表面的硫原子发生了强络合作用。S 2p 的窄谱分析结果如图 4.49（c）所示，位于 161.5 eV 处的特征峰归因于 CdS（Rengaraj et al.，2011），进一步证实了 Cd^{2+} 与二维辉钼矿纳米片中 S 的络合作用。另外，位于 161.9 eV 和 163.2 eV 的两处特征峰分别对应于 MoS_2 的 S $2p_{3/2}$ 和 S $2p_{1/2}$ 的结构（Li et al.，2016），而位于 164.7 eV 处的特征峰归属于 MoS_3，这可能是源于二维辉钼矿纳米片中硫化物的轻微氧化（Vrubel et al.，2012；Hibble et al.，2004）。O 1s 的窄谱图如图 4.49（d）所示，其中 530.9 eV 处的峰对应于 MoO_3 的结构，证明部分的 Mo 发生了轻微氧化。而位于 533.0 eV 处的特征峰与吸附在样品表面的水有关（Torres et al.，2005）。尽管二维辉钼矿纳米片表面有部分的氧化结构，但分峰结果中未发现 CdO 的特征峰，这表明 O 和 Cd^{2+} 之间未发生络合作用所形成的化学键。因此，二维辉钼矿纳米片表面的 S 是 Cd^{2+} 吸附的主要活性位点。当在静电吸附的作用下，Cd^{2+} 被吸引靠近表面荷负电的二维辉钼矿纳米片，随后通过形成相对稳定的 CdS 络合物而被强烈固定于吸附剂的表面。

此外，LF 吸附等温线模型可较好地描述试验结果，因此 Cd^{2+} 可能在二维辉钼矿纳米片表面发生多层吸附。

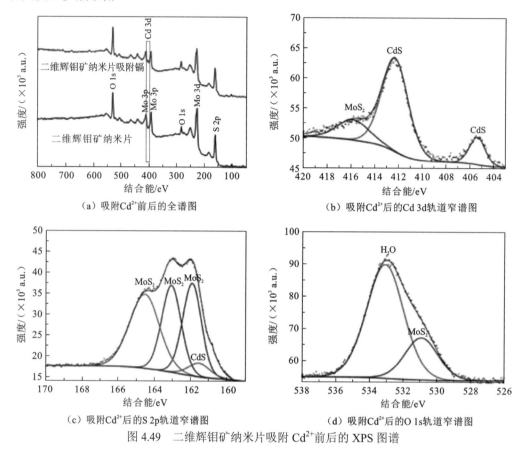

(a) 吸附 Cd^{2+} 前后的全谱图   (b) 吸附 Cd^{2+} 后的 Cd 3d 轨道窄谱图

(c) 吸附 Cd^{2+} 后的 S 2p 轨道窄谱图   (d) 吸附 Cd^{2+} 后的 O 1s 轨道窄谱图

图 4.49　二维辉钼矿纳米片吸附 Cd^{2+} 前后的 XPS 图谱

4.6　辉钼矿/水界面共吸附 Hg^{2+}、Pb^{2+}、Cd^{2+}

在单一的重金属体系中辉钼矿可展现出卓越的吸附性能。但在实际废水中，重金属往往是以多种元素的形式共生存在，因此探究辉钼矿对多种重金属离子的吸附关系是十分必要的。本节通过水热法制备得到二维辉钼矿纳米片吸附剂，揭示其对多金属离子共吸附的行为（Liu et al.，2019b）。

4.6.1　二维辉钼矿纳米片共吸附 Hg^{2+}、Pb^{2+}、Cd^{2+} 的 pH 影响

考察 pH 为 1～5 时 Hg^{2+}、Pb^{2+}、Cd^{2+} 在二维辉钼矿纳米片上的共吸附的变化，结果如图 4.50 所示。可以看出，二维辉钼矿纳米片对三种离子的吸附能力受 pH 的影响明显，pH 越低，吸附能力越弱，而 pH 越高，吸附能力越强。这种现象可以用二维辉钼矿

纳米片的 Zeta 电位来解释。如图 4.51 所示，二维辉钼矿纳米片表面在 pH 为 1~5 时都带负电荷，且 pH 越高，Zeta 电位绝对值越大。因此，当 pH 从 1 升高到 5 时，二维辉钼矿纳米片吸附能力增强的原因可能是其与带正电荷的重金属离子之间的静电相互作用增强。此外，随着 H^+ 浓度的降低，在辉钼矿纳米片表面的质子化作用减弱，可以使 Hg^{2+}、Pb^{2+} 和 Cd^{2+} 与吸附位点结合（Wang et al., 2018a）。

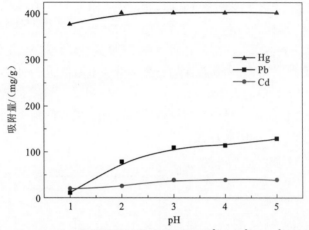

图 4.50　pH 对二维辉钼矿纳米片共吸附 Hg^{2+}、Pb^{2+}、Cd^{2+} 的影响

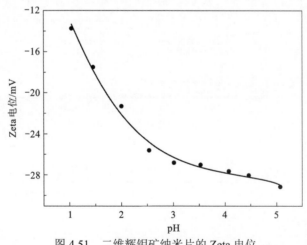

图 4.51　二维辉钼矿纳米片的 Zeta 电位

另外需要注意的是，三种吸附质的吸附量几乎在所有 pH 下均为 $Hg^{2+} > Pb^{2+} > Cd^{2+}$，这意味着这三种重金属与二维辉钼矿纳米片具有不同的亲和力。根据 HSAB，二维辉钼矿纳米片中的 S 作为一种软碱，会优先与硬度值较低的软酸发生亲和作用。在该吸附体系中，这三种重金属的原子硬度值（η）的关系为 Hg（7.7 eV）< Pb（8.46 eV）< Cd（10.29 eV）（Saha et al., 2016），与二维辉钼矿纳米片展现出的吸附能力顺序对应。因此，该理论可合理解释二维辉钼矿纳米片对 Hg^{2+}、Pb^{2+}、Cd^{2+} 的吸附亲和力不同。

4.6.2 二维辉钼矿纳米片共吸附 Hg²⁺、Pb²⁺、Cd²⁺动力学

Hg^{2+}、Pb^{2+}、Cd^{2+}在二维辉钼矿纳米片上的共吸附随时间的变化如图 4.52 所示。在吸附初期，吸附速率较快，然后达到动态平衡。另外，Cd^{2+}、Pb^{2+}、Hg^{2+}分别在 30 min、60 min、240 min 后达到吸附平衡，吸附量分别为 14 mg/g、366 mg/g、1200 mg/g。与其他吸附剂相比，二维辉钼矿纳米片对 Cd^{2+}和 Pb^{2+}的吸附速率更快，对 Hg^{2+}的吸附容量更大。通过准一级动力学模型和准二级动力学模型对实验数据进行拟合分析，拟合结果如表 4.5 所示。较高的相关系数（R^2）表明两种模型与试验数据吻合良好。卡方值是用来检验试验数据与模型理论值之间吻合性的一个标准，卡方值越小则表明试验结果更符合理论模型。通过比较卡方值的大小可知，准一级动力学模型中 Hg^{2+}的卡方值较低，而 Pb^{2+}和 Cd^{2+}卡方值较高，说明准一级动力学模型更符合 Hg^{2+}的吸附结果，而准二级动力学模型更适合描述 Pb^{2+}和 Cd^{2+}的吸附过程。

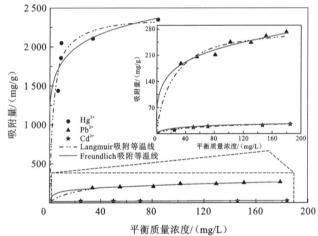

图 4.52　Hg^{2+}、Pb^{2+}、Cd^{2+}在二维辉钼矿纳米片上的共吸附动力学曲线

表 4.5　Hg^{2+}、Pb^{2+}、Cd^{2+}在二维辉钼矿纳米片上的共吸附动力学模型的拟合结果

模型	参数	Hg^{2+}	Pb^{2+}	Cd^{2+}
准一级动力学模型	q_e/(mg/g)	1 258	335	13
	k_1/min⁻¹	0.007	0.26	0.52
	R^2	0.986	0.915	0.987
	卡方值	3 688	976	0.30
准二级动力学模型	q_e/(mg/g)	1 562	349	14
	k_2/min⁻¹	$4.6×10^{-6}$	0.001	0.091
	R^2	0.977	0.967	0.999
	卡方值	6 060	378	0.04

注：q_e 为平衡吸附量，mg/g；k_1、k_2 均为动力学常数，min⁻¹

4.6.3　二维辉钼矿纳米片共吸附 Hg^{2+}、Pb^{2+}、Cd^{2+} 等温线

在室温下研究 Hg^{2+}、Pb^{2+} 和 Cd^{2+} 在二维辉钼矿纳米片上单离子吸附和多离子共吸附系统中的吸附等温线。试验数据通过 Langmuir 吸附等温模型和 Freundlich 吸附等温模型进行拟合，以进一步分析吸附行为。根据表 4.6 中拟合的结果，Langmuir 吸附等温模型中 Hg^{2+} 和 Cd^{2+} 的卡方值较低，表明该模型对这两种重金属的吸附等温线结果拟合得更好。而 Freundlich 吸附等温模型能更好地描述 Pb^{2+} 的吸附作用。二维辉钼矿纳米片在单金属体系中的吸附等温线如图 4.53 所示，Hg^{2+}、Pb^{2+}、Cd^{2+} 的饱和吸附量分别为 2 409 mg/g、293 mg/g、30 mg/g。而在共吸附体系下（图 4.54），Hg^{2+} 的吸附能力明显下降，这可能是由重金属在吸附过程中彼此竞争辉钼矿纳米片表面共同的吸附位点所造成的。出乎意料的是，Pb^{2+} 在共吸附体系中的吸附能力增强，这表明在共吸附过程中除竞争作用外还可能涉及其他机理。对于 Cd^{2+} 而言，由于与 S 位点之间的亲和力较差，其在共吸附体系下的吸附容量与单一金属体系中一样很低。

表 4.6　Hg^{2+}、Pb^{2+}、Cd^{2+} 在二维辉钼矿纳米片上吸附等温模型的拟合结果

模型	参数	共吸附			单离子吸附		
		Hg^{2+}	Pb^{2+}	Cd^{2+}	Hg^{2+}	Pb^{2+}	Cd^{2+}
Langmuir 吸附等温模型	$q_m/(mg/g)$	940	393	143	2 409	293	30
	$K_L/(L/mg)$	0.13	0.16	0.005 4	0.33	0.044	0.025
	R^2	0.989	0.957	0.932	0.959	0.985	0.989
	卡方值	1 314	832	53.9	29 994	115.9	0.9
Freundlich 吸附等温模型	n	3.4	5.8	1.6	7.9	4.4	2.9
	$K_F/(L/mg)$	241.9	170	2.6	1 355	81.3	4.3
	R^2	0.966	0.987	0.909	0.948	0.993	0.971
	卡方值	4 025	257	72.1	37 938	53.8	2.6

注：q_m 为最大吸附量，mg/g；K_L 为 Langmuir 常数，L/mg；K_F 为 Freundlich 常数，L/mg；n 为系数

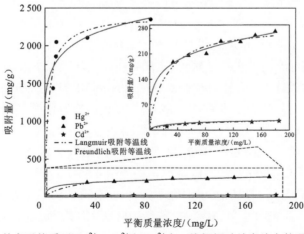

图 4.53　单离子体系下 Hg^{2+}、Pb^{2+} 和 Cd^{2+} 在二维辉钼矿纳米片上的吸附等温线

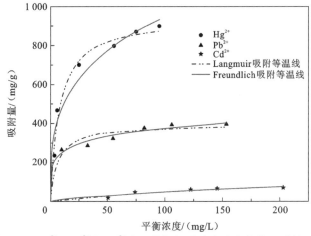

图 4.54　Hg^{2+}、Pb^{2+}和 Cd^{2+}在二维辉钼矿纳米片上的共吸附等温线

4.6.4　二维辉钼矿纳米片共吸附 Hg^{2+}、Pb^{2+}、Cd^{2+}机理

图 4.55 为在单离子吸附和共吸附体系下吸附 Hg^{2+}、Pb^{2+}、Cd^{2+}后二维辉钼矿纳米片的 XPS 窄谱图，以分析二维辉钼矿纳米片与重金属之间的吸附机理。Mo 3d 的窄谱图中［图 4.55（a）］，位于 228.9 eV、229.8 eV、231.3 eV、232.1 eV、232.9 eV、233.4 eV、234.9 eV、235.9 eV 处的峰分别对应于 MoS_2、Mo_2S_5、MoS_3、MoS_2、MoO_3、Mo_2S_5、MoS_3、MoO_3 结构（Jia et al.，2018b；Myeong et al.，2018；Zhang et al.，2017）。在 MoS_2-Hg、MoS_2-Pb 和 MoS_2-HgPbCd 的图谱中，MoO_3 组分的含量明显升高，这可能是二维辉钼矿纳米片在吸附过程中与 Hg^{2+}、Pb^{2+} 之间的反应相关。另外，MoS_2/MoO_3 的氧化还原电位为 0.429 V，低于 Hg^{2+}/Hg^0，但高于 Pb^{2+}/Pb 和 Cd^{2+}/Cd（Wang et al.，2018a）。这意味着二维辉钼矿纳米片能够通过自身的氧化还原作用将 Hg^{2+} 还原为 Hg^0，而无法将 Pb^{2+} 和 Cd^{2+} 还原为金属态。因此，Hg^{2+} 与二维辉钼矿纳米片之间会发生氧化还原反应，使吸附后 MoS_2 的 MoO_3 含量升高。对于 MoS_2-Pb，Mo(VI)的峰值位于 236.2 eV，比其他 MoS_2 结构中 Mo(VI)的峰值高 0.3 eV，表明 MoS_2 与 Pb^{2+} 作用后生成了不同于 MoO_3 的结构。根据式（4.4），Pb^{2+} 可与 MoO_3 之间发生络合作用而生成 $PbMoO_4$。因此，MoS_2-Pb 中 Mo(VI)峰值的升高可能是由 Pb^{2+} 与 MoO_3 之间发生的化学反应所致。另外，MoS_2-HgPbCd 中的 Mo(VI)峰的强度比 MoS_2-Hg 和 MoS_2-Pb 中的 Mo(VI)的峰都强，这可能是因为 MoS_2 与 Hg^{2+} 之间因氧化还原作用生成额外的 MoO_3，会进一步通过形成 $PbMoO_4$ 的方式促进 Pb^{2+} 的吸附，这也解释了在共吸附体系中 Pb^{2+} 吸附量增加的原因。

$$MoO_3 + H_2O + Pb^{2+} \Longrightarrow PbMoO_4 + 2H^+ \qquad (4.4)$$

MoS_2-Hg 和 MoS_2-HgPbCd 的 Hg 4f 窄谱图如图 4.55（b）所示。结合能为 101.0 eV 和 105.0 eV 的双峰为 Hg—S 结构，而 102.2 eV 和 106.0 eV 的另一双峰代表 Hg—O 结构（Jia et al.，2017b）。这表明 S 和 O 都是二维辉钼矿纳米片表面吸附 Hg^{2+} 的位点，且 S 位点起到了主要作用。另外，在 99.5 eV 处还检测到一个对应于 Hg^0 的小峰，这证实了 Hg^{2+}

与二维辉钼矿纳米片之间的氧化还原反应。

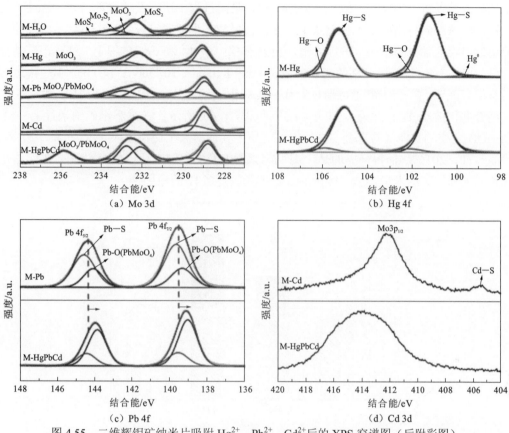

图 4.55　二维辉钼矿纳米片吸附 Hg^{2+}、Pb^{2+}、Cd^{2+}后的 XPS 窄谱图（后附彩图）

MoS_2-Pb 和 MoS_2-HgPbCd 的 Pb 4f 的窄谱图如图 4.55（c）所示。Pb $4f_{5/2}$ 和 Pb $4f_{7/2}$ 都可以分解成两个峰。其中，结合能位于 144.5 eV 和 139.6 eV 的双峰是源于 Pb—S，而另一对结合能为 144.0 eV 和 139.2 eV 的双峰表示 $PbMoO_4$ 中的 Pb—O（Zhang et al.，2018；Gyawali et al.，2013）。这两种化学键的形成表明 Pb^{2+} 是通过与二维辉钼矿纳米片表面的 S 位点和 MoO_3 之间的络合作用而被固定下来。与 MoS_2-Pb 相比，MoS_2-HgPbCd 中的 Pb—S 峰强度降低，而 Pb—O 峰的强度升高，从而使 Pb 4f 发生轻微移动。Pb—S 峰强度降低的原因是在共吸附体系中部分 S 位点被 Hg^{2+}和 Cd^{2+}占据，而 Pb—O 峰强度的升高可能由于 MoS_2 和 Hg^{2+}之间的氧化还原反应生成了更多的 MoO_3 组分，并参与到了 Pb^{2+} 的络合作用中。

MoS_2-Cd 和 MoS_2-HgPbCd 的 Cd 3d 窄谱如图 4.55(d)所示。在 412.2 eV 处的 Mo $3p_{1/2}$ 峰在多金属体系中有轻微的移动，这可能是由于 Hg^{2+}和 Pb^{2+}在二维辉钼矿纳米片上的吸附。在样品 MoS_2-Cd 中 405.5 eV 处观察到一个小的 Cd—S 峰（Wang et al.，2018a），表明在单金属体系中 S 和 Cd^{2+}之间存在弱的相互作用。然而，在 MoS_2-HgPbCd 中，该处峰的强度明显降低，这可能是因为 Hg^{2+}和 Pb^{2+}对 S 位点的占据，使 Cd^{2+}失去了主要的络合位点。

通过比较吸附前后的 pH，计算二维辉钼矿纳米片吸附 Hg^{2+}、Pb^{2+}和 Cd^{2+}过程中质子的释放量以进一步探究二维辉钼矿纳米片在吸附过程中所涉及的机理，如图4.56所示。另外，考虑二维辉钼矿纳米片在水中氧化也会释放产生质子，设置一个不含重金属的空白组以消除这部分的影响。可以看出，在吸附 Hg^{2+}、Pb^{2+}和 Cd^{2+}过程中二维辉钼矿纳米片释放出的 H^+摩尔浓度分别约为 0.23×10^{-3} mol/L、0.54×10^{-3} mol/L 和 0.03×10^{-3} mol/L。另有研究表明，重金属离子可通过取代二维辉钼矿纳米片表面质子化的 H^+从而与 S 位点结合并释放出 H^+。此外，如式（4.5）和式（4.6）所示，二维辉钼矿纳米片上—SH 和—OH 之类的官能团与重金属之间也可能发生其他的离子交换反应（Pei et al.，2018；Saha et al.，2016）。值得一提的是，式（4.4）所涉及的反应中会释放出双倍的 H^+，这是导致二维辉钼矿纳米片在 Pb^{2+}吸附的过程中释放更多 H^+的原因。

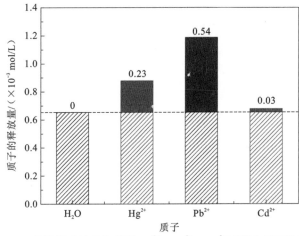

图 4.56 二维辉钼矿纳米片吸附 Hg^{2+}、Pb^{2+}、Cd^{2+}过程中质子的释放量

$$—SH+Hg^{2+}\longrightarrow —S—Hg^++H^+ \qquad (4.5)$$
$$—OH+Pb^{2+}\longrightarrow —O^-—Pb^{2+}+H^+ \qquad (4.6)$$

参 考 文 献

AI K, RUAN C, SHEN M, et al., 2016. MoS₂ Nanosheets with widened interlayer spacing for high-efficiency removal of mercury in aquatic systems[J]. Advanced Functional Materials, 26(30): 5542-5549.

ATACA C, CIRACI S, 2012. Dissociation of H₂O at the vacancies of single-layer MoS₂[J]. Physical Review B-Condensed Matter and Materials Physics, 85(19): 1-6.

AWUAL M R, 2017. Novel nanocomposite materials for efficient and selective mercury ions capturing from wastewater[J]. Chemical Engineering Journal, 307: 456-465.

BEHRA P, BONNISSEL-GISSINGER P, ALNOT M, et al., 2001. XPS and XAS study of the sorption of Hg(II) onto pyrite[J]. Langmuir, 17(13): 3970-3979.

BORAH D, SENAPATI K, 2006. Adsorption of Cd(II) from aqueous solution onto pyrite[J]. Fuel, 85: 1929-1934.

CASTRO S, LOPEZ-VALDIVIESO A, LASKOWSKI J S, 2016. Review of the flotation of molybdenite. Part I: Surface properties and floatability[J]. International Journal of Mineral Processing, 148: 48-58.

GASH A E, DYSLESKI L M, FLASCHENRIEM C J, et al., 1998. Efficient recovery of elemental mercury from Hg(II)-ontaminated aqueous media using a material[J]. Environmental Science and Technology, 32(7): 1007-1012.

GHUMAN K K, YADAV S, SINGH C V, 2015. Adsorption and dissociation of H_2O on monolayered MoS_2 edges: Energetics and mechanism from ab initio simulations[J]. Journal of Physical Chemistry C, 119(12): 6518-6529.

GYAWALI G, ADHIKARI R, JOSHI B, et al., 2013. Sonochemical synthesis of solar-light-driven Ag-PbMoO$_4$ photocatalyst[J]. Journal of Hazardous Materials, 263: 45-51.

HAO Y M, MAN C, HU Z B, 2010. Effective removal of Cu(II) ions from aqueous solution by amino-functionalized magnetic nanoparticles[J]. Journal of Hazardous Materials, 184(1-3): 392-399.

HIBBLE S J, WOOD G B, 2004. Modeling the structure of amorphous MoS_3: A neutron diffraction and reverse monte carlo study[J]. Journal of the American Chemical Society, 126(15): 959-965.

HO Y S, MCKAY G, 2000. The kinetics of sorption of divalent metal ions onto sphagnum moss peat[J]. Water Research, 34(3): 735-742.

HOTA G, IDAGE S B, KHILAR K C, 2007. Characterization of nano-sized CdS-Ag$_2$S core-shell nanoparticles using XPS technique[J]. Colloids and Surfaces A: Physicochemical and Engineering Aspects, 293(1-3): 5-12.

INBARAJ B S, SULOCHANA N, 2006. Mercury adsorption on a carbon sorbent derived from fruit shell of Terminalia catappa[J]. Journal of Hazardous Materials, 133(1-3): 283-290.

JEONG H Y, SUN K, HAYES K F, 2010. Microscopic and spectroscopic characterization of Hg(II) immobilization by mackinawite (FeS) [J]. Environmental Science and Technology, 44(19): 7476-7483.

JIA F, ZHANG X, SONG S, 2017a. AFM study on the adsorption of Hg^{2+} on natural molybdenum disulfide in aqueous solutions[J]. Physical Chemistry Chemical Physics, 19(5): 3837-3844.

JIA F, WANG Q, WU J, et al., 2017b. Two-dimensional molybdenum disulfide as a superb adsorbent for removing Hg^{2+} from water[J]. ACS Sustainable Chemistry and Engineering, 5(8): 7410-7419.

JIA F, LIU C, YANG B, et al., 2018a. Thermal modification of the molybdenum disulfide surface for tremendous improvement of Hg^{2+} adsorption from aqueous solution[J]. ACS Sustainable Chemistry and Engineering, 6: 9065-9073.

JIA F, LIU C, YANG B, et al., 2018b. Microscale control of edge defect and oxidation on molybdenum disul fi de through thermal treatment in air and nitrogen atmospheres[J]. Applied Surface Science, 462(August): 471-479.

KOVALEV A I, WAINSTEIN D L, RASHKOVSKIY A Y, et al., 2010. Size shift of XPS lines observed from PbS nanocrystals[J]. Surface and Interface Analysis, 42(6-7): 850-854.

KRISHNAN K A, ANIRUDHAN T S, 2002. Removal of mercury (II) from aqueous solutions and chlor-alkali industry effluent by steam activated and sulphurised activated carbons prepared from bagasse pith: Kinetics and equilibrium studies[J]. Journal of Hazardous Materials, 92(2): 161-183.

LI H, WANG Y, CHEN G, et al., 2016. Few-layered MoS_2 nanosheets wrapped ultrafine TiO_2 nanobelts with enhanced photocatalytic property[J]. Nanoscale, 8: 6101-6109.

LIU C, JIA F, WANG Q, et al., 2017. Two-dimensional molybdenum disulfide as adsorbent for high-efficient Pb(II) removal from water[J]. Applied Materials Today, 9: 220-228.

LIU C, WANG Q, JIA F, et al., 2019a. Adsorption of heavy metals on molybdenum disulfide in water: A critical review[J]. Journal of Molecular Liquids, 292: 111390.

LIU C, ZENG S, YANG B, et al., 2019b. Simultaneous removal of Hg^{2+}, Pb^{2+} and Cd^{2+} from aqueous solutions on multifunctional MoS_2[J]. Journal of Molecular Liquids, 296: 111987.

LIU J, GE X, YE X, et al., 2016. 3D graphene/δ-MnO_2 aerogels for highly efficient and reversible removal of heavy metal ions[J]. Journal of Materials Chemistry A, 4(5): 1970-1979.

MA H, HEI Y, WEI T, et al., 2017. Three-dimensional interconnected porous tablet ceramic synthesis and Pb(II) adsorption[J]. Materials Letters, 196: 396-399.

MANOHAR D M, KRISHNAN K A, ANIRUDHAN T S, 2002. Removal of mercury (II) from aqueous solutions and chlor-alkali industry wastewater using[J]. Water Research, 36: 1609-1619.

MÁRIO E D A, LIU C, EZUGWU C I, et al., 2020. Molybdenum disulfide/montmorillonite composite as a highly efficient adsorbent for mercury removal from wastewater[J]. Applied Clay Science, 184: 105370.

MODWI A, KHEZAMI L, TAHA K, et al., 2017. Fast and high efficiency adsorption of Pb(II) ions by Cu/ZnO composite[J]. Materials Letters, 195: 41-44.

MYEONG J, SUNG C, KIM H, et al., 2018. Effects of pressure and temperature in hydrothermal preparation of - MoS_2 catalyst for methanation reaction[J]. Catalysis Letters, 148(7): 1803-1814.

PEI H, WANG J, YANG Q, et al., 2018. Interfacial growth of nitrogen-doped carbon with multi-functional groups on the MoS_2 skeleton for efficient Pb(II) removal[J]. Science of The Total Environment, 632: 912-920.

PENG C, MIN F, LIU L, et al., 2016. A periodic DFT study of adsorption of water on sodium-montmorillonite (001) basal and (010) edge surface[J]. Applied Surface Science, 387: 308-316.

PENG W, LI H, LIU Y, et al., 2017. A review on heavy metal ions adsorption from water by graphene oxide and its composites[J]. Journal of Molecular Liquids, 230: 496-504.

RENGARAJ S, VENKATARAJ S, JEE S H, et al., 2011. Cauliflower-like CdS microspheres composed of nanocrystals and their physicochemical properties[J]. Langmuir, 27(1): 352-358.

SAHA D, BARAKAT S, BRAMER S E, et al., 2016. Noncompetitive and competitive adsorption of heavy metals in sulfur-functionalized ordered mesoporous carbon[J]. ACS Applied Materials and Interfaces, 8(49): 34132-34142.

SARI A, TUZEN M, SOYLAK M, 2007. Adsorption of Pb(II) and Cr(III) from aqueous solution on Celtek clay[J]. Journal of Hazardous Materials, 144(1-2): 41-46.

SZARGAN R, SCHAUFUß A, ROBBACH P, 1999. XPS investigation of chemical states in monolayers recent progress in adsorbate redox chemistry on sulphides[J]. Journal of Electron Spectroscopy and Related Phenomena, 100(1-3): 357-377.

TORRES J, ALFONSO J E, 2005. Optical characterization of MoO_3 thin films produced by continuous wave CO_2 laser-assisted evaporation[J]. Thin Solid Films, 478: 146-151.

UMPLEBY R J, BAXTER S C, CHEN Y, et al., 2001. Characterization of molecularly imprinted polymers with the Langmuir-Freundlich isotherm[J]. Analytical Chemistry, 73(19): 4584-4591.

VRUBEL H, MERKI D, HU X, 2012. Environmental science hydrogen evolution catalyzed by MoS_3 and MoS_2 particles[J]. Energy and Environmental Science, 5: 6136-6144.

WANG H W, SKELDON P, THOMPSON G E, 1997. XPS studies of MoS_2 formation from ammonium tetrathiomolybdate solutions[J]. Surface and Coatings Technology, 91(3): 200-207.

WANG J A, LI C, 2000. SO_2 adsorption and thermal stability and reducibility of sulfates formed on the magnesium-aluminate spinel sulfur-transfer catalyst[J]. Applied Surface Science, 161: 406-416.

WANG J, DENG B, CHEN H, et al., 2009. Removal of aqueous Hg(II) by polyaniline: Sorption characteristics and mechanisms[J]. Environmental Science and Technology, 43(14): 5223-5228.

WANG Q, YANG L, JIA F, et al., 2018a. Removal of Cd(II) from water by using nano-scale molybdenum disulphide sheets as adsorbents[J]. Journal of Molecular Liquids, 263: 526-533.

WANG Q, PENG L, GONG Y, et al., 2019. Mussel-inspired Fe_3O_4 @polydopamine (PDA)-MoS_2 core-shell nanosphere as a promising adsorbent for removal of Pb^{2+} from water[J]. Journal of Molecular Liquids, 282: 598-605.

WANG Z, MI B, 2017. Environmental applications of 2D molybdenum disulfide (MoS_2) nanosheets[J]. Environmental Science and Technology, 51(15): 8229-8244.

WANG Z, SIM A, URBAN J, et al., 2018b. Removal and recovery of heavy metal ions by two-dimensional MoS_2 nanosheets: performance and mechanisms[J]. Environmental Science and Technology, 52(17): 9741-9748.

WU J, DE ANTONIO MARIO E, YANG B, et al., 2018. Efficient removal of Hg^{2+} in aqueous solution with fishbone charcoal as adsorbent[J]. Environmental Science and Pollution Research, 25(8): 7709-7718.

XIE J, ZHANG H, LI S, et al., 2013. Defect-rich MoS_2 ultrathin nanosheets with additional active edge sites for enhanced electrocatalytic hydrogen evolution[J]. Advanced Materials, 25(40): 5807-5813.

YI H, ZHANG X, JIA F, et al., 2019. Competition of Hg^{2+} adsorption and surface oxidation on MoS_2 surface as affected by sulfur vacancy defects[J]. Applied Surface Science, 483: 521-528.

YOSHIDA T, YAMAGUCHI T, IIDA Y, et al., 2003. XPS Study of Pb(II) Adsorption on γ-Al_2O_3 surface at high pH conditions[J]. Journal of Nuclear Science and Technology, 40(9): 672-678.

ZENG J H, YANG J, QIAN Y T, 2001. A novel morphology controllable preparation method to HgS[J]. Materials Research Bulletin, 36(1-2): 343-348.

ZHAN W, JIA F, YUAN Y, et al., 2020. Controllable incorporation of oxygen in MoS_2 for efficient adsorption of Hg^{2+} in aqueous solutions[J]. Journal of Hazardous Materials, 384: 1-10.

ZHANG F S, NRIAGU J O, ITOH H, 2005. Mercury removal from water using activated carbons derived from organic sewage sludge[J]. Water Research, 39(2-3): 389-395.

ZHANG M, JIA F, DAI M, et al., 2018. Combined electrosorption and chemisorption of low concentration Pb(II) from aqueous solutions with molybdenum disul fi de as electrode[J]. Applied Surface Science, 455: 258-266.

ZHANG X, JIA F, YANG B, et al., 2017. Oxidation of molybdenum disul fi de sheet in water under in situ atomic force microscopy observation[J]. Journal of Physical Chemistry C, 121(18): 9938-9943.

ZHAO C H, CHEN J H, WU B Z, et al., 2014. Density functional theory study on natural hydrophobicity of sulfide surfaces[J]. Transactions of Nonferrous Metals Society of China (English Edition), 24(2): 491-498.

ZHENG X, XU J, YAN K, et al., 2014. Space-confined growth of MoS_2 nanosheets within graphite: The layered hybrid of MoS_2 and graphene as an active catalyst for hydrogen evolution reaction[J]. Chemistry of Materials, 26(7): 2344-2353.

ZHOU X, ZENG K, WANG Q, et al., 2010. In vitro studies on dissolved substance of cinnabar: Chemical species and biological properties[J]. Journal of Ethnopharmacology, 131(1): 196-202.

第 5 章

二维辉钼矿纳米片光催化还原金属离子

5.1　二维辉钼矿纳米片光催化还原原理

半导体光催化原理是以固体能带理论为基础。半导体的能带结构是不连续的，其通常由充满电子的价带（VB）、空的导带（CB）和价带顶与导带底之间能态密度为零的禁带构成。该禁带宽度即为该半导体的带隙能（E_g），而半导体的光吸收阈值（λ_{max}）与带隙能之间存在关系式：$\lambda_{max}=1\,240/E_g$，因此宽带隙半导体的光吸收阈值大多集中在紫外区。当入射光的能量大于或等于半导体的带隙能时，半导体价带上电子发生带间跃迁，即从价带跃迁至导带，从而产生光生载流子（电子-空穴对）。半导体光催化剂的催化氧化能力和还原能力分别来自价带上的空穴和导带上的电子。对于特定的半导体，可以赋予光生电子和空穴特定的还原势和氧化势。这些光生载流子在特定的还原和氧化势下，便可完成对应的还原和氧化反应，从而实现光催化过程（Li et al.，2018；Ravelli et al.，2009；Mills et al.，1993）。

如图 5.1 所示，半导体的光催化过程主要包括 4 个基元反应过程。①光吸收过程。当光子能量大于或等于 E_g 时，价带上电子吸收一个光子后跃迁至导带上的过程为本征吸收。②光子激发过程。当入射光子能量大于或等于半导体禁带宽度时，使电子从价带激发到导带，产生光生载流子。③光生载流子的分离、迁移及复合过程。半导体吸收光子能量时，电子由价带跃迁至导带。分离后的自由电子和空穴通过扩散作用迁移至半导

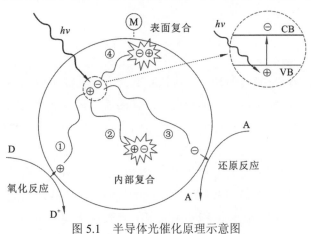

图 5.1　半导体光催化原理示意图

Ⓜ表示表面的基团或缺陷，可以与光生电子复合

体表面。但是由于库仑作用，跃迁的电子和空穴可能会在半导体的内部或者表面发生复合，并且其能量以辐射或者非辐射的跃迁方式散发掉。④电荷界面转移过程。激发得到的光生载流子迁移到半导体表面，直接与吸附物质反应或者扩散到溶液中参与溶液的化学反应。

二维辉钼矿纳米片（主成分为 MoS_2）作为一种典型的二维材料，具有稳定的物理化学性质。MoS_2 禁带宽度（E_g）为 1.29～1.97 eV，通过公式 $\lambda_g = 1\,240/E_g$ 计算其光吸收阈值（λ_g）位于 629～961 nm，因此 MoS_2 可被部分可见光激发（Zhao et al.，2016）。MoS_2 的光催化过程包括以下两个方面。

（1）吸附过程：由于光催化反应属于表面反应，首先保证 MoS_2 将待处理物吸附于表面，以待后续光催化作用。

（2）光催化过程：可见光照射，MoS_2 价带电子被激发跃迁至导带形成光生电子（e^-），而在价带上形成光生空穴（h^+）。光生电子和空穴迁移至 MoS_2 表面，将目标物还原或者氧化（图 5.2）。反应方程式为

$$MoS_2 + h\nu \longrightarrow h^+ + e^- \tag{5.1}$$

$$h^+ + 目标物 \longrightarrow 降解产物 \tag{5.2}$$

$$e^- + 目标物 \longrightarrow 降解产物 \tag{5.3}$$

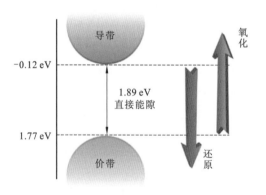

图 5.2　MoS_2 光催化机理示意图

在光催化过程中，半导体的禁带宽度决定其光吸收性能，而半导体的能带位置与被吸附物质的氧化还原电势决定半导体光催化反应的能力。光催化反应所需半导体价带电势高于给体电势，半导体导带电势低于受体电势。价带或导带与给体电势或受体电势相差越大，光生电子或空穴的迁移能力越强，越有利于氧化还原反应的进行。同时，在光催化过程中，光生电子和空穴的分离与受体或给体发生作用才是有效的，因此光生载流子的有效分离决定了光催化剂的催化活性。一般认为，光生载流子的有效分离与光催化剂的晶体结构、晶体缺陷、比表面积、表面形貌等微观结构密切相关。

5.2　光催化还原金硫代硫酸根配位离子

5.2.1　金提取工艺

黄金作为重要的稀贵金属，被广泛应用于货币储备、珠宝装饰、工业技术等领域。自然界中，黄金性质稳定，以单质形式赋存，并常与石英、黄铁矿和砷黄铁矿等矿物伴生。目前从矿物中提取金一般采用湿法冶金技术，最常用的浸出剂为氰化物，全球绝大部分黄金企业均采取氰化浸金法提取黄金。氰化浸金法主要包括两个步骤：一是矿石中的金单质被氰化物浸出，形成金-氰络离子（$Au(CN)_2^-$）进入液相；二是将液相中的 $Au(CN)_2^-$ 富集，再通过电沉积或锌粉置换将其还原为金单质。目前应用最为广泛的 $Au(CN)_2^-$ 富集技术为活性炭吸附法，此法也称为炭浆法（carbon in pulp，CIP）。在 CIP 中，活性炭吸附富集浸出液中的金络合离子是至关重要的一步，其关系金的回收效率及整个工艺的生产效率（Ding et al.，2003）。由于难以氰化浸出的金矿如碳质、碲、黄铁矿、砷、锰和铜金矿的逐渐增加，氰化浸出处理这类矿石的成本增加，金的回收率下降，并且剧毒氰化物对人体及环境造成了严重的破坏，这些因素推动了无氰提金的研究。

硫代硫酸盐提金技术由于优点众多而受到广泛的关注。硫代硫酸盐是一类无毒无害的盐类，浸出过程环境友好，符合当今"绿色矿山"的发展理念。硫代硫酸盐能够有效处理难以处理的含铜和碳质矿石，并且浸出速率较快。然而，拥有众多优点的硫代硫酸盐提金技术尚未在工业中广泛应用，其主要技术瓶颈是金硫代硫酸根配位离子（$Au(S_2O_3)_2^{3-}$）难以从浸出液中有效富集回收（Chen et al.，2020；Zhan et al.，2020；Zhang et al.，2004）。

目前，主要有三种从硫代硫酸盐浸出液中回收金的方法：金属置换法、树脂交换法和吸附法（Jeffrey et al.，2010；Guerra et al.，1999；Gallagher et al.，1990）。金属置换法是用锌或铜粉置换金硫代硫酸盐配位离子，但是由于金属的大量消耗和易钝化，该方法在经济上难以维持。树脂交换法是采用离子交换树脂回收 $Au(S_2O_3)_2^{3-}$，然而，$Au(S_2O_3)_2^{3-}$ 难以从树脂中洗脱，且在洗脱过程中树脂易粉碎，难以再次循环使用。吸附法由于其低成本和可循环性，被认为是最有前途的回收方法。活性炭是最为常用的一类吸附剂，被广泛用于氰化浸金法提金工艺中，并且形成了成熟的炭浆法工艺。然而，研究表明 $Au(S_2O_3)_2^{3-}$ 很难被活性炭吸附，其吸附量极低。此外，上述金回收方法包括金络合离子吸附、解吸和金的还原三个步骤，步骤较为烦琐且金的还原通常占据整个流程的大部分能量消耗。

二维辉钼矿纳米片具有优异的物理化学性质，被广泛应用于吸附、光电催化等领域。基于软硬酸碱理论，软碱 S 和软酸 Au(I) 存在强烈相互作用，二维辉钼矿纳米片表面暴露丰富的硫原子易将 Au(I) 吸附至表面（Pearson，1968）。更重要的是，二维辉钼矿纳米片作为直接带隙半导体，是一种优异的可见光响应催化剂。研究表明 $Au(S_2O_3)_2^{3-}$ 到 Au^0 的还原电位为 0.15 eV，而 MoS_2 的导电带在 0 eV 左右，比 $Au(S_2O_3)_2^{3-}/Au^0$ 的还原电位更负，说明 $Au(S_2O_3)_2^{3-}$ 被催化还原为金单质具有极大的可能性（Zhan et al.，2020）。基于上述考虑，从浸出液中回收金的吸附、解吸和还原过程可以通过二维辉钼矿纳米片来一步完成。因此，二维辉钼矿纳米片可能是从硫代硫酸盐溶液中回收金的潜在优良回收剂。

5.2.2　二维辉钼矿纳米片光催化还原回收 $Au(S_2O_3)_2^{3-}$

1. $Au(S_2O_3)_2^{3-}$ 的原位还原

图 5.3（a）为载金的二维辉钼矿纳米片（Au-MNs）的 TEM 图像。该图中，可以观察到二维辉钼矿纳米片（MNs）上负载有粒径为 130~320 nm 的黑色颗粒。富集 $Au(S_2O_3)_2^{3-}$ 后，Au-MNs 的 Au、Mo、S、O 元素的 EDS 分布如图 5.3（b）~（e）所示。S 元素和 Mo 元素具有相同的分布区域，O 元素均匀分布在 Au-MNs 上，这表明 MoS_2 可能在金回收过程中被部分氧化。然而，从图 5.3（b）中可以看出 Au 元素分布恰好与黑色颗粒区域重合，这表明黑色颗粒为 Au 元素组成。从颗粒尺寸推测，黑色颗粒可能为单质金的聚集体。换句话说，在 MNs 富集回收金的过程中，$Au(S_2O_3)_2^{3-}$ 也许被原位还原为单质金。

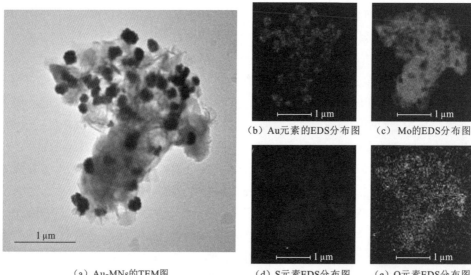

（b）Au元素的EDS分布图　　（c）Mo的EDS分布图

（a）Au-MNs的TEM图　　（d）S元素EDS分布图　　（e）O元素EDS分布图

图 5.3　金还原后辉钼矿纳米片的形貌图及 TEM-EDS 表征（后附彩图）

为了验证上述推测，对 Au-MNs 进行 XRD 和 XPS 检测。与 MNs 相比[图 5.4（a）]，Au-MNs 的 XRD 图谱显示 4 个典型的 Au 元素衍射峰，分别对应于 Au^0 的(111)、(200)、(220)和(311)晶面衍射峰（Parola et al.，2010；Zhou et al.，2009）。另外，MNs 的半峰宽与 Au-MNs 的相同，这表明回收 $Au(S_2O_3)_2^{3-}$ 前后的 MNs 的晶体结构没有改变。在 Au-MNs 样品的 Au 4f 窄谱中[图 5.4（b）]，结合能为 87.71 eV 和 84.04 eV 的两个信号分别对应于 Au $4f_{5/2}$ 和 Au $4f_{7/2}$ 的轨道特征峰，高度符合单质金的 Au 4f 峰的结合能。XRD 图谱和 XPS 光谱表明二维辉钼矿纳米片可以将 $Au(S_2O_3)_2^{3-}$ 原位还原为 Au^0，进而实现 $Au(S_2O_3)_2^{3-}$ 的有效富集（Pang et al.，2014；Negishi，2014）。

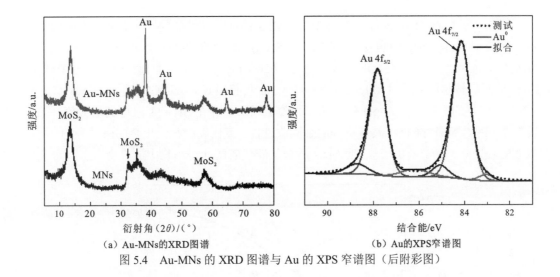

（a）Au-MNs的XRD图谱　　　　　　　　　（b）Au的XPS窄谱图

图 5.4　Au-MNs 的 XRD 图谱与 Au 的 XPS 窄谱图（后附彩图）

2. MoS_2 回收 $Au(S_2O_3)_2^{3-}$

在金初始质量浓度为 100 mg/L 且 pH 为 10 的 $Au(S_2O_3)_2^{3-}$ 溶液中进行试验，以确定回收时间对 MNs 回收富集金的影响，结果如图 5.5 所示。在前 7 h 内，MNs 上的 $Au(S_2O_3)_2^{3-}$ 的回收急剧增加，回收量达到 497.61 mg/g。然后，回收时间缓慢增加至 24 h，此时金的吸附量略有增加。该回收过程表明，在初始阶段，MNs 的表面可能存在大量可用于回收 $Au(S_2O_3)_2^{3-}$ 的活性位点。随着反应的进行，可用的活性位点逐渐减少，导致金回收速率变慢，并最终达到平衡，其最终回收率高达 80%。说明 MNs 对 $Au(S_2O_3)_2^{3-}$ 具有极高的回收性能。

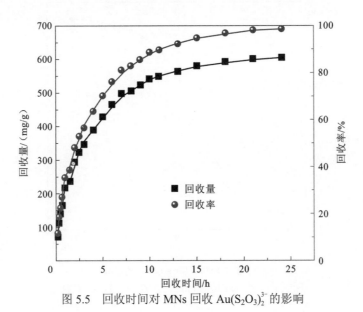

图 5.5　回收时间对 MNs 回收 $Au(S_2O_3)_2^{3-}$ 的影响

图 5.6 为 $Au(S_2O_3)_2^{3-}$ 浓度及溶液 pH 对 MNs 的金回收性能的影响。如图 5.6（a）所示，MNs 对 $Au(S_2O_3)_2^{3-}$ 的回收量随初始 $Au(S_2O_3)_2^{3-}$ 浓度的升高而增加。当金初始质量浓度为 600 mg/L 时，MNs 对金的回收量高达 7 656.7 mg/g。并且，即使在较低的金浓度下，MNs 的回收量也达到约 2 000 mg/g，表明 MNs 具有极好的金回收能力。图 5.6（b）为 pH 对金回收的影响，随着 pH 的升高，回收量增加，并在 pH=11 时达到最大值。该结果表明 MNs 在碱性条件下具有更好的金回收性能。硫代硫酸盐浸出金的研究表明，浸出溶液的 pH 大多为 8～10。这表明 MNs 适合从硫代硫酸盐浸出物中回收金。

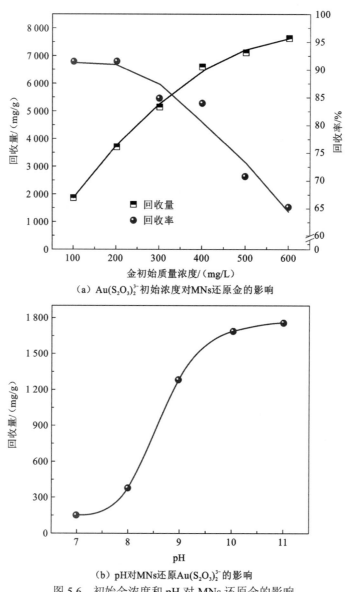

（a）$Au(S_2O_3)_2^{3-}$ 初始浓度对 MNs 还原金的影响

（b）pH 对 MNs 还原 $Au(S_2O_3)_2^{3-}$ 的影响

图 5.6 初始金浓度和 pH 对 MNs 还原金的影响

3. $Au(S_2O_3)_2^{3-}$ 原位还原的机理

MNs 优异的光催化性能是 Au 还原的关键所在。本小节对 MNs 的光电性质进行详细分析。如 UV-Vis 吸收光谱[图 5.7（a）]所示，可以通过外推$(\alpha h\nu)^2$对光能（$h\nu$）曲线的线性部分作图（即 Kubelka-Munk 变换反射光谱）来估算半导体的带隙能（E_g）（Zhao et al.，2016）。根据 MNs 的 Kubelka-Munk 变换反射光谱[图 5.7（b）]，得 MNs 的 E_g 为 1.66 eV，其较低的带隙能表明 MNs 可充分利用可见光。图 5.7（c）展示出通过 MNs 紫外光电子能谱（ultraviolet photoelectron spectroscopy，UPS）计算得出的 MNs 的强度-动能曲线，表明 MNs 的功函数为 5.21 eV。研究表明少数层 MoS_2 纳米片的电子亲和力约为 4.0 eV。根据上述数据（能隙、功函数、电子亲和力），计算得出 MNs 的导带能量（E_c）和价带能量（E_v）分别为-0.45 eV 和 1.21 eV。因此，$Au(S_2O_3)_2^{3-}/Au^0$ 的还原电位值（0.15 eV）比 MNs 的 E_c 更正，如图 5.7（d）所示。根据电化学原理，$Au(S_2O_3)_2^{3-}$ 可以获得大量由 MNs 产生的光电子，进而被还原为 Au^0。

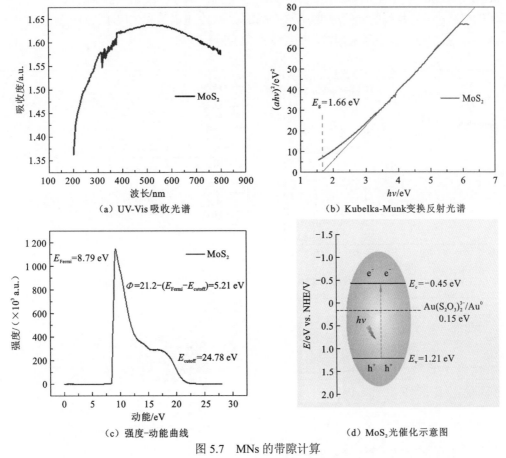

（a）UV-Vis 吸收光谱　　　　（b）Kubelka-Munk变换反射光谱

（c）强度-动能曲线　　　　（d）MoS_2光催化示意图

图 5.7　MNs 的带隙计算

E_{Fermi} 为费米能级，Φ 为功函数，E_{cutoff} 为截止边界能，NHE（normal hydrogen electrode，一般氢电极）

图 5.8 为 $Au(S_2O_3)_2^{3-}$ 回收前后的 MNs 的 XPS 分析。在 MNs 的 XPS 全谱图存在 Mo 3d、Mo 3p 和 S 2p 的轨道特征峰，以及来自基底的 C 1s 轨道特征峰[图 5.8（a）]。对于反应

后得到的 Au-MNs 的 XPS 全谱图，明显观察到金的 Au 4d 和 Au 4f 轨道特征峰，证实了 Au 在 MNs 上的还原。为了更好地解释还原机理，对 Au(S$_2$O$_3$)$_2^{3-}$ 回收前后的 Mo 3d、S 2p 和 O 1s 窄谱进行详细的分析。图 5.8（b）为 Mo 3d 轨道 XPS 窄谱图，结合能位于 232.0 eV 和 228.8 eV 处为 MoS$_2$ 的强特征峰（Wang et al.，1997）；结合能位于 229.6 eV 和 233.0 eV 处为 Mo$_2$S$_5$ 特征峰；结合能位于 30.5 eV 和 234.8 eV 处分别为 MoS$_3$ 和 MoO$_3$ 的特征峰（Skeldon et al.，1997）；结合能位于 226 eV 处为 S 2s 轨道特征峰。显然，金回收前后的 MNs 结构并无显著变化，表明 MNs 结构在金回收期间非常稳定。图 5.8（c）为 MNs 的 S 2p 轨道 XPS 窄谱图，从图中发现结合能分别为 161.7 eV 和 162.9 eV 强烈特征 MoS$_2$ 峰，位于 160.9 eV 处的 C=S 特征峰，位于 163.39 eV 和 164.42 eV 处的特征峰归因于多硫化物的 (S-S)$^{2-}$ 组分（Santoni et al.，2017；Zeng et al.，2001）。在 Au(S$_2$O$_3$)$_2^{3-}$ 回收后，(S-S)$^{2-}$ 特征峰出现明显增强和 0.4 eV 的位移，这可能归因于 MNs 中每个原子的氧化态降低，二维辉钼矿纳米片在金回收过程中可能存在轻微氧化。结合图 5.7 及图 5.8 分析可得，Au(S$_2$O$_3$)$_2^{3-}$ 在 MNs 上的原位还原主要由 MNs 在光照下诱导出的光生电子所致，首先二维辉钼矿纳米片具有良好的光响应能力，被光激发后，产生大量光生电子，进而光生电子将 Au(S$_2$O$_3$)$_2^{3-}$ 原位还原为金纳米颗粒，如图 5.8（d）所示。

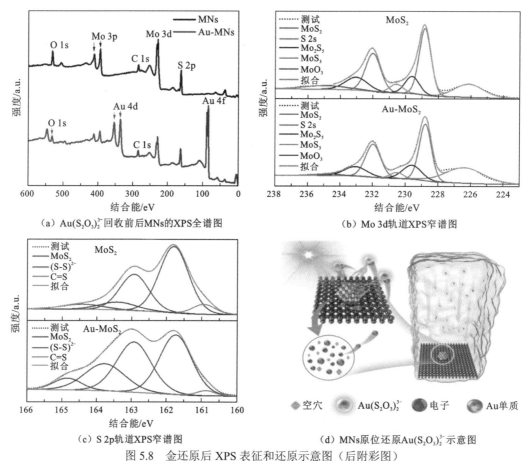

（a）Au(S$_2$O$_3$)$_2^{3-}$ 回收前后 MNs 的 XPS 全谱图

（b）Mo 3d 轨道 XPS 窄谱图

（c）S 2p 轨道 XPS 窄谱图

（d）MNs 原位还原 Au(S$_2$O$_3$)$_2^{3-}$ 示意图

图 5.8　金还原后 XPS 表征和还原示意图（后附彩图）

5.2.3 改性二维辉钼矿纳米片光催化还原回收 $Au(S_2O_3)_2^{3-}$

由 5.2.2 小节可知二维辉钼矿纳米片不仅能够高效回收液相中 $Au(S_2O_3)_2^{3-}$，还可将 $Au(S_2O_3)_2^{3-}$ 原位还原为金纳米颗粒，简化了传统提金工艺的流程，具有十分广阔的应用前景，然而二维辉钼矿纳米片光生载流子易复合，催化活性较低，且纳米片材料在液相中难以回收，这些问题及缺陷又进一步限制了二维辉钼矿纳米片的应用，因此，对二维辉钼矿纳米片进行改性是非常有必要的。本小节针对二维辉钼矿纳米片光生电子与空穴易复合及使用后难以固液分离的问题，分别提出元素掺杂二维辉钼矿纳米片、辉钼矿异质结构建及辉钼矿凝胶化的策略，并分别研究各材料对 $Au(S_2O_3)_2^{3-}$ 的催化还原性能与机理。

1. 元素掺杂二维辉钼矿纳米片

二维辉钼矿纳米片因其导电性较差及基面活性位点少，阻碍进一步高效还原回收 $Au(S_2O_3)_2^{3-}$，在生长过程中引入异质原子取代硫或者钼原子实现二维辉钼矿纳米片面内异质原子掺杂，可有效调控二维辉钼矿纳米片结构性能、能带结构及其他特性，更易实现 $Au(S_2O_3)_2^{3-}$ 的高效回收。大量的理论和试验证实过渡金属原子掺杂可很好地调控 MoS_2 的电子结构，从而提高原位还原 $Au(S_2O_3)_2^{3-}$ 的能力。在过渡金属中，锰原子具有如下优点：来源广，价格低，可很好地匹配 MoS_2 晶格掺杂于 MoS_2 中（Sabaraya et al.，2021；Hoa et al.，2020；Bolar et al.，2019）。

MoS_2 及 Mn-MoS_2 纳米片原位还原 $Au(S_2O_3)_2^{3-}$ 的行为在自然光照射下进行，结果如图 5.9 所示。$Au(S_2O_3)_2^{3-}$ 的还原量随反应的进行先急剧增加而后趋于平缓，在 900 min 左右可能因催化活性位点饱和而还原量达到平衡。少量的 Mn 掺杂可大幅度提高 MoS_2 纳米片的还原量及还原速率。例如 $Mo_{0.491}Mn_{0.008}S$ 达到的平衡还原量为 936.9 mg/g，是 MoS_2 纳米片的 1.5 倍。随着 Mn 掺量的增加，$Au(S_2O_3)_2^{3-}$ 还原量先增加而后降低，原因可能是过窄带隙的光生电子-空穴对的快速复合。

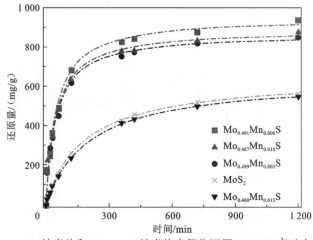

图 5.9 MoS_2 纳米片和 Mn-MoS_2 纳米片光催化还原 $Au(S_2O_3)_2^{3-}$ 动力学曲线

图 5.10 为 pH 对 Mn-MoS$_2$ 纳米片的 Zeta 电位及其还原 Au(S$_2$O$_3$)$_2^{3-}$ 的影响。随着 pH 升高，Mn-MoS$_2$ 纳米片对 Au(S$_2$O$_3$)$_2^{3-}$ 的还原量先急剧增加而 pH 达 10 后趋于平缓。主要原因是 Mn-MoS$_2$ 纳米片的缺陷活性位点荷负电，易与 H$^+$ 相互作用，结合 Zeta 电位结果分析，pH 小于 10 时，H$^+$ 易于竞争活性位点，当溶液 pH 达到 10 后，吸附的 H$^+$ 数量减少，从而使 Au(S$_2$O$_3$)$_2^{3-}$ 还原量增加。

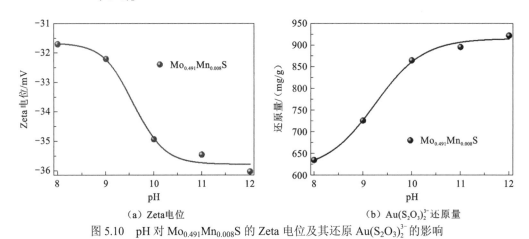

(a) Zeta电位   (b) Au(S$_2$O$_3$)$_2^{3-}$还原量

图 5.10   pH 对 Mo$_{0.491}$Mn$_{0.008}$S 的 Zeta 电位及其还原 Au(S$_2$O$_3$)$_2^{3-}$ 的影响

Au(S$_2$O$_3$)$_2^{3-}$ 初始浓度也是影响 Mn-MoS$_2$ 纳米片原位还原回收 Au(S$_2$O$_3$)$_2^{3-}$ 的一个重要因素，结果如图 5.11 所示。随着初始浓度的升高，Mn-MoS$_2$ 纳米片对 Au(S$_2$O$_3$)$_2^{3-}$ 的还原量增加，主要原因可能是 Au(S$_2$O$_3$)$_2^{3-}$ 浓度升高，其与 Mn-MoS$_2$ 纳米片表面接触概率增大，导致更多的 Au(S$_2$O$_3$)$_2^{3-}$ 被 Mn-MoS$_2$ 纳米片原位还原。

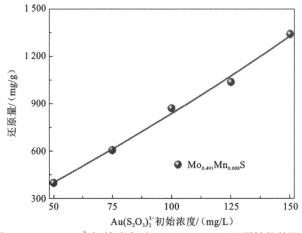

图 5.11   Au(S$_2$O$_3$)$_2^{3-}$ 初始浓度对 Mo$_{0.491}$Mn$_{0.008}$S 还原性能的影响

为分析 Au(S$_2$O$_3$)$_2^{3-}$ 在 Mn-MoS$_2$ 纳米片上的存在形式，利用 XRD 测试分析还原后的 Mn-MoS$_2$ 纳米片，结果如图 5.12 所示。在衍射角 2θ 为 38.2°、44.4°、64.7° 和 77.6° 处

出现明显的特征峰，对比 JCPDS[①]04-0784 标准卡片，分别对应于金单质的(111)、(200)、(220)和(311)晶面衍射峰，证实 $Au(S_2O_3)_2^{3-}$ 被 $Mn\text{-}MoS_2$ 纳米片原位还原成金单质，而金单质的衍射峰信号明显，掩盖了 $Mn\text{-}MoS_2$ 纳米片的特征峰（Yamazoe et al.，2016）。

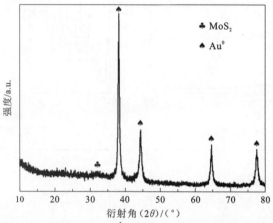

图 5.12　还原 $Au(S_2O_3)_2^{3-}$ 后 $Mo_{0.491}Mn_{0.008}S$ 的 XRD 图

图 5.13 为还原 $Au(S_2O_3)_2^{3-}$ 后 $Mo_{0.491}Mn_{0.008}S$ 的 XPS 全谱图、Mo 3d 轨道窄谱图、S 2p 轨道窄谱图、Mn 2p 轨道窄谱图、O 1s 轨道窄谱图和 Au 4f 轨道窄谱图。从图 5.13（a）中可观察到明显的 Au 峰，说明 $Mo_{0.491}Mn_{0.008}S$ 可有效回收 $Au(S_2O_3)_2^{3-}$。图 5.13（b）～（d）的 Mo 3d、S 2p 及 Mn 2p 轨道窄谱图显示，还原回收 $Au(S_2O_3)_2^{3-}$ 后的 $Mn\text{-}MoS_2$ 中 Mo、S 和 Mn 元素没有出现新峰及偏移，证明该反应不影响其结构。图 5.13（e）中 O 1s 轨道在结合能处 532.0 eV 左右出现的峰可归为吸附水分子的氧。Au 4f 轨道窄谱图 [图 5.13（f）]中两个明显的衍射峰出现在结合能为 83.7 eV 和 87.4 eV 处，根据相关研究证实为 Au^0 的特征峰，证实 $Au(S_2O_3)_2^{3-}$ 以 Au^0 的形式被富集于 $Mn\text{-}MoS_2$ 纳米片上（Giner-Casares et al.，2016）。

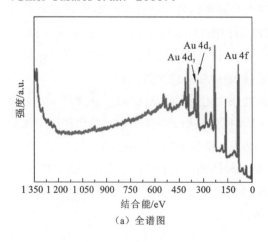

（a）全谱图

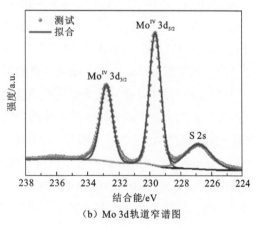

（b）Mo 3d 轨道窄谱图

---

① JCPDS 为粉末衍射标准联合委员会（Joint Committee on Powder Diffraction Standards）的简称

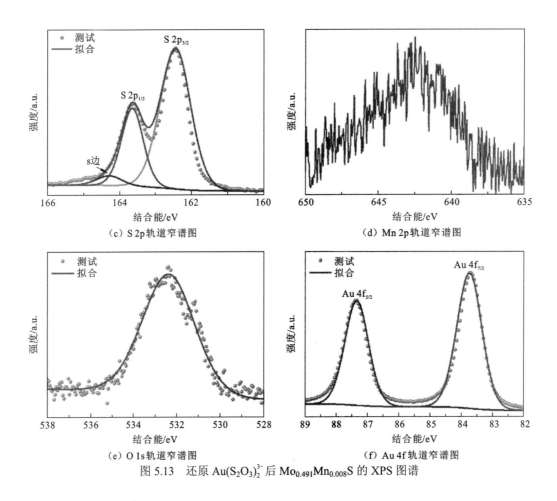

（c）S 2p 轨道窄谱图   （d）Mn 2p 轨道窄谱图

（e）O 1s 轨道窄谱图   （f）Au 4f 轨道窄谱图

图 5.13   还原 $Au(S_2O_3)_2^{3-}$ 后 $Mo_{0.491}Mn_{0.008}S$ 的 XPS 图谱

    还原 $Au(S_2O_3)_2^{3-}$ 后 $Mo_{0.491}Mn_{0.008}S$ 的 TEM 测试表征如图 5.14 所示。从图 5.14（a）和（b）可观察到许多尺寸为 50～100 nm 的纳米金颗粒负载在 $Mo_{0.491}Mn_{0.008}S$ 薄片上，从图 5.14（c）可知金纳米颗粒与 Mn-MoS$_2$ 纳米片紧密结合，证实 Mn-MoS$_2$ 纳米片可实现原位还原回收 $Au(S_2O_3)_2^{3-}$。相应的元素 EDS 面扫图［图 5.14（d）～（h）］显示 Mo、Mn 和 S 均匀分布在 Mn-MoS$_2$ 纳米片上，而 Au 只分布于颗粒上，进一步验证该颗粒为金单质，再次证明 $Au(S_2O_3)_2^{3-}$ 以金单质的形式被 Mn-MoS$_2$ 纳米片回收。

    Mn-MoS$_2$ 纳米片优异的光催化性质是其高效原位还原回收 $Au(S_2O_3)_2^{3-}$ 的本质原因，因此通过分析 MoS$_2$ 和 Mn-MoS$_2$ 纳米片的光电性质，探究锰原子掺杂强化二维辉钼矿纳米片光催化原位还原 $Au(S_2O_3)_2^{3-}$ 的机理。半导体受光激发，价带上的电子被激发至导带上，可产生瞬时光电流，因而测试瞬时光电流可有效表征半导体光生电子转移特性。由图 5.15（a）可知，与纯 MoS$_2$ 相比，Mn-MoS$_2$ 纳米片的瞬时光电流显著增强，可能是因为 Mn 原子的掺入引入异质带隙，有利于光生电子的转移。

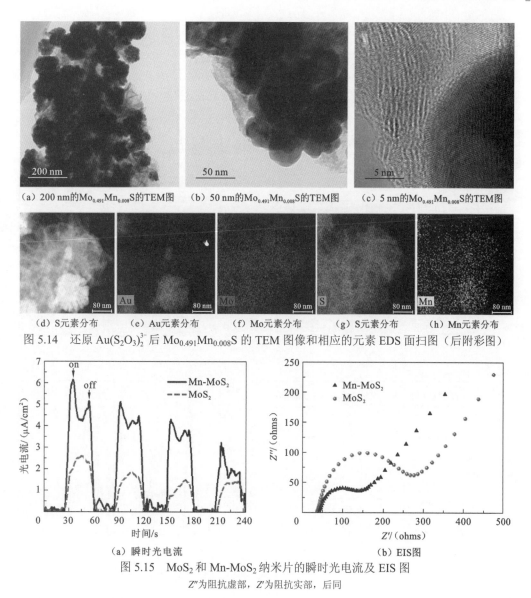

（a）200 nm的$Mo_{0.491}Mn_{0.008}$S的TEM图　（b）50 nm的$Mo_{0.491}Mn_{0.008}$S的TEM图　（c）5 nm的$Mo_{0.491}Mn_{0.008}$S的TEM图

（d）S元素分布　（e）Au元素分布　（f）Mo元素分布　（g）S元素分布　（h）Mn元素分布

图 5.14　还原 $Au(S_2O_3)_2^{3-}$ 后 $Mo_{0.491}Mn_{0.008}$S 的 TEM 图像和相应的元素 EDS 面扫图（后附彩图）

（a）瞬时光电流　　　　　　　　（b）EIS图

图 5.15　MoS_2 和 Mn-MoS_2 纳米片的瞬时光电流及 EIS 图

Z''为阻抗虚部，Z'为阻抗实部，后同

　　为研究电极界面电子传导过程中的电阻大小，对 MoS_2 和 Mn-MoS_2 纳米片进行电化学阻抗谱（electrochemical impendance spectroscopy，EIS）测试，其半圆半径越小表示电阻越小，光生载流子的传递速度更快，测试结果如图 5.15（b）所示。Mn-MoS_2 纳米片的 EIS 阻抗半径明显小于 MoS_2，说明 Mn-MoS_2 纳米片具有更小的界面电子转移电阻，有利于光催化原位还原 $Au(S_2O_3)_2^{3-}$，该结论与光电流测试结果一致。

　　为了进一步研究锰掺杂提高 MoS_2 原位还原回收 $Au(S_2O_3)_2^{3-}$ 的机理，借助 DFT 理论分析锰掺杂及其引起的空位对 MoS_2 带隙的影响，并计算 Mn-MoS_2 与 Au(I)间作用力及有缺陷存在时的锰掺杂二硫化钼（Mn，V_S-MoS_2）与 Au(I)间的作用力。

　　图 5.16 为 MoS_2、Mn-MoS_2 和 Mn,Vs-MoS_2 的带隙结构、总态密度和分波态密度。由图可知，MoS_2 带隙结构为直接带隙，其带隙能 E_g 为 1.82 eV，与 Liu 等（2020）研究

结果一致。当锰原子掺入 MoS$_2$ 结构后,导带降低至-0.87 eV,仍然低于 Au(S$_2$O$_3$)$_2^{3-}$/Au^0 (0.15 eV),直接带隙值减小,反映 Mn-MoS$_2$ 具有更快的光生电子迁移速率。而当Mn-MoS$_2$引入硫空位时,在导带的最大值上会引入杂带隙,因此,锰掺杂或者由锰掺杂引起的硫空位都会减少 MoS$_2$ 的带隙值,促进光生载流子的迁移。为了进一步研究 MoS$_2$、Mn-MoS$_2$和 Mn, Vs-MoS$_2$ 的电子性质,计算其总态密度和分波态密度,可以明显看到锰原子掺杂在价带的最小值上从而引入杂带隙,而硫空位则会在导带的最大值上引入杂带隙,这与 Liu 等(2020)研究结果一致。

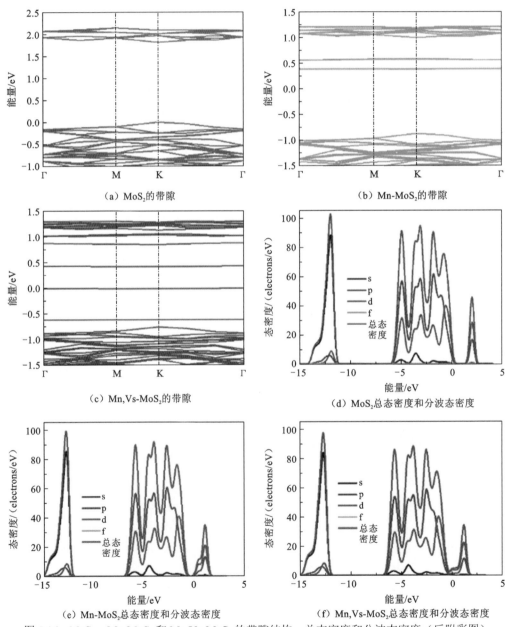

图 5.16　MoS$_2$、Mn-MoS$_2$ 和 Mn,Vs-MoS$_2$ 的带隙结构、总态密度和分波态密度(后附彩图)

Au(I)与 Mn-MoS$_2$ 之间的作用力也是影响 Au(S$_2$O$_3$)$_2^{3-}$ 催化还原的重要因素,为了研究 Au(I)在 MoS$_2$、Mn-MoS$_2$ 和 Mn,V$_S$-MoS$_2$ 上的吸附状态,对其电子密度进行计算,结果如图 5.17 所示。Au(I)主要与 MoS$_2$、Mn-MoS$_2$ 和 Mn,V$_S$-MoS$_2$ 表面的 S 原子作用,Mn-MoS$_2$ 与 Au(I)的电子云重叠大于 MoS$_2$,且 Au(I)与 Mn 原子连接的 S 原子相互作用,说明 Mn 原子掺杂促进与其连接的 S 原子和 Au(I)之间的作用。当 Mn-MoS$_2$ 引入硫空位后,明显加强了 Mn-MoS$_2$ 与 Au(I)之间的作用力。

 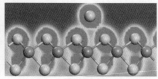 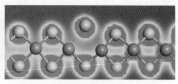

　　(a) MoS$_2$　　　　　　　　　(b) Mn-MoS$_2$　　　　　　　(c) Mn,Vs-MoS$_2$

图 5.17　Au(I)与 MoS$_2$、Mn-MoS$_2$ 和 Mn,Vs-MoS$_2$ 作用的电子密度图(后附彩图)

2. 辉钼矿纳米异质结

为提高二维辉钼矿纳米片还原 Au(S$_2$O$_3$)$_2^{3-}$ 的能力,在 MoS$_2$ 上构建异质结是一种很好的方法。将另一种半导体与 MoS$_2$ 耦合形成跨界型能带结构是促进电子和空穴分离、转移从而增强 MoS$_2$ 光催化活性的有效方法(Chava et al.,2019;Hong et al.,2014)。在各种半导体中,金属硫化物因具有更强的电子转移和催化性能而成为与 MoS$_2$ 复合的合适选择。ZnS 因其激发的电子具有更多的负电位,能在光激发下迅速生成电子空穴对,具有良好的生物相容性,在传感器、光伏电池、生物器件和光催化剂等领域有着广泛的应用(Naresh et al.,2019;Wang et al.,2014;Tsuji et al.,2003)。同时,ZnS 与 MoS$_2$ 能形成密切的界面,且二者的晶格参数匹配良好。本小节设计 MoS$_2$/ZnS 纳米异质结,用于从硫代硫酸盐浸出液中高效、快速地回收金,从而研究 Au(S$_2$O$_3$)$_2^{3-}$ 在 MoS$_2$/ZnS 纳米异质结上的原位还原行为。

在自然光照射下分别考察 ZnS、MoS$_2$ 和 MoS$_2$/ZnS 纳米异质结对 Au(S$_2$O$_3$)$_2^{3-}$ 的原位还原行为,结果如图 5.18 所示。ZnS 和 MoS$_2$ 上的还原 Au(S$_2$O$_3$)$_2^{3-}$ 能力均低于在 MoS$_2$/ZnS 纳米异质结,如 Mo$_{0.45}$Zn$_{0.10}$S 的还原能力极高,还原量达 1 120.56 mg/g,分别是 ZnS 还原量的 4.52 倍和 MoS$_2$ 还原量的 1.72 倍。结果表明,MoS$_2$/ZnS 纳米异质结在浸出液中回收金具有很大的潜力。此外还发现,MoS$_2$/ZnS 纳米异质结还原 Au(S$_2$O$_3$)$_2^{3-}$ 的能力随 Zn 含量的增加呈先升高后降低的趋势。

图 5.19 为 pH 及金初始浓度对 Mo$_{0.45}$Zn$_{0.10}$S 还原能力的影响。如图 5.19(a)所示,随着溶液 pH 上升到 10,Mo$_{0.45}$Zn$_{0.10}$S 催化还原能力迅速增强,然后达到平衡。在较低 pH 下,由于静电作用,H$^+$ 会接近 MoS$_2$ 表面,与 Au(S$_2$O$_3$)$_2^{3-}$ 竞争活性位点,从而导致金还原量较低。随着 pH 的升高,溶液中 H$^+$ 急剧减少,还原量逐渐增加,当 pH 大于 10 后,水溶液中 H$^+$ 极少,因此还原量不再明显变化。如图 5.19(b)所示,Mo$_{0.45}$Zn$_{0.10}$S 对金的还原能力随着初始 Au(S$_2$O$_3$)$_2^{3-}$ 浓度的升高而增强,这是由于金初始浓度升高,其与催化剂接触概率上升,Au 元素更易得到电子进而被还原。

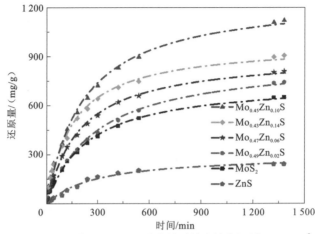

图 5.18 ZnS、MoS$_2$ 和 MoS$_2$/ZnS 纳米异质结光催化还原 Au(S$_2$O$_3$)$_2^{3-}$ 的性能

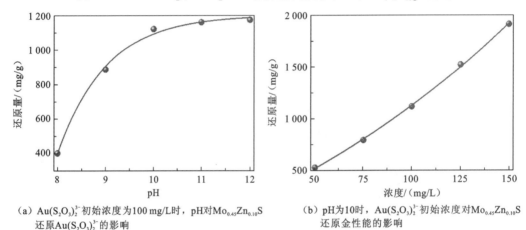

（a）Au(S$_2$O$_3$)$_2^{3-}$ 初始浓度为100 mg/L时，pH对Mo$_{0.45}$Zn$_{0.10}$S 还原Au(S$_2$O$_3$)$_2^{3-}$ 的影响

（b）pH为10时，Au(S$_2$O$_3$)$_2^{3-}$ 初始浓度对Mo$_{0.45}$Zn$_{0.10}$S 还原金性能的影响

图 5.19 pH 及 Au(S$_2$O$_3$)$_2^{3-}$ 初始浓度对 Mo$_{0.45}$Zn$_{0.10}$S 还原能力的影响

XPS、XRD 和 TEM 用来表征还原 Au(S$_2$O$_3$)$_2^{3-}$ 后的 Mo$_{0.45}$Zn$_{0.10}$S。图 5.20（a）～（e）为还原 Au(S$_2$O$_3$)$_2^{3-}$ 后的 Mo$_{0.45}$Zn$_{0.10}$S 的 XPS 图谱，XPS 全谱图[图 5.20（a）]中存在强烈的 Au 峰，说明 Au 成功负载。图 5.20（b）～（d）分别为 Mo 3d、S 2p、Zn 2p 窄谱图，从各图中发现，在其还原 Au(S$_2$O$_3$)$_2^{3-}$ 后，Mo、S 和 Zn 没有出现新的峰及偏移，说明材料非常稳定。随后对 Au 4f 的窄谱图进行分析，在结合能分别位于 83.78 eV 和 87.48 eV 出现两个特征峰，而该双峰代表单质金的特征峰，证实了负载的金为单质金（Shi et al.，2013）。XRD 图进一步证实了 Mo$_{0.45}$Zn$_{0.10}$S 对 Au(S$_2$O$_3$)$_2^{3-}$ 的原位还原作用[图 5.20（f）]。在 38.3°、44.4°、64.7° 和 77.6° 的衍射峰为 Au^0 的特征峰，有力地证明了 Mo$_{0.45}$Zn$_{0.10}$S 将 Au(S$_2$O$_3$)$_2^{3-}$ 原位还原为 Au^0（Yuan et al.，2019）。

图 5.21 为 Mo$_{0.45}$Zn$_{0.10}$S 还原 Au(S$_2$O$_3$)$_2^{3-}$ 后的 TEM-EDS 图。图 5.21（a）～（b）为还原后 Au(S$_2$O$_3$)$_2^{3-}$ 的 Mo$_{0.45}$Zn$_{0.10}$S 形貌图。从图中可以看出，大量尺寸为 80～400 nm 的纳米颗粒负载在 Mo$_{0.45}$Zn$_{0.10}$S 上。Mo、S、Zn、Au 的 EDS 图如图 5.21（c）～（f）所示。可以看出，Mo 整体分布在 Mo$_{0.45}$Zn$_{0.10}$S 上，S 与 Mo 和 Zn 重叠。Mo$_{0.45}$Zn$_{0.10}$S 表面

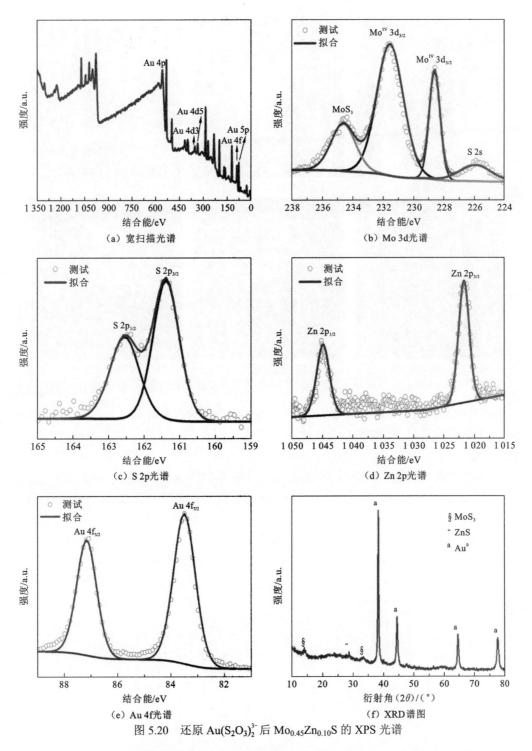

图 5.20　还原 $Au(S_2O_3)_2^{3-}$ 后 $Mo_{0.45}Zn_{0.10}S$ 的 XPS 光谱

上，Zn 元素以 ZnS 的形式通过与 MoS_2 的异质结在 $Mo_{0.45}Zn_{0.10}S$ 中存在。此外，Au 与 Zn 的分布区域高度一致，这意味着 $Au(S_2O_3)_2^{3-}$ 更倾向于在 Mo 和 Zn 都存在的区域被还原为 Au^0，进一步证明了 MoS_2/ZnS 异质结确实促进了 $Au(S_2O_3)_2^{3-}$ 的还原。

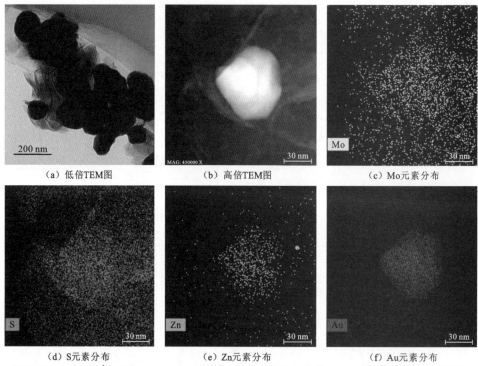

（a）低倍TEM图 （b）高倍TEM图 （c）Mo元素分布

（d）S元素分布 （e）Zn元素分布 （f）Au元素分布

图 5.21 $Au(S_2O_3)_2^{3-}$ 还原后 $Mo_{0.45}Zn_{0.10}S$ 的 TEM 图像和相应的 EDS 元素映射（后附彩图）

图 5.22 为瞬态光电流响应结果，ZnS、MoS_2 和 MoS_2/ZnS 纳米异质结的光电流响应强度可表征各材料电子和空穴的分离效率。从图 5.22 中可以看出，MoS_2/ZnS 纳米异质结比纯 ZnS 和辉钼矿纳米片表现出更强的光响应电流，这可能是由于 ZnS 降低了 MoS_2 中电子和空穴的复合速率，说明 MoS_2/ZnS 纳米异质结产生更多的光生电子用于光催化还原。MoS_2/ZnS 纳米异质结的光电流随着 Zn 含量的增加先增大后减小，且在所有制备的 MoS_2/ZnS 纳米异质结中，$Mo_{0.45}Zn_{0.10}S$ 的光电流最强。这种现象与图 5.18 所示的 MoS_2/ZnS 纳米异质结还原 $Au(S_2O_3)_2^{3-}$ 效果高度一致。因此，可以认为 MoS_2/ZnS 纳米异质结的光催化性能是由 MoS_2 与 ZnS 耦合时增强了光生载流子的分离所致。

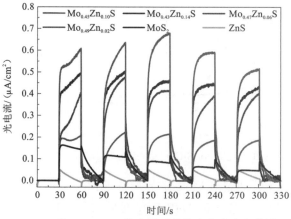

图 5.22 ZnS、MoS_2 和 MoS_2/ZnS 纳米异质结的光电流响应结果（后附彩图）

PL 分析是研究光电子转移和复合效率的重要手段。由图 5.23（a）可知，与 ZnS 和 MoS_2 相比，MoS_2/ZnS 纳米异质结在 440～540 nm 的发射强度非常弱，说明在 MoS_2 和 ZnS 中，光生电子-空穴对的复合效率更高，而在 MoS_2/ZnS 纳米异质结中复合效率较低。在 MoS_2/ZnS 纳米异质结材料中，$Mo_{0.45}Zn_{0.10}S$ 的光生电子复合效率最低，表现出良好的光催化还原性能，该结果与瞬态光电流响应结果一致。图 5.23（b）为 MoS_2/ZnS 纳米异质结的 EIS 结果。由该图可知，与 ZnS 和 MoS_2 相比，MoS_2/ZnS 纳米异质结在高频区拥有更小的半圆，表明 MoS_2/ZnS 纳米异质结中光生电荷分离和转移效率更高。此外，在所有的 MoS_2/ZnS 纳米异质结样品中，$Mo_{0.45}Zn_{0.10}S$ 的半圆区最小，说明该样品具有最高的光生电荷分离和转移效率。

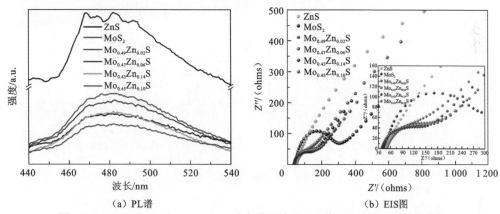

（a）PL谱 （b）EIS图

图 5.23 ZnS、MoS_2 和 MoS_2/ZnS 纳米异质结的 PL 谱和 EIS 图（后附彩图）

基于以上结果，得出 MoS_2/ZnS 纳米异质结作为催化剂高效还原 $Au(S_2O_3)_2^{3-}$ 的机理，如图 5.24 所示。$Mo_{0.45}Zn_{0.10}S$ 对 $Au(S_2O_3)_2^{3-}$ 有极好的催化回收性能，归因于其对可见光优异的吸收性能、高效的光生电子转移效率及较低的光生电子-空穴对复合效率。具体而言，在可见光照射下，由于有比 MoS_2 更宽的带隙，ZnS 中产生了光致电子空穴对。然后，由于较低的导带位置，分离的电子迅速地从 ZnS 转移到 MoS_2。由于金与硫原子之

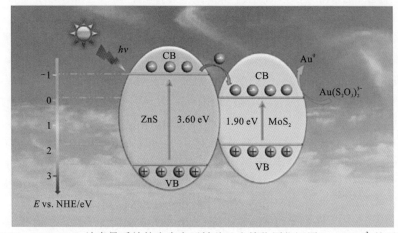

图 5.24 MoS_2/ZnS 纳米异质结的光生电子转移及光催化原位还原 $Au(S_2O_3)_2^{3-}$ 的示意图

间的强相互作用，$Au(S_2O_3)_2^{3-}$ 会吸附在富硫的 $Mo_{0.45}Zn_{0.10}S$ 上。MoS_2 上的电子与 $Au(S_2O_3)_2^{3-}$ 结合，导致 $Au(S_2O_3)_2^{3-}$ 被原位还原为 Au^0。此外，ZnS 与 MoS_2 之间存在大范围且紧密的界面接触，对促进电子的转移起到重要作用。

而对于还原金的脱附，可采用 Na_2S 进行洗脱，结果如图 5.25（a）所示。在 Na_2S 溶液中，Au^0 迅速从 $Mo_{0.45}Zn_{0.10}S$ 洗脱。Au 的解吸率 1 min 即可达到高 91%，完全解吸时间不到 4 min。图 5.25（b）为连续 5 次循环还原 $Au(S_2O_3)_2^{3-}$，结果表明 $Mo_{0.45}Zn_{0.10}S$ 还原能力未见明显下降，说明 $Mo_{0.45}Zn_{0.10}S$ 具有较高的稳定性。

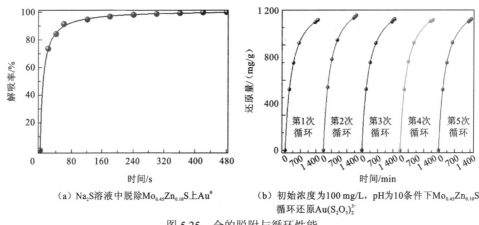

(a) Na_2S溶液中脱除$Mo_{0.45}Zn_{0.10}S$上Au^0 (b) 初始浓度为100 mg/L，pH为10条件下$Mo_{0.45}Zn_{0.10}S$循环还原$Au(S_2O_3)_2^{3-}$

图 5.25　金的脱附与循环性能

3. 二维辉钼矿纳米片凝胶

考虑辉钼矿纳米片固液分离困难以致难以实际应用这一问题，本小节通过将辉钼矿纳米片锚定在壳聚糖凝胶表面，从而构建三维多孔辉钼矿/壳聚糖（MoS_2/CS）气凝胶，探究 MoS_2/CS 气凝胶对 Au(I)的还原行为和机理。

首先研究 MoS_2/CS 气凝胶中 MoS_2 含量对 $Au(S_2O_3)_2^{3-}$ 还原的影响，结果如图 5.26（a）所示。壳聚糖（chitosan，CS）气凝胶对 $Au(S_2O_3)_2^{3-}$ 无特性吸附及还原性能。对于 MoS_2 质量分数为 12.3%的 MoS_2/CS 气凝胶，随着反应时间的延长，$Au(S_2O_3)_2^{3-}$ 的还原量逐渐增加（最高可达 333.8 mg/g），表明 MoS_2/CS 气凝胶对 $Au(S_2O_3)_2^{3-}$ 表现出优异的回收性能。随着 MoS_2/CS 气凝胶中 MoS_2 含量的增加，$Au(S_2O_3)_2^{3-}$ 的最大还原量迅速增加，达到最大值后又开始下降，这可能是由于随着 MoS_2 含量的增加，其有效表面积减少。

溶液 pH 对 $Au(S_2O_3)_2^{3-}$ 还原的影响结果如图 5.26（b）所示。首先，$Au(S_2O_3)_2^{3-}$ 的还原量随着溶液 pH 的升高而增加，当溶液 pH=10 时达到最大值（425.7 mg/g），然后逐渐减少。因此，pH=10 为 MoS_2/CS 气凝胶还原 $Au(S_2O_3)_2^{3-}$ 的最佳条件。图 5.26（c）为 $Au(S_2O_3)_2^{3-}$ 浓度对 Au(I)还原的影响，随着体系中初始 $Au(S_2O_3)_2^{3-}$ 浓度的升高，MoS_2/CS 气凝胶对 $Au(S_2O_3)_2^{3-}$ 的还原作用明显增强，当初始 $Au(S_2O_3)_2^{3-}$ 质量浓度为 156.3 mg/L 时，$Au(S_2O_3)_2^{3-}$ 的还原量甚至达到 1 000 mg/g。图 5.26（d）显示了 MoS_2/CS 气凝胶还原 $Au(S_2O_3)_2^{3-}$ 前后的光学照片。MoS_2/CS 气凝胶在还原前后形态保持一致，结构未发生坍塌，表明其机械稳定性高。且在 $Au(S_2O_3)_2^{3-}$ 还原后，MoS_2/CS 气凝胶的表面形成了具有金属光泽的沉积层，表明 MoS_2/CS 气凝胶将 $Au(S_2O_3)_2^{3-}$ 还原为 Au^0。

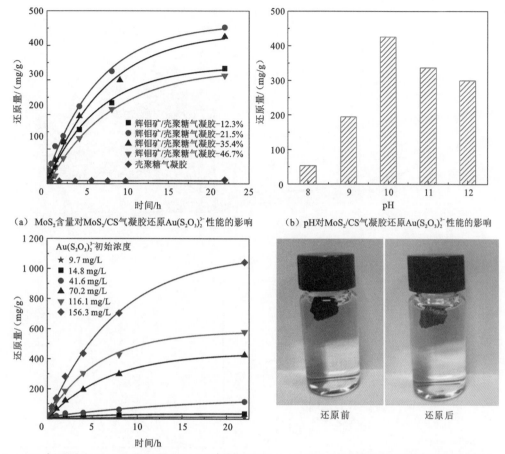

（a）MoS$_2$含量对MoS$_2$/CS气凝胶还原Au(S$_2$O$_3$)$_2^{3-}$性能的影响

（b）pH对MoS$_2$/CS气凝胶还原Au(S$_2$O$_3$)$_2^{3-}$性能的影响

（c）Au(S$_2$O$_3$)$_2^{3-}$初始浓度对MoS$_2$/CS气凝胶还原Au(S$_2$O$_3$)$_2^{3-}$性能的影响　（d）MoS$_2$/CS气凝胶还原Au(S$_2$O$_3$)$_2^{3-}$前后的光学照片

图 5.26　MoS$_2$ 含量、pH、Au(S$_2$O$_3$)$_2^{3-}$ 初始浓度对 MoS$_2$/CS 气凝胶还原 Au(S$_2$O$_3$)$_2^{3-}$ 性能的影响及 MoS$_2$/CS 气凝胶还原 Au(S$_2$O$_3$)$_2^{3-}$ 前后的光学照片

　　为了进一步证明溶液体系中 Au(S$_2$O$_3$)$_2^{3-}$ 被还原为金单质，采用 XRD 和 TEM-EDS 对反应后的 MoS$_2$/CS 气凝胶进行表征，结果如图 5.27 所示。XRD 图谱中在衍射角为 38.18°、44.40° 和 64.58° 处的三个衍射峰分别对应金单质（JCPDS 04-0784）的(111)、(200)和(220)晶面，直接证明 Au(S$_2$O$_3$)$_2^{3-}$ 被还原为金单质（Parise et al.，2019）。图 5.27（b）为 TEM-EDS 测试，在所选测试区域出现了 Au(Mα)、Au(Mβ)、Au(Lα)和 Au(Lβ)的强烈峰，进一步证实了 Au(S$_2$O$_3$)$_2^{3-}$ 被 MoS$_2$/CS 气凝胶还原，并在其表面形成金颗粒。

　　XPS 分析了还原前后 MoS$_2$/CS 气凝胶的表面化学组成和状态，结果如图 5.28 所示。图 5.28（a）为 XPS 全谱图，从还原后的 MoS$_2$/CS 气凝胶全谱中可以清楚地观察到 Au 4d 和 4f 的峰，证明了样品中 Au 的存在。图 5.28（b）为 Au 4f 的高分辨率窄谱图，在 84.55 eV 和 88.2 eV 处的拟合峰分别属于 Au^0 的 Au 4f$_{7/2}$ 和 Au 4f$_{5/2}$，而 85.5 eV 和 89.1 eV 处的峰则分别属于 Au(I)的 Au 4f$_{7/2}$ 和 Au 4f$_{5/2}$，Au(I)的存在可能是由于具有多孔结构的 MoS$_2$/CS 气凝胶吸附了少量的 Au(S$_2$O$_3$)$_2^{3-}$（Yuan et al.，2019；Sylvestre et al.，2004）。

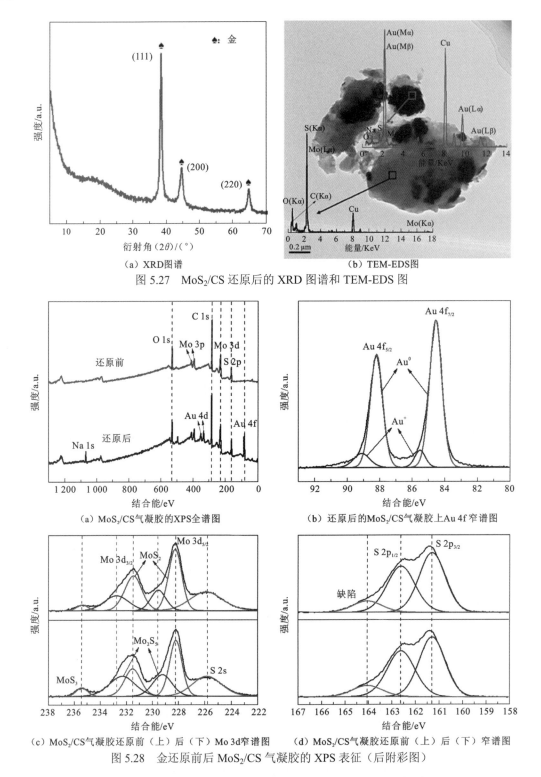

图 5.27　MoS₂/CS 还原后的 XRD 图谱和 TEM-EDS 图

图 5.28　金还原前后 MoS₂/CS 气凝胶的 XPS 表征（后附彩图）

图 5.28（c）为还原前后 MoS₂/CS 气凝胶中 Mo 3d 的 XPS 窄谱图。231.48 eV 和 228.27 eV 处的特征峰属于 MoS₂ 的 Mo(IV)化学状态，而结合能位于 232.76 eV 和

229.55 eV 为 Mo_2S_5 的特征峰。235.38 eV 处的特征峰与 MoO_3 有关（Addou et al.，2015）。图 5.28（d）为 S 2p 轨道的 XPS 窄谱图，162.6 eV 和 161.28 eV 处的两个特征峰分别对应 S $2p_{1/2}$ 和 S $2p_{3/2}$ 的自旋轨道，结合能位于 164.04 eV 处的特征峰与 Mo_2S_5 有关（Sheng et al.，2019；Addou et al.，2015）。在金还原后，仅观察到 Mo_2S_5 的 Mo 3d 峰有轻微的红移，这可能是由 $Au(S_2O_3)_2^{3-}$ 与 Mo(V) 之间的相互作用所致。

　　MoS_2 基材料的光催化性质与 $Au(S_2O_3)_2^{3-}$ 的催化还原性能密切相关，因此对 MoS_2/CS 气凝胶的光学特性做了进一步的研究。图 5.29（a）为 MoS_2/CS 气凝胶 UV-Vis 光谱。从图中可以看出，MoS_2/CS 气凝胶在紫外和可见光区域均显示出明显的光吸收，表明其可以充分利用可见光。半导体的带隙对光催化反应具有重要影响，MoS_2/CS 气凝胶的带隙能通过下式计算（Zhao et al.，2016）：

$$(\alpha h v)^n = A(h - E_g) \tag{5.4}$$

式中：α、h、v、E_g 和 A 分别为吸收系数、普朗克常量、光频率、带隙和常数；指数 n 取决于半导体的电子跃迁，MoS_2 的 $n=2$。与块状 MoS_2 的带隙能（1.23 eV）相比，MoS_2/CS 气凝胶的带隙能大幅度蓝移[图 5.29（b）]，使其成为高效的可见光催化剂（Zong et al.，2008）。瞬时光电流响应测试可以用来评价载流子的产生能力和光电子的分离能力。如

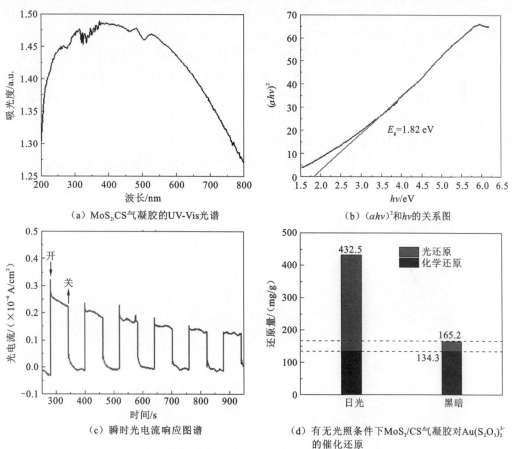

（a）MoS_2CS气凝胶的UV-Vis光谱　　（b）$(\alpha h v)^2$和hv的关系图

（c）瞬时光电流响应图谱　　（d）有无光照条件下MoS_2/CS气凝胶对$Au(S_2O_3)_2^{3-}$的催化还原

图 5.29　MoS_2/CS 气凝胶的光电性质表征

图 5.29（c）所示，在连续照明开关的作用下，明显观察到了样品的瞬时光电流，这表明生成了载流子。

半导体的导带位置对光催化还原反应具有重要的影响。导带位置（E_{CB}）可以通过以下公式进行计算（Xu et al., 2008）：

$$E_{CB} = X - E^e - 0.5E_g \qquad (5.5)$$

式中：X 为半导体的绝对电负性；E^e 为氢的自由电子能（4.5 eV）。

价带边缘（E_{VB}）可以通过以下公式确定：

$$E_{VB} = E_{CB} + E_g \qquad (5.6)$$

由以上给定的公式，计算得出 MoS_2/CS 气凝胶的 E_{CB} 和 E_{VB} 值分别为-0.09 eV 和 1.73 eV。由于 MoS_2/CS 气凝胶较高的导带边缘，光电子具有很强的还原性，可以很轻易地将 $Au(S_2O_3)_2^{3-}$ 还原为 Au^0（$Au(I)/Au^0 = 1.68$ V）。

相关研究表明 MoS_2 纳米片在水溶液中，特别是在碱性条件下，处于热力学和动力学的不稳定状态（Wang et al., 2016a）。MoO_4^{2-}/MoS_2 电对的氧化还原电位为 0.429 V，重金属离子和 MoS_2 纳米片之间存在氧化还原反应（Wang et al., 2016b）。作为一种温和的氧化剂，$Au(S_2O_3)_2^{3-}$ 将 MoS_2 纳米片氧化成可溶的钼酸盐和硫酸根离子，同时自身被还原成金颗粒。因此，考虑 MoS_2/CS 气凝胶对 $Au(S_2O_3)_2^{3-}$ 的化学还原作用，通过对照实验以确定 MoS_2/CS 气凝胶催化还原 $Au(S_2O_3)_2^{3-}$ 的机理。MoS_2/CS 气凝胶的化学还原反应式为

$$MoS_2 + 18Au(I) + 12H_2O \longrightarrow MoO_4^{2-} + 18Au^0 + 2SO_4^{2-} + 24H^+ \qquad (5.7)$$

图 5.29（d）为化学还原与光还原的对比图，在光照条件下 MoS_2/CS 气凝胶对 $Au(S_2O_3)_2^{3-}$ 的还原量为 432.5 mg/g，而黑暗条件下 MoS_2/CS 气凝胶对 $Au(S_2O_3)_2^{3-}$ 的还原量仅为 165.2 mg/g。该结果表明 MoS_2/CS 气凝胶对 $Au(S_2O_3)_2^{3-}$ 的还原包括光还原和化学还原两部分，但光还原起主导作用，催化还原机理示意图如图 5.30 所示。

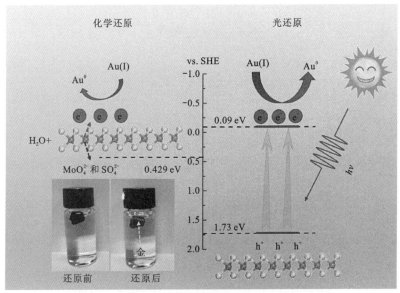

图 5.30 MoS_2/CS 气凝胶还原 $Au(S_2O_3)_2^{3-}$ 的机理图

SHE（standard hydrogen electrode，标准氢电极）

5.3   光催化还原 Cr(VI)

5.3.1   Cr(VI)危害及治理技术

铬在工业和农业活动中被广泛使用,全世界开采和生产的铬逐年增加。铬具有质硬、耐腐蚀等优良性质,被广泛应用于冶金、化工、铸铁等领域。铬的价态一般为三价和六价,三价铬(Cr(III))是哺乳动物体内糖、脂质和蛋白质正常代谢的必需微量元素,而六价铬(Cr(VI))则有剧毒,微量的 Cr(VI)即可造成人体死亡。工业上排放的含铬废水中多为 Cr(VI),Cr(VI)可稳定存在于水体中,当水环境中 Cr(VI)质量浓度大于 0.1 mg/L时就能够产生很强的毒性,且极难治理。因此,发展 Cr(VI)的相关治理技术对保护环境及人体健康具有重要的意义。

目前,研究者针对水体中 Cr(VI)的去除做了大量的研究,开发设计了多种净化技术,包括化学沉淀、吸附、膜分离及光催化降解等(Dong et al.,2019;Li et al.,2019;Huang et al.,2016;Gheju et al.,2011)。化学沉淀法即使用化学药剂作为还原剂,将 Cr(VI)还原为 Cr(III)的同时将其沉淀,但是该过程会产生大量的污泥,且具有二次污染,成本较高。吸附法是使用吸附剂通过物理或者化学吸附作用去除水体中的 Cr(VI)。该技术操作简单,处理量大,适合大规模工业应用,但是并不能从根本上去除 Cr(VI)污染。当吸附剂解吸时,Cr(VI)势必会再次排放,且若吸附剂无法循环使用,可能造成高堆存成本及环境风险。膜分离法即通过膜过滤将 Cr(VI)分离去除,但是分离膜的成本较高,且处理时间过长,膜容易受到污染,从而失去分离性能。近年来,半导体光催化技术由于其低成本、高效率及环境友好等优势,受到广泛的关注,被认为是最有前景的污染治理技术(Li et al.,2019)。

辉钼矿纳米片作为一类半导体材料,展现出优异的光催化还原性能。现今,已有研究者利用 MoS_2 纳米片来光催化还原 Cr(VI),但由于辉钼矿纳米片的光生电荷易复合,极大地降低了其光催化性能。贵金属纳米颗粒如 Ag 等具有优异的导电性,能够有效促进光生电子的转移与传递,可提高辉钼矿纳米片的光催化性能(Yang et al.,2018;Lu et al.,2017)。然而,辉钼矿的表面性质在催化还原 Cr(VI)时常被忽略,如 MoS_2 在特定溶液中易于氧化的性质,这些性质能否将 Cr(VI)还原呢?下面将着重介绍 Ag-MoS_2 光催化还原 Cr(VI)的机理及性能。

5.3.2   二维辉钼矿纳米片光催化还原脱除水中 Cr(VI)

1. 还原 Cr(VI)机理

1)光催化还原过程

Ag-MoS_2 是优异的半导体材料,在催化还原 Cr(VI)的过程中,其光催化性能是不可忽略的。当 MoS_2 被激发后，产生大量的光生电子与空穴，而纳米银颗粒的存在将促进光生电子与空穴的分离。其中光生电子将溶液中高毒性的 Cr(VI)直接还原为低毒性的 Cr(III)，实现水中高毒 Cr(VI)的去除。而光生空穴与溶液中的空穴捕获剂如乙醇等反应。整个光催化降解 Cr(VI)的过程可用下列方程式表示：

$$MoS_2 + hv \longrightarrow h^+ + e^- \tag{5.8}$$

$$e^- \longrightarrow Ag(e^-) \tag{5.9}$$

$$Ag(e^-) + Cr(VI) \longrightarrow Cr(III) + Ag \tag{5.10}$$

$$h^+ + C_2H_5OH \longrightarrow CO_2 + H_2O \tag{5.11}$$

2）氧化还原过程

Cr(VI)到 Cr(III)的还原电位为 1.39 eV，而 MoS_2 氧化电位为 0.49 eV，因此，MoS_2 与 Cr(VI)之间会产生自发的氧化还原作用，对 Cr(VI)的去除产生重要作用（Zhang et al.，2017；Wang et al.，2016a）。MoS_2 发生部分氧化，由于氧化所产生的电子被传递给 Cr(VI)，实现了 Cr(VI)的化学还原。氧化还原过程可用如下方程式表示。

阴极： $$MoS_2 + 12H_2O \longrightarrow MoO_4^{2-} + 2SO_4^{2-} + 24H^+ + 18e^- \tag{5.12}$$

阳极： $$Cr_2O_7^{2-} + 6e^- + 14H^+ \longrightarrow 2Cr^{3+} + 7H_2O \tag{5.13}$$

$$MoS_2 + 3Cr_2O_7^{2-} + 18H^+ \longrightarrow MoO_4^{2-} + 6Cr^{3+} + 2SO_4^{2-} + 9H_2O \tag{5.14}$$

Ag-MoS_2 对 Cr(VI)的还原机理如图 5.31 所示。

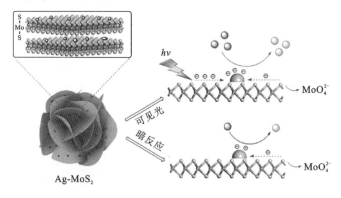

○ Cr^{6+}　○ Cr^{3+}　● Ag NPS　○ e^-

图 5.31　Ag-MoS_2 还原 Cr(VI)的还原机理示意图（后附彩图）

2. 光催化还原脱除 Cr(VI)技术

Cr(VI)的催化还原通过暗反应和光反应两部分进行，其结果如图 5.32 所示。在暗反应下，Cr(VI)也可被 MoS_2 与 Ag-MoS_2 还原为 Cr(III)从而成功去除[图 5.32（a）]。但与 MoS_2 相比，Ag-MoS_2 光催化剂对 Cr(VI)的还原速率只有轻微下降，这表明单质 Ag 的负载没有占据 MoS_2 的活性位点。在可见光照射下，纯 MoS_2 催化还原 Cr(VI)的速率略微升高，表明光照对纯 MoS_2 还原 Cr(VI)没有明显提升作用，其原因可能是纯 MoS_2 的光生电子与空穴极易复合，因此不能有效传递出光生电子来还原 Cr(VI)。而对于 Ag-MoS_2 光催化剂，在可见光照射下，其对 Cr(VI)的还原速率急速提高，在 100 min 内即将 Cr(VI)全部还原。辉钼矿纳米片还原效率的提高归功于 Ag 纳米颗粒的加入促进了光生电子与空穴的分离，从而提高了辉钼矿纳米片的光催化还原能力。图 5.32（b）为 Ag-MoS$_2$ 光催化剂在全暗及不同遮光时间后置于可见光下对 Cr(VI)的催化还原效果图。可以看到，在全暗条件下，Cr(VI)也被大量去除，这正是由 MoS$_2$ 化学还原导致的。在不同暗反应时间加光后，Cr(VI)的还原速率显著升高，说明光生电子能够进一步促进 Cr(VI)的还原。

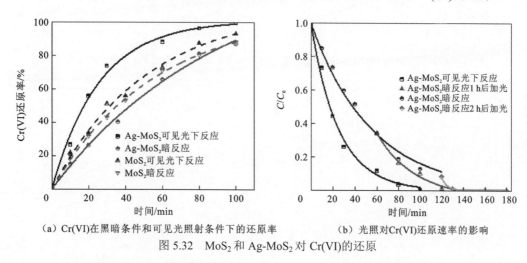

（a）Cr(VI)在黑暗条件和可见光照射条件下的还原率　　（b）光照对Cr(VI)还原速率的影响

图 5.32　MoS$_2$ 和 Ag-MoS$_2$ 对 Cr(VI)的还原

　　图 5.33 为溶液中各离子浓度的测试结果，其中 Mo 离子和总 Cr 离子（T-Cr）浓度用原子吸收光谱测定，Cr(VI)用二苯基碳酰二肼（diphenylcarbazide，DPC）分光光度法测定，Cr(III)则是 T-Cr 减去 Cr(VI)所得。在黑暗和光照条件下：溶液中 T-Cr 的浓度并没有发生明显的变化，说明 Cr 并没有被 MoS$_2$ 所吸附；而溶液中的 Cr(VI)含量却急剧降低，Cr(III)含量相应上升，这表明 Cr(VI)确实被还原为 Cr(III)。同时，在黑暗及光照条件下，溶液中的 Mo 离子浓度均随着时间逐渐升高，相关研究表明 Mo 在溶液中的存在形式为 HMoO$_4^-$ 和 MoO$_4^-$，由此可见 MoS$_2$ 中 Mo(IV)被氧化为 Mo(VI)（Jia et al.，2018；Zhang et al.，2017）。因此，Cr(VI)在黑暗条件下也可被还原是获得了 Mo 氧化所产生的电子所致，为化学还原。而在光照条件下，溶液中同样有 Mo(VI)的存在，说明该条件下 MoS$_2$ 光催化还原与化学还原的协同作用导致 Cr(VI)的快速还原。

　　为了进一步证实 MoS$_2$ 在还原 Cr(VI)过程中被氧化，对反应前后的 Ag-MoS$_2$ 进行了 XPS 测试。图 5.34（a）为反应前 Ag-MoS$_2$ 中 Mo 的窄谱分析结果，两个特征峰分别位于 229.05 eV 和 232.25 eV，分别代表 MoS$_2$ 中 Mo 3d$_{5/2}$ 和 Mo 3d$_{3/2}$。位于 230.4 eV 和 233.4 eV 的峰对应 Mo$_2$S$_5$ 相，位于 234.47 eV 的峰代表 MoS$_3$ 相，这是由水热过程中的不完全反应导致的（Wang et al.，1997）。在光催化反应后[图 5.34（b）]，对于 Mo 的窄谱而言，在 235.75 eV 出现一个新的特征峰，为 MoO$_3$ 的特征峰，而其他峰保持不变（Wang et al.，2018）。图 5.34（c）为反应前 S 的窄谱分峰，由图可知，3 个特征峰分别位于 161.95 eV、163.15 eV 和 164.25 eV，分别代表着 MoS$_2$ 相中的 S 2p$_{3/2}$、S 2p$_{1/2}$ 及 MoS$_3$

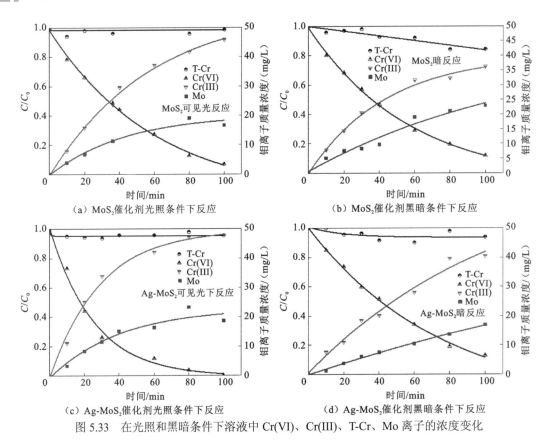

（a）MoS₂催化剂光照条件下反应

（b）MoS₂催化剂黑暗条件下反应

（c）Ag-MoS₂催化剂光照条件下反应

（d）Ag-MoS₂催化剂黑暗条件下反应

图 5.33　在光照和黑暗条件下溶液中 Cr(VI)、Cr(III)、T-Cr、Mo 离子的浓度变化

相（Choi et al.，2018；Wang et al.，1997）。同样的，在反应后[图 5.34（d）]，168.8 eV 处出现一个新的小峰（S^{6+}），说明在反应后 S(II) 被氧化为 S(VI)（Saha et al.，2016）。上述结果表明，在光催化还原 Cr(VI) 过程中，MoS_2 确实被氧化，而其氧化产生的电子对 Cr(VI) 的还原具有突出贡献。

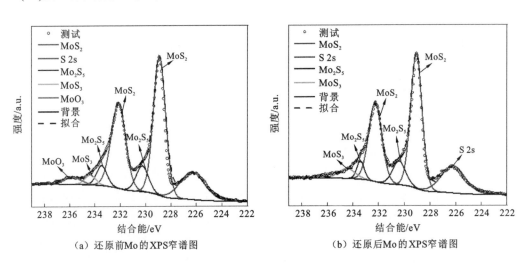

（a）还原前Mo的XPS窄谱图

（b）还原后Mo的XPS窄谱图

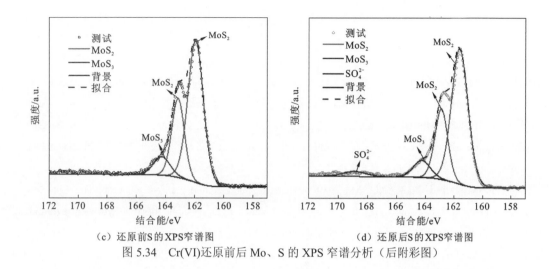

（c）还原前S的XPS窄谱图　　　　　　　（d）还原后S的XPS窄谱图

图 5.34　Cr(VI)还原前后 Mo、S 的 XPS 窄谱分析（后附彩图）

MoS$_2$氧化产生的电子虽然可以促进 Cr(VI)的还原，但是 MoS$_2$ 的结构遭到破坏，这也降低了 MoS$_2$ 的光催化活性及循环性能。如图 5.35 所示，在 4 个循环后 Ag-MoS$_2$ 的催化性能下降至 71%。为了探究催化能力下降的原因，对 Ag-MoS$_2$ 催化前后进行拉曼光谱分析。如图 5.35 所示，MoS$_2$ 的两个特征峰分别位于 377.05 cm^{-1} 和 404.01 cm^{-1}，分别代表着 Mo 原子、S 原子的面内振动和面外振动。在 4 次循环后，特征峰的峰强降低并发生了红移，这可能是由 MoS$_2$ 片层厚度的降低和 MoS$_2$ 的氧化导致的（Li et al.，2012）。因此，MoS$_2$ 的氧化在还原 Cr(VI)中起到"双刃剑"的作用，一方面促进 Cr(VI)的还原去除，另一方面降低了循环性能。

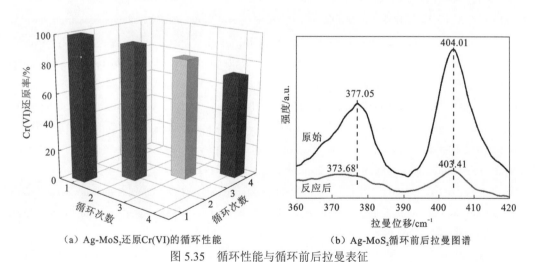

（a）Ag-MoS$_2$还原Cr(VI)的循环性能　　　（b）Ag-MoS$_2$循环前后拉曼图谱

图 5.35　循环性能与循环前后拉曼表征

参 考 文 献

ADDOU R, MCDONNELL S, BARRERA D, et al., 2015. Impurities and electronic property variations of natural MoS_2 crystal surfaces[J]. ACS Nano, 9: 9124-9133.

BOLAR S, SHIT S, KUMAR J S, et al., 2019. Optimization of active surface area of flower like MoS_2 using V-doping towards enhanced hydrogen evolution reaction in acidic and basic medium[J]. Applied Catalysis B: Environment, 254: 432-442.

CHAVA R K, DO J Y, KANG M, 2019. Enhanced photoexcited carrier separation in CdS-SnS$_2$ heteronanostructures: A new 1D-0D visible-light photocatalytic system for the hydrogen evolution reaction[J]. Journal of Materials Chemistry A, 7: 13614-13628.

CHEN P, LIANG Y, YANG B, et al., 2020. In Situ Reduction of Au(I) for efficient recovery of gold from thiosulfate solution by the 3D MoS_2/chitosan aerogel[J]. ACS Sustainable Chemistry Engineering, 8: 2-9.

CHOI J M, KIM S H, LEE S J, et al., 2018. Effects of pressure and temperature in hydrothermal preparation of MoS_2 catalyst for methanation reaction[J]. Catalysis Letters, 148: 1803-1814.

DING J, PRICE W E, RALPH S F, et al., 2003. Recovery of gold cyanide using inherently conducting polymers[J]. Polymer International, 52: 51-55.

DONG R, ZHONG Y, CHEN D, et al., 2019. Morphology-controlled fabrication of CNT@MoS_2/SnS$_2$ nanotubes for promoting photocatalytic reduction of aqueous Cr(VI) under visible light[J]. Journal of Alloys and Compounds, 784: 282-292.

ELLIS T W, 2004. The future of gold in electronics[J]. Gold Bulletin, 37: 66-71.

GALLAGHER N P, HENDRIX J L, MILOSAVLJEVIC E B, et al., 1990. Affinity of activated carbon towards some gold(I) complexes[J]. Hydrometallurgy, 25: 305-316.

GHEJU M, BALCU I, 2011. Removal of chromium from Cr(VI) polluted wastewaters by reduction with scrap iron and subsequent precipitation of resulted cations[J]. Journal of Hazardous Materials, 196: 131-138.

GINER-CASARES J J, HENRIKSEN-LACEY M, GARCÍA I, et al., 2016. Plasmonic surfaces for cell growth and retrieval triggered by near-infrared light[J]. Angewandte Chemie - International Edition, 55: 974-978.

GUERRA E, DREISINGER D, 1999. A study of the factors affecting copper cementation of gold from ammoniacal thiosulphate solution[J]. Hydrometallurgy, 51: 155-172.

HOA V H, TRAN D T, NGUYEN D C, et al., 2020. Molybdenum and phosphorous dual doping in cobalt monolayer interfacial assembled cobalt nanowires for efficient overall water splitting[J]. Advanced Functional Materials, 30: 1-12.

HONG X, KIM J, SHI S F, et al., 2014. Ultrafast charge transfer in atomically thin MoS_2/WS$_2$ heterostructures[J]. Nature Nanotechnology, 9: 682-686.

HUANG X, HOU X, SONG F, et al., 2016. Facet-Dependent Cr(VI) Adsorption of Hematite Nanocrystals[J]. Environmental Science Technology, 50: 1964-1972.

JEFFREY M I, HEWITT D M, DAI X, et al., 2010. Ion exchange adsorption and elution for recovering gold thiosulfate from leach solutions[J]. Hydrometallurgy, 100: 136-143.

JIA F, SUN K, YANG B, et al., 2018. Defect-rich molybdenum disulfide as electrode for enhanced capacitive deionization from water[J]. Desalination, 446: 21-30.

LI H, ZHANG Q, YAP C C R, et al., 2012. From bulk to monolayer MoS_2: Evolution of Raman scattering[J]. Advanced Functional Materials, 22: 1385-1390.

LI K, HUANG Z, ZHU S, et al., 2019. Removal of Cr(VI) from water by a biochar-coupled g-C_3N_4 nanosheets composite and performance of a recycled photocatalyst in single and combined pollution systems[J]. Applied Catalysis B Environmental, 243: 386-396.

LI S, LIU L, YU Y, et al., 2017. Fe_3O_4 modified mesoporous carbon nanospheres: Magnetically separable adsorbent for hexavalent chromium[J]. Journal of Alloys and Compounds, 698: 20-26.

LI Z, MENG X, ZHANG Z, 2018. Recent development on MoS_2-based photocatalysis: A review[J]. Journal of Photochemistry and Photobiology C: Photochemistry Reviews, 35: 39-55.

LIU M, HYBERTSEN M S, WU Q, 2020. A physical model for understanding the activation of MoS_2 basal-plane sulfur atoms for the hydrogen evolution reaction[J]. Angewandte Chemie International Edition, 59: 14835-14841.

LU D, WANG H, ZHAO X, et al., 2017. Highly efficient visible-light-induced photoactivity of Z-scheme g-C_3N_4/Ag/MoS_2 ternary photocatalysts for organic pollutant degradation and production of hydrogen[J]. ACS Sustainalbe Chemistry Engineering, 5: 1436-1445.

MILLS A, DAVIES R H, WORSLEY D, 1993. Water purification by semiconductor photocatalysis[J]. Chemical Society Review, 22: 417-425.

NEGISHI YUICHI, 2014. Toward the creation of functionalized metal nanoclusters and highly active photocatalytic materials using thiolate-protected magic gold clusters[J]. Award Accounts, 87: 375-389.

NARESH G, HSIEH P L, MEENA V, et al., 2019. Facet-dependent photocatalytic behaviors of ZnS-decorated Cu_2O polyhedra arising from tunable interfacial band alignment[J]. ACS Applied Materials and Interfaces, 11: 3582-3589.

PANG S K, YUNG K C, 2014. Prerequisites for achieving gold adsorption by multiwalled carbon nanotubes in gold recovery[J]. Chemical Engineering Science, 107: 58-65.

PARISE C, BALLARIN B, BARRECA D, et al., 2019. Gold nanoparticles supported on functionalized silica as catalysts for alkyne hydroamination: A chemico-physical insight[J]. Applied Surface Science, 492: 45-54.

PAROLA V LA, LONGO A, VENEZIA A M, et al., 2010. Interaction of gold with co-condensed and grafted HMS-SH silica: A 29Si {H-1} CP-MAS NMR spectroscopy, XRD, XPS and Au L III EXAFS study[J]. European Journal of Inorganic Chemistry, 23: 3628-3635.

PEARSON R G, 1968. Hard and soft acids and bases, HSAB, part 1: Fundamental principles[J]. Journal of Chemical Education, 45: 581.

PRASAD M S, MENSAH-BINEY R, PIZARRO R S, 1991. Modern trends in gold processing-overview[J]. Minerals Engineering, 4: 1257-1277.

RAVELLI D, DONDI D, FAGNONI M, et al., 2009. Photocatalysis: A multi-faceted concept for green chemistry[J]. Chemical Society Review, 38: 1999-2011.

SABARAYA I V, SHIN H, LI X, et al., 2021. Role of electrostatics in the heterogeneous interaction of two-dimensional engineered MoS_2 nanosheets and natural clay colloids: Influence of pH and natural organic matter[J]. Environmental Science Technology, 55: 1-10.

SAHA D, BARAKAT S, VAN BRAMER S E, et al., 2016. Noncompetitive and competitive adsorption of heavy metals in sulfur-functionalized ordered mesoporous carbon[J]. ACS Applied Materials and Interfaces, 8: 34132-34142.

SANTONI A, RONDINO F, MALERBA C, et al., 2017. Electronic structure of Ar^+ ion-sputtered thin-film MoS_2: A XPS and IPES study[J]. Applied Surface Science, 392: 795-800.

SHENG B, YANG F, WANG Y, et al., 2019. Pivotal roles of MoS_2 in boosting catalytic degradation of aqueous organic pollutants by Fe(II)/PMS[J]. Chemical Engineering Journal, 375: 121989.

SHI Y, HUANG J K, JIN L, et al., 2013. Selective decoration of Au nanoparticles on monolayer MoS_2 single crystals[J]. Scientific Reports, 3: 1-7.

SKELDON P, WANG H W, THOMPSON G E, 1997. Formation and characterization of self-lubricating MoS_2 precursor films on anodized aluminium[J]. Wear, 206: 187-196.

SYLVESTRE J P, POULIN S, KABASHIN A V, et al., 2004. Surface chemistry of gold nanoparticles produced by laser ablation in aqueous media[J]. Journal of Physical Chemistry B, 108: 16864-16869.

TSUJI I, KUDO A, 2003. H_2 evolution from aqueous sulfite under visible-light irradiation over Pb and halogen-codoped ZnS photocatalysts[J]. Journal of Photochemistry and Photobiology A: Chemistry, 156: 249-252.

WANG H W, SKELDON P, THOMPSON G E, 1997. XPS studies of MoS_2 formation from ammonium tetrathiomolybdate solutions[J]. Surface Coating Technology, 91: 200-207.

WANG X, PENG W C, LI X Y, 2014. Photocatalytic hydrogen generation with simultaneous organic degradation by composite CdS-ZnS nanoparticles under visible light[J]. International Journal of Hydrogen Energy, 39: 13454-13461.

WANG Z, SIM A, URBAN J J, et al., 2018. Removal and recovery of heavy metal ions by two-dimensional MoS_2 nanosheets: Performance and mechanisms[J]. Environmental Science Technology, 52: 9741-9748.

WANG Z, VON DEM BUSSCHE A, QIU Y, et al., 2016a. Chemical dissolution pathways of MoS_2 nanosheets in biological and environmental media[J]. Environmental Science Technology, 50: 7208-7217.

WANG Z, ZHU W, QIU Y, et al., 2016b. Biological and environmental interactions of emerging two-dimensional nanomaterials[J]. Chemical Society Review, 45: 1750-1780.

XIE L Y, ZHANG J M, 2016. Electronic structures and magnetic properties of the transition-metal atoms (Mn, Fe, Co and Ni) doped WS_2: A first-principles study[J]. Superlattices Microstruct, 98: 148-157.

XU H, LI H, WU C, et al., 2008. Preparation, characterization and photocatalytic properties of Cu-loaded $BiVO_4$[J]. Journal of Hazardous Materials, 153: 877-884.

YAMAZOE S, TAKANO S, KURASHIGE W, et al., 2016. Hierarchy of bond stiffnesses within icosahedral-based gold clusters protected by thiolates[J]. Nature Communcation, 7: 1-7.

YANG H, WEI W, MU C, et al., 2018. Electronic structure and optical properties of Ag-MoS$_2$ composite systems[J]. Journal of Physics D: Applied Physics, 51, 085303.

YUAN Y, YANG B, JIA F, et al., 2019. Reduction mechanism of Au metal ions into Au nanoparticles on molybdenum disulfide[J]. Nanoscale, 11: 9488-9497.

ZENG D W, YUNG K C, 2001. XPS investigation on Upilex-S polyimide ablated by pulse TEA CO$_2$ laser[J]. Applied Surface Science, 180: 280-285.

ZONG X, YAN H, WU G, et al., 2008. Enhancement of photocatalytic H$_2$ evolution on CdS by loading MoS$_2$ as cocatalyst under visible light irradiation[J]. Journal of the American Chemical Society, 130: 7176-7177.

ZHAN W, YUAN Y, YANG B, et al., 2020. Construction of MoS$_2$ nano-heterojunction via ZnS doping for enhancing in-situ photocatalytic reduction of gold thiosulfate complex[J]. Chemical Engineering Journal, 394: 124866.

ZHANG H, DREISINGER D B, 2004. The recovery of gold from ammoniacal thiosulfate solutions containing copper using ion exchange resin columns[J]. Hydrometallurgy, 72: 225-234.

ZHANG X, JIA F, YANG B, et al., 2017. Oxidation of molybdenum disulfide sheet in water under in situ atomic force microscopy observation[J]. Journal of Physical Chemistry C, 121: 9938-9943.

ZHAO W, LIU Y, WEI Z, et al., 2016. Fabrication of a novel p-n heterojunction photocatalyst n-BiVO$_4$@ p-MoS$_2$ with core-shell structure and its excellent visible-light photocatalytic reduction and oxidation activities[J]. Applied Catalysis B: Environmental, 185: 242-252.

ZHOU M, WANG B, ROZYNEK Z, et al., 2009. Minute synthesis of extremely stable gold nanoparticles[J]. Nanotechnology, 20: 505606.

二维辉钼矿纳米片
光催化降解有机污染物

6.1　二维辉钼矿纳米片光催化降解有机污染物原理

近年来，非均相光催化降解在水处理和环境修复等领域中的应用引起了人们的广泛关注（Boyjoo et al.，2017），这主要归因于其能利用太阳能产生高活性的自由基团，从而将各种有机污染物直接矿化。光催化降解有机污染物所用催化剂均为半导体，而半导体的光催化性能是由半导体的能带结构所决定的。在光照条件下，当半导体吸收的能量大于或等于带隙能时，价带电子就会跃迁到导带，从而产生具有高活性的电子-空穴对。电子迁移到半导体的表面，被空气中的氧气捕获生成超氧自由基（$\cdot O_2^-$），并与水中的氢离子（H^+）反应最后生成羟基自由基（$\cdot OH$）。而空穴可以将吸附在催化剂表面的氢氧根氧化生成羟基自由基。羟基自由基是具有强氧化性的自由基团，可以将有机污染物直接氧化成 CO_2、H_2O 等无机分子从而达到污水处理的效果（Liu et al.，2018a）。辉钼矿是一种典型的过渡金属硫化物，其带隙较窄，光响应范围广，在可见光下即可光致激发。此外，辉钼矿的能带结构随着其片层厚度的减小由间接带隙转变为直接带隙，且带隙能也从 1.2 eV 升高到 1.9 eV，从而提高光生载流子的分离效率，因此单层或少数层的辉钼矿纳米片具有优异的光催化性能。辉钼矿纳米片还可作为铁、钴、铜等活性离子的载体，用以光芬顿或类光芬顿反应降解水中污染物，这是由于辉钼矿纳米片具有极好的光响应性能，其光生电子不仅能有效活化双氧水或单过硫酸盐，还能促进反应体系内活性离子的循环。

6.2　辉钼矿纳米片基材料光催化降解染料

6.2.1　水中染料的危害及降解

我国是全球主要的染料生产国，染料产量约占世界总产量的 60%，因此排放的染料废水具有排水量大、有机污染物浓度高、色度深、碱性高及水质变化大等特点，属于难处理的工业废水。甲基橙是一种典型的偶氮染料，由对氨基苯磺酸经重氮化后与 N, N-二甲基苯胺反应而得，其分子中苯胺与苯磺酸钠基团由 N≡N 键相连，结构稳定，属于生物难降解有机物。此外其偶氮为不饱和键，在一定条件下偶氮基转化为芳香胺，而芳香胺对人体和动物均有致癌作用。亚甲基蓝是另一种具有代表性的阳离子染料，由于其浊色度较高，当其排放到江河湖海中后，水体的透明度将被降低，严重抑制水生植物的光合作用。此外，排入水体中的染料将消耗水体中的溶解氧，危及鱼类和其他水生生物的生存，严重破坏水生态平衡。而沉入水底的染料，会因厌氧分解而产生硫化氢等有害气体。此外大部分染料都具有一定毒性，并可通过食物链在水产物中不断富集，最终进入人体，进而对人体健康造成不同程度的损害，严重的甚至还会引发恶性肿瘤等疾病。

目前水体中染料的降解方法除了光催化降解技术，还有化学氧化法、电化学法及等离子体技术等。化学氧化法被认为是一种相对成熟的印染废水处理方法，一般采用臭氧、氧气、氯气和芬顿试剂等氧化剂对印染废水进行处理，它们可以将偶氮类染料分子中发色基团的不饱和键破坏，从而使印染废水脱色。化学氧化法中最常见的臭氧氧化法可以高效氧化降解废水中的有机物，所需设备简单且反应条件也比较温和，但是具有能耗大、处理费用比较高、臭氧的利用率偏低等缺点。电化学法的原理是利用电解的作用对印染废水中的污染物进行直接或间接的氧化还原，从而将水中的污染物转变为无毒无害的物质。电化学氧化法一般分为两种，直接法和间接法。直接法是由阳极直接氧化来去除污染物，而间接法则是由阳极反应产生的高活性基团对废水中的污染物进行降解。电化学法因其操作容易、处理要求低且反应过程中往往不需要添加任何化学试剂而被广泛应用于污水处理中，但是电极的选择性、反应活性及电极材料的优化等问题限制了它在工业生产上的应用。等离子体水处理技术是一种集高能电子轰击、化学氧化、紫外光照射等多种作用于一体的废水处理新型技术，与常规废水处理技术相比，具有反应时间短、处理效果好等优点。介质阻挡放电作为常见的产生低温等离子体的技术，其对印染废水的作用机理也是以大量活性自由基团的生成为基础的。介质阻挡放电产生的高能电子轰击废水分子，将引发一系列的电解和离解作用，从而产生臭氧和羟基自由基等高活性基团，最终实现印染废水的脱色和矿化。

6.2.2　辉钼矿/蒙脱石纳米片复合材料光催化降解甲基橙

1. 辉钼矿/蒙脱石纳米片复合材料光催化降解性能

虽然辉钼矿纳米片具有较好的光催化性能，但由于辉钼矿纳米片巨大的表面能和强疏水性，其在应用过程中易于团聚从而严重降低其催化性能。蒙脱石是储量丰富的天然黏土矿物之一，具有极好的表面润湿性且易于水化膨胀剥离，因此蒙脱石可作为辉钼矿纳米片理想的催化载体，以提高辉钼矿纳米片在水溶液中的分散性能，从而提高其光催化性能。

研究表明，蒙脱石纳米片的基面永久带负电，而其端面在酸性条件下会吸附水溶液的 H^+ 从而带正电荷（Hagen et al.，2014），因此在酸性溶液中蒙脱石纳米片之间会通过端面和基面间的静电作用力进行自组装，最终形成三维多孔的卡房结构。该结构的构建可以有效抑制辉钼矿纳米片的堆叠，从而增大其比表面积。Yang 等（2020）通过在卡房结构的蒙脱石纳米片上负载二硫化钼，提高了二硫化钼在水溶液中的分散性能。为评估辉钼矿/蒙脱石纳米片复合材料的光催化降解性能，以甲基橙为污染物模型、硼氢化钠（NaBH$_4$）为牺牲剂进行降解试验，结果如图 6.1（a）所示。由于 NaBH$_4$ 具有强还原性，NaBH$_4$ 在溶液中会部分分解造成甲基橙约 10%的降解。当该体系中加入蒙脱石纳米片后，甲基橙的降解率仍然保持在 10%左右，说明蒙脱石对甲基橙的降解无显著影响。而加入辉钼矿纳米片后，甲基橙的降解率显著提高，在 120 min 后维持在 48.6%左右，说明辉钼矿能对甲基橙进行催化降解但效率不高。当以辉钼矿/蒙脱石纳米片复合材料为催化剂时，甲基橙被快速降解，120 min 后的降解率高达 98.6%。且从图 6.1（c）可以看出，随着降解时间的延长，甲基橙溶液的颜色快速变浅，在 60 min 后溶液几乎变为透明，说明辉钼矿/蒙脱石纳米片复合材料对甲基橙具有优异的光催化降解活性。此外通过准一级动力学方程：$\ln(C_t/C_0)=-kt$ 对降解数据进行拟合，发现辉钼矿/蒙脱石纳米片复合材料对甲基橙的降解速率（0.0328 min^{-1}）约为单独辉钼矿（0.0045 min^{-1}）的 7.3 倍，表明以卡房结构蒙脱石纳米片作载体能显著增强辉钼矿的光催化性能（Zhong et al.，2012）。该结果可能归因于卡房结构蒙脱石纳米片的存在极大地提高了二硫化钼暴露活性位点的密度及其在水溶液中的分散性。随后对辉钼矿/蒙脱石纳米片复合材料的循环稳定性进行考察，结果如图 6.1（b）所示，经过 5 次光催化降解循环后，该复合物对甲基橙的降解率维持在 94.54%，说明该催化剂具有优异的循环稳定性。由于该复合材料具有成本低、制备方法简单、催化性能优异等优点，其在环境修复领域具有较大的应用前景。

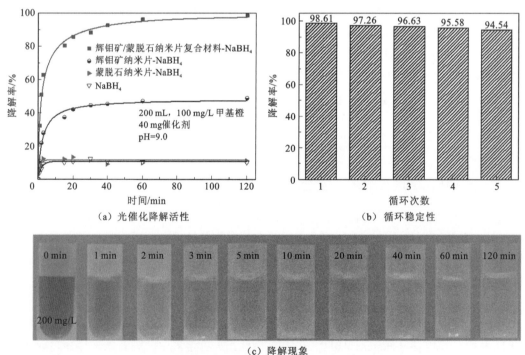

图 6.1　辉钼矿/蒙脱石纳米片复合材料催化降解性能（后附彩图）

2. 辉钼矿/蒙脱石纳米片复合材料光催化降解机理

通过测试分析，该复合材料对甲基橙的降解机理如图 6.2 所示，当 $NaBH_4$ 加入甲基橙溶液中后，部分 $NaBH_4$ 分子与水分子之间相互作用并水解释放少量氢原子。当甲基橙的偶氮键和醌亚胺结构与氢原子相接触时，甲基橙就会被还原分解。但 $NaBH_4$ 水解生成的氢原子数量有限，从而限制了其对甲基橙的分解性能。当体系内加入辉钼矿后，辉钼矿催化活性位点所产生的光生电子会促进 $NaBH_4$ 的水解，使得大量的氢原子迅速释放到溶液中，从而促进甲基橙的快速分解。而对于辉钼矿/蒙脱石纳米片复合材料，由于其在水溶液中具有优异的分散性和巨大的比表面积，会显著增加辉钼矿催化活性位点的数量，同时提高其与 $NaBH_4$ 分子间的碰撞概率。因此，大量 $NaBH_4$ 分子被催化水解并产生更多的氢原子，以促进甲基橙的降解，从而该复合材料对甲基橙的降解具有优异的催化活性。

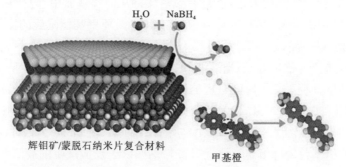

图 6.2　辉钼矿/蒙脱石纳米片复合材料对甲基橙的催化降解机理（后附彩图）

6.2.3　Fe-辉钼矿纳米片光芬顿降解亚甲基蓝

芬顿降解是处理印染废水的常用方法之一，可利用价格低廉的铁离子实现过氧化氢（H_2O_2）的高效活化和有机物的有效降解。但由于溶液 pH 要求苛刻、铁离子难以回收、铁泥的生成和二次污染，芬顿降解的应用受到了极大的限制。得益于辉钼矿纳米片的窄带隙和较强的光吸收能力，辉钼矿纳米片在可见光下即能有效光激发并产生大量光生电子（Giannakis，2019）。而据文献报道，光生电子不仅能活化过氧化氢，还能促进 Fe^{3+}/Fe^{2+} 循环，从而抑制体系内铁泥的产生，因此辉钼矿纳米片可作为铁离子的理想载体用以芬顿降解有机污染物（Liu et al.，2018b）。Liu 等（2018b）将 Fe^{2+} 引入辉钼矿纳米片上制备了 Fe-辉钼矿纳米片，随后就其芬顿降解亚甲基蓝的性能进行评估，并对降解机理进行详细探究。

1. Fe-辉钼矿纳米片的光芬顿降解性能

为确定 Fe-辉钼矿纳米片催化活性的优越性，Liu 等（2018b）首先进行了对照试验，结果如图 6.3（a）所示。在不添加催化剂及 H_2O_2、只光照的条件下，反应前后溶液中亚甲基蓝的浓度无变化，表明亚甲基蓝具有光稳定性。当辉钼矿纳米片加入亚甲基蓝溶液中光照 120 min 后，亚甲基蓝的浓度下降约 2.6%，这归因于辉钼矿纳米片光催化产生少量·OH 以致亚甲基蓝降解（Liu et al.，2016）。而在 H_2O_2 与光照的协同作用下，81.6% 的亚甲基蓝被降解，归因于光照条件下 H_2O_2 部分分解产生·OH 用于矿化亚甲基蓝，如式（6.1）和式（6.2）所示。

$$H_2O_2 + h\nu \longrightarrow \cdot OH \tag{6.1}$$

$$MB + \cdot OH \longrightarrow 无机产物 \tag{6.2}$$

在黑暗条件下，当 H_2O_2 和 Fe-辉钼矿纳米片同时加入亚甲基蓝溶液中时，仅 5%的亚甲基蓝被去除。这可能是因为体系内的 Fe^{2+} 被快速消耗，H_2O_2 难以被有效活化，从而导致体系内·OH 的浓度较低。然而随着可见光的引入，亚甲基蓝的降解率在 60 min 内激增至 100%。这是由于光照条件下，辉钼矿纳米片光激发所产生的电子能将体系内的 Fe^{3+} 还原为 Fe^{2+}，保证体系内 H_2O_2 能被有效活化，从而实现亚甲基蓝的高效降解。

为考察 Fe-辉钼矿纳米片/H_2O_2 体系中，溶液 pH 对亚甲基蓝降解的影响，在 pH 为 3、6、9 时进行了亚甲基蓝的芬顿降解试验，结果如图 6.3（b）所示。当溶液 pH 大于 6 时，亚甲基蓝的完全降解需要 2 h，而当溶液 pH 为 3 时，亚甲基蓝的完全降解仅需 1 h。该结果表明酸性环境有利于芬顿降解过程的进行，这可能是由于溶液中较高的 OH 浓度会抑制 H_2O_2 的活化（Gogate et al.，2004）。此外，体系中 H_2O_2 及 Fe-辉钼矿纳米片用量对亚甲基蓝降解的影响如图 6.3（c）和（d）所示。显然，随着 H_2O_2 及 Fe-辉钼矿纳米片用量的增加，亚甲基蓝的降解速率逐渐升高，这归因于反应产生的高浓度·OH。然而，亚甲基蓝的降解速率并没有随 H_2O_2 及 Fe-辉钼矿纳米片用量增加成比例上升。这是因为在较高的 H_2O_2 初始浓度下，部分·OH 会被 H_2O_2 捕获，然后转化为活性较差的 $HO_2\cdot$，如式（6.4）和式（6.5）（Chen et al.，2009）所示。而对于 Fe-辉钼矿纳米片而言，其较高用量会抑制亚甲基蓝溶液中的光传导，不利于 Fe^{3+} 的光催化还原，因此较高的 Fe-辉钼矿纳米片用量不利于亚甲基蓝的芬顿降解。

$$Fe^{2+} + H_2O_2 \longrightarrow Fe^{3+} + OH^- + \cdot OH \tag{6.3}$$

$$H_2O_2 + \cdot OH \longrightarrow HO_2\cdot + H_2O \tag{6.4}$$

$$HO_2\cdot + \cdot OH \longrightarrow H_2O + O_2 \tag{6.5}$$

芬顿催化剂的循环稳定性对其实际应用具有重要意义，在 pH 为 3、6 和 9 的条件下就 Fe-辉钼矿纳米片对亚甲基蓝降解的循环稳定性进行考察。结果发现当溶液 pH=6 时，5 次降解循环后 Fe-辉钼矿纳米片对亚甲基蓝的降解率仍能达到 100%。尽管当溶液 pH 为 3 和 9 时，Fe-辉钼矿纳米片对亚甲基蓝的降解性能略有下降，但是降解率仍大于 97%，说明 Fe-辉钼矿纳米片具有优异的循环降解性能。随后通过原子吸收光谱仪对各 pH 条件下反应后溶液中浸出离子浓度进行测定，以评估 Fe-辉钼矿纳米片的化学稳定性。研究结果表明，在碱性环境下辉钼矿的损失量最大，而在酸性条件下铁离子的浸出量最大。这归因于碱性环境中辉钼矿易于氧化，并以 MoO_4^{2-} 的形式溶解于水中。而在酸性环境中，辉钼矿纳米片的表面电位显著降低，从而辉钼矿纳米片与铁离子间的经典作用力急剧减小，导致铁离子有较大的损失。

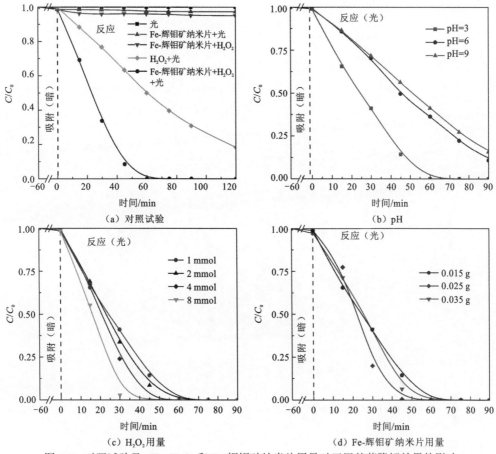

图 6.3　对照试验及 pH、H_2O_2 和 Fe-辉钼矿纳米片用量对亚甲基蓝降解效果的影响

2. Fe-辉钼矿纳米片的光芬顿降解机理

不同降解时间下亚甲基蓝的紫外吸收图谱如图 6.4（a）所示，随着反应进行，亚甲基蓝在波长为 664 nm 和 292 nm 处的特征吸收峰强度迅速减弱，归因于亚甲基蓝分子中杂多环芳烃键和苯环的快速分解（Fayazi et al.，2016）。随后采用离子色谱对亚甲基蓝光芬顿降解后的产物进行分析，从图 6.4（b）可以看出，除亚甲基蓝溶液本身的 H_2O 和 Cl^- 的特征峰外，NO_2^-、NO_3^-、SO_4^{2-} 和 $HCOO^-$ 的特征峰同样可以被监测到，该结果说明通过 Fe-辉钼矿纳米片的光芬顿催化降解，部分亚甲基蓝分子被完全矿化为无机分子。

图 6.4 显示了 Fe-辉钼矿纳米片对亚甲基蓝的光芬顿降解机理。黑暗条件下，由于 Fe^{3+} 不能被有效还原为 Fe^{2+}，Fe-辉钼矿纳米片-H_2O_2 体系中 Fe^{3+}/Fe^{2+} 循环被阻碍，造成 Fe^{2+} 急剧消耗，从而亚甲基蓝的降解效率较低。而光照条件下，由于辉钼矿纳米片具有优异的光响应性能，其光激发所产生的电子能高效还原 Fe^{2+}，显著促进芬顿体系中 Fe^{3+}/Fe^{2+} 的循环，同时光生空穴同样也能实现 H_2O_2 的活化。因此光照条件下，辉钼矿纳米片作为载体不仅可以固定铁离子从而实现铁离子的有效回收，还能显著促进铁离子对 H_2O_2 的活化，从而提高亚甲基蓝的降解效率。

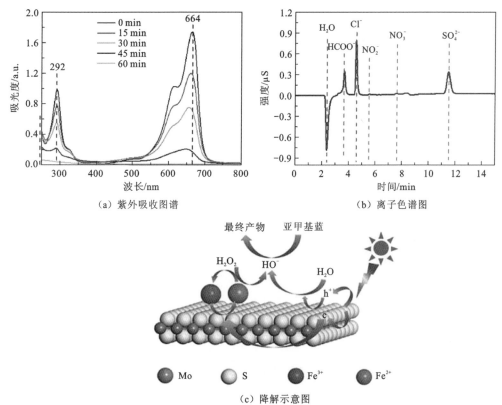

(a) 紫外吸收图谱   (b) 离子色谱图

(c) 降解示意图

图 6.4 Fe-辉钼矿纳米片对亚甲基蓝的光芬顿降解机理（后附彩图）

6.3 钴掺杂辉钼矿纳米花类光芬顿降解抗生素

6.3.1 抗生素的危害及降解

从工厂、医院和农场中排放抗生素污染物已成为一个严重且全球性的环境问题。这是因为这些抗生素污染物可以选择性抑杀一些环境微生物，也能够诱导一些抗药菌群的产生，从而导致其特殊的生态毒理效应。此外，一些抗生素还具有与传统污染物类似的毒性作用，例如"三致"效应等。环境中抗生素的广泛存在可以导致环境菌群结构失调，诱发耐药菌产生。环境中部分微生物长期暴露于低浓度的抗生素中，会逐渐适应这种环境，并形成一定的抗生素耐药性。同时，低浓度的抗生素对环境中的微生物起到了选择性作用，即具有耐药性的微生物得到了保留并繁殖，而对抗生素敏感的种群消失，其直接后果就是使耐药微生物成为环境中的优势菌株并且不断繁殖传播，进而对人类生存环境造成极大的危害。除能诱发环境菌群抗药性，抗生素污染物还具有其他的生态毒理效应。虽然低浓度混合抗生素的持续存在对高等生物体产生的影响目前还不明确，但环境中抗生素的危害却不容忽视。例如，水产养殖中经常使用的硝基呋喃类抗生素具有较强的致癌作用，而磺胺类抗生素可诱发啮齿动物的甲状腺增生，具有致肿瘤倾向。氧氟沙星（ofloxacin，OFX）是广谱抗生素中的二代氟喹诺酮类抗生素（Ge et al.，2015），其已在各种水体中被广泛检测到，例如医院废水（35 µg/L）、城市污水处理厂废水（1.8 µg/L）和地表水（0.5 µg/L）（Hapeshi et al.，2010）。因此迫切需要开发出高效和可持续的方法来降解水体中的 OFX 来最大程度地减少其危害。

水体中抗生素污染物的处理方法多种多样，主要包括吸附法、膜生物反应器法、生化法、高级氧化法（湿式氧化法、芬顿-类芬顿技术、光催化氧化法、电化学高级氧化法等）、混凝沉淀法及不同处理方法联用等（Zhou et al.，2018）。大部分方法在水中抗生素残留处理研究中取得了较为理想的效果，但同时存在一定的局限性，例如：混凝沉淀法去除速率缓慢，且因普遍投入大批化学药剂导致污染物处理后废渣形成和堆积，堆积的废渣目前并没有对应完善的处理方法，所以给实际工程应用的可持续发展带来巨大的考验和难题；湿式氧化法与传统湿式氧化法相比具有很多优势，如反应条件温和、有机物去除率高、无二次污染、反应时间短、能量消耗低、设备腐蚀小等，然而在实际推广应用方面仍然有较大的阻碍，即高温高压的实验条件、过程中有机酸的出现，工程设备的材料需要耐高温、耐高压、耐腐蚀，因此前期设备费用高，造成系统的一次性投资依然较高；膜生物反应器法、臭氧氧化法和光/电化学氧化法均能在一定设定条件下高效处理水中微污染物，然而同样由于高的预算成本、存在膜污染及二次污染等问题，实际应用较少；同样，由于芬顿-类芬顿技术应用中需要添加大量过氧化氢药剂，材料成本较高，处理环境偏酸性且后期产生的污泥多，无法被大规模应用于实际水处理领域。这几种技术的缺点严重限制了其在实际污水处理中的应用。因此，针对水中典型目标抗生素去除研究，结合安全可靠、操作简单的水处理方法，开发高效、经济的新材料是十分必要的。

基于硫酸根自由基（$SO_4^-\cdot$）的高级氧化技术已成为目前抗生素降解去除的重点研究方向，这是由于 $SO_4^-\cdot$ 具有更高的氧化电位（2.5～3.1 V vs. NHE）、更长的半衰期（30～40 µs）、高选择性和广泛的 pH 适应范围（Kong et al.，2019）。$SO_4^-\cdot$ 一般可以通过对单过硫酸氢钾（peroxymonosulfate，PMS）进行光分解、热分解或化学活化产生，其中含过渡金属（如 Co、Fe、Cu、Mn 和 Ru 等）基复合材料被认为是 PMS 活化优异的催化剂。体系中 $SO_4^-\cdot$ 的产量主要取决于催化剂对 PMS 的吸附能力（Chen et al.，2019），而传统的过渡金属基复合材料对 PMS 的吸附能力并不理想。因此，有必要开发对 PMS 具有较高吸附性能的新材料，以实现 PMS 的更有效活化。

辉钼矿是一种过渡金属硫化物，其在光催化析氢和有机物降解领域表现出优异的性能，这归因于其较窄的能带间隙及 S—Mo—S 键诱导的高效电子转移。此外，Zhou 等（2020）发现辉钼矿对 PMS 分子具有较强的亲和力，并且还尝试使用辉钼矿活化 PMS 进行卡马西平降解。在辉钼矿-PMS 体系中，当初始溶液的 pH 为 3~9 时，反应 40 min 后卡马西平的降解率均超过 95%，表明在广泛 pH 范围内辉钼矿能有效活化 PMS 并实现卡马西平的高效降解。但辉钼矿层间距（0.298 nm）太窄，反应物无法进入其层间，导致辉钼矿催化活性位点数量较少。考虑分级结构材料巨大的比表面积和连通孔结构能促进反应物在材料内部的扩散和交换，Chen 等（2020）制备了具有分级结构的 Co-辉钼矿纳米花（Co-MoS$_2$ NFs）并将其作为催化剂用以 PMS 活化和 OFX 降解。

6.3.2　钴掺杂辉钼矿纳米花的类光芬顿降解性能

为了评估 Co-MoS$_2$ NFs 对 OFX 的类光芬顿催化降解活性，首先进行对照试验。结果如图 6.5（a）所示，当单独将 PMS 添加到 OFX 溶液中时，检测到 OFX 轻微降解，表明 PMS 的缓慢自分解。而单独将 Co-MoS$_2$ NFs 加入 OFX 溶液，观察到其对 OFX 的吸附作用很弱，且可见光的引入对该体系中 OFX 的降解几乎没有影响。相反，将 Co-MoS$_2$ NFs 和 PMS 同时添加到 OFX 溶液中，OFX 在 30 min 内被迅速降解。此外，该体系引入可见光后，OFX 的降解率增强了约 10%，表明可见光的照射可以显著促进 Co-MoS$_2$ NFs 对 PMS 的活化。为了进一步研究 Co-MoS$_2$ NFs 的催化活性，通过拟合拟一级方程，对 OFX 降解的表观速率常数进行计算，公式如下（Li et al.，2019）：

$$-\ln(C_t/C_0) = k_{obs}t \tag{6.6}$$

式中：C_0 和 C_t 分别为在开始和 t 时溶液中 OFX 的浓度；k_{obs} 为 OFX 降解的表观速率常数。

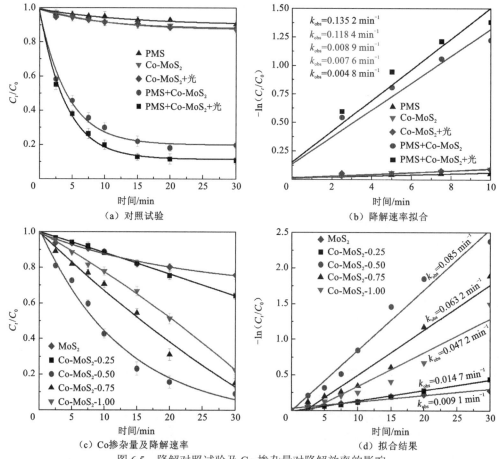

图 6.5　降解对照试验及 Co 掺杂量对降解效率的影响

对照试验降解数据的拟合结果如图 6.5（b）所示，可以看出，$Co-MoS_2$ NFs-PMS 体系中 OFX 的 k_{obs} 远大于单一的 PMS 体系，这表明 $Co-MoS_2$ NFs 对 PMS 的活化具有巨大的催化活性。另外，引入可见光后，$Co-MoS_2$ NFs-PMS 体系中 OFX 的 k_{obs} 升高约 14%，这也证明了可见光照射对 PMS 活化显著的促进作用。该工作同样探讨了 Co 掺杂量对 $Co-MoS_2$ NFs 催化活性的影响，结果如图 6.5（c）和（d）所示。可以看出，随着 Co 掺杂量的增加，OFX 降解率先快速升高，后急剧下降，揭示了 Co 掺杂量对 $Co-MoS_2$ NFs 的催化剂活性具有重大影响。此外，$Co-MoS_2$-0.5 NFs 的 k_{obs} 约为纯辉钼矿纳米花的 9.34 倍，表明 $Co-MoS_2$-0.5 NFs 的高催化活性。

溶液 pH 会显著影响 PMS 的活化，本小节分析溶液 pH 对 OFX 降解率的影响，结果如图 6.6（a）所示。当溶液的 pH 为 3～9 时，OFX 可以在 30 min 内被高效降解，且随着溶液 pH 的升高，k_{obs} 逐渐升高。而溶液 pH 为 11 时，OFX 的降解率很低，这归因于在强碱条件下 $Co-MoS_2$ NFs 的表面呈现强负电性，这极大地抑制了其与 PMS 的相互作用。此外，由于阴离子普遍存在于大多数废水中，本小节详细研究 $Co-MoS_2$-0.5 NFs-PMS 体系中常见的阴离子（NO_3^-、Cl^-、SO_4^{2-} 和 HCO_3^-）对 OFX 降解的影响，结果如图 6.6（b）所示。由于体系中有无 SO_4^{2-} 时 OFX 的降解数据几乎重合，认为 SO_4^{2-} 对 OFX 降解的影响可以忽略不计。而对于 NO_3^-，由于 NO_3^- 能通过反应[式（6.7）和式（6.8）]对自由基进行猝灭，OFX 的降解略微受到 NO_3^- 的抑制。一旦将 Cl^- 和 HCO_3^- 加入 $Co-MoS_2$-0.5 NFs-PMS 体系中，OFX 的降解就会受到极大的抑制，这归因于 $SO_4^-\cdot$ 和 $\cdot OH$ 均会与 Cl^- 和 HCO_3^- 通过反应[式（6.9）～式（6.12）]进行优先作用（Zheng et al.，2019）。

$$NO_3^- + SO_4^-\cdot \longrightarrow SO_4^{2-} + NO_3\cdot \qquad (6.7)$$

$$NO_3^- + \cdot OH \longrightarrow OH^- + NO_3\cdot \qquad (6.8)$$

$$Cl^- + SO_4^-\cdot \longrightarrow SO_4^{2-} + Cl\cdot \qquad (6.9)$$

$$Cl^- + \cdot OH \longrightarrow ClOH^-\cdot \qquad (6.10)$$

$$HCO_3^- + SO_4^-\cdot \longrightarrow SO_4^{2-} + HCO_3\cdot \qquad (6.11)$$

$$HCO_3^- + \cdot OH \longrightarrow H_2O + CO_3^-\cdot \qquad (6.12)$$

通过循环试验对 $Co-MoS_2$-0.5 NFs 的催化稳定性进行评估，结果如图 6.6（c）所示。在 4 次连续的降解循环中，OFX 的降解率分别为 91.1%、87.1%、85.3% 和 80.2%，表明 $Co-MoS_2$-0.5 NFs 优异的催化稳定性。另外，自第二次循环以后，可以通过延长反应时间实现更高的 OFX 降解率。为评估循环过程中 $Co-MoS_2$-0.5 NFs 的化学稳定性，通过电感耦合等离子体发射光谱仪对每次循环反应后溶液中的 Co 离子浓度进行检测，结果如图 6.6（d）所示。$CoFe_2O_4$ 由于具有很强的 Fe-Co 相互作用，被认为是最稳定的 PMS 活化催化剂之一。但 $Co-MoS_2$-0.5 NFs 每次循环后的 Co 离子质量浓度均低于 0.15 mg/L，这远低于 $CoFe_2O_4$-PMS 体系中 Co 离子的浸出量（Chen et al.，2018），这证明了 $Co-MoS_2$-0.5 NFs 优异的化学稳定性。

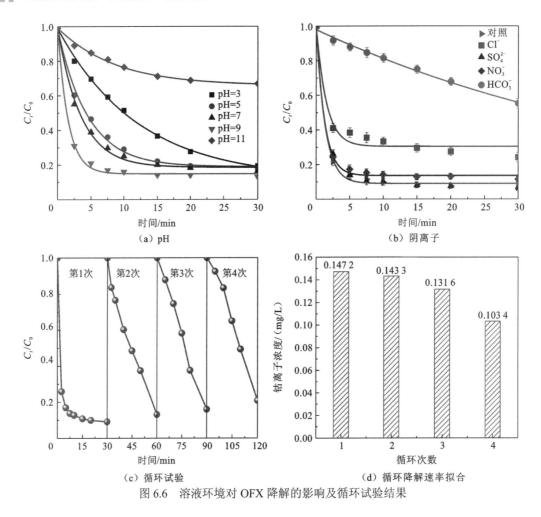

图 6.6　溶液环境对 OFX 降解的影响及循环试验结果

6.3.3　钴掺杂辉钼矿纳米花的类光芬顿降解机理

以 5, 5-二甲基-1-吡咯啉-N-氧化物（5, 5-Dimethyl-1-pyrroline-N-oxide，DMPO）和 2, 2, 6, 6-四甲基-4-哌啶酮（2, 2, 6, 6-Tetramethyl-4-piperidone，TEMP）作为捕获剂，进行了电子顺磁共振（electron paramagnetic resonance，EPR）实验以检测反应体系中的活性物质。由于在单独的 PMS 体系中没有任何 EPR 信号被检测到，说明该体系中无反应活性物质产生。而对于 Co-MoS$_2$-0.5 NFs-PMS 体系，七重态的 $1:2:1:2:1:2:1$ EPR 信号可以被观察到[图 6.7（a）]，该信号是 DMPO-OH 和 DMPO-SO$_4$ 的组合信号（Nie et al.，2019）。另外，三重态的 $1:1:1$ 型 TEMP-^{1}O$_2$ 信号（$\alpha_N = 17.24$ G）同样可以被检测到（Li et al.，2020）。这些结果表明，在可见光照射下，Co-MoS$_2$-0.5 NFs-PMS 体系中生成了·OH、SO$_4^-$·和 ^{1}O$_2$。值得注意的是，EPR 谱中未检测到 O$_2^-$·的信号，这归因于 DMPO-O$_2^-$·信号峰与 DMPO-x 信号峰的重叠。由于甲醇（MeOH）可以用作 SO$_4^-$·和·OH 的淬灭剂，而 TBA 只能作为 SO$_4^-$·的淬灭剂，为了进一步评估每种自由基对 Co-MoS$_2$-0.5 NFs-PMS 体

系中 OFX 降解的贡献，使用 MeOH 和 TBA 作为淬灭剂进行淬灭测试。如图 6.7（c）所示，随着体系中 MeOH 含量的增加，OFX 的降解受到显著的抑制，当 MeOH 的用量为 200 mmol/L 时，OFX 的降解率从 93.5% 降低到 46.1%。而 TBA 的引入对 OFX 降解无显著影响［图 6.7（d）］。此外，当 Co-MoS$_2$-0.5 NFs-PMS 体系中 MeOH 的摩尔浓度（200 mmol/L）为 PMS 的 80 倍左右时，体系内的 SO$_4^-$· 应该被全部淬灭。但 OFX 的降解率仍然可以达到 46.1%，表明体系内的 ^{1}O$_2$ 参与了 OFX 的降解。这些结果表明，SO$_4^-$· 和 ^{1}O$_2$ 是 OFX 降解中主要的活性基团，而 ·OH 几乎不参与 OFX 的降解。

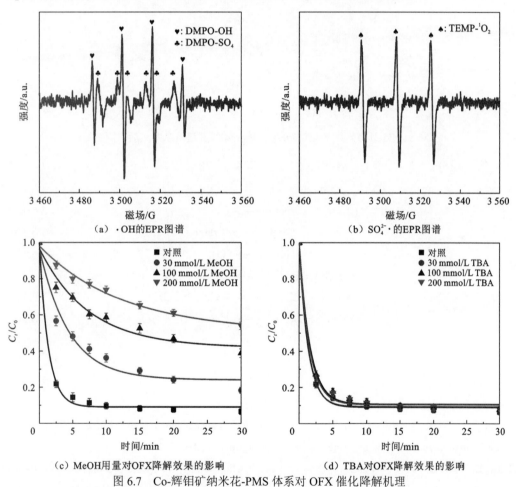

（a）·OH的EPR图谱　　　　　　（b）SO$_4^{2-}$·的EPR图谱

（c）MeOH用量对OFX降解效果的影响　　　（d）TBA对OFX降解效果的影响

图 6.7　Co-辉钼矿纳米花-PMS 体系对 OFX 催化降解机理

根据上述研究结果，就 Co-辉钼矿纳米花对 OFX 的催化降解机理进行总结，如图 6.8 所示。Co-辉钼矿纳米花在可见光下对 PMS 的活化机制可分为两部分（Zhang et al.，2019）。第一部分：在可见光照射下，Co-辉钼矿纳米花被光激发从而产生光生电子和空穴。随后光生电子既可对 PMS 进行活化生成 SO$_4^-$·，也可对体系中的溶氧进行还原从而生成 O$_2^-$·。而光生空穴既可对水分子进行氧化生成 ·OH，也可对 O$_2^-$· 进行氧化从而生成 ^{1}O$_2$。第二部分：辉钼矿纳米花中掺杂的 Co(II) 也可作为 PMS 活化的催化剂，从而产生大量的 SO$_4^-$·。随后 SO$_4^-$· 和 ^{1}O$_2$ 对 OFX 进行氧化，将 OFX 降解为有机小分子或无机分子，从而降低

OFX 对生态系统的危害。

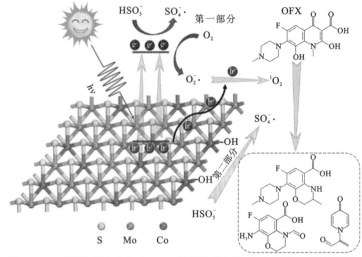

图 6.8　Co-辉钼矿纳米花对 OFX 的催化降解机理示意图（后附彩图）

第一部分：

$$Co\text{-}MoS_2\ NFs + hv \longrightarrow e^- + h^+ \tag{6.13}$$

$$e^- + HSO_5^- \longrightarrow SO_4^-\cdot + OH^- \tag{6.14}$$

$$e^- + O_2 \longrightarrow O_2^-\cdot \tag{6.15}$$

$$h^+ + H_2O \longrightarrow \cdot OH + H^+ \tag{6.16}$$

$$h^+ + O_2^-\cdot \longrightarrow {}^1O_2 \tag{6.17}$$

第二部分：

$$\equiv Co\text{-}OH + HSO_5^- \longrightarrow \equiv Co^+ + SO_4^-\cdot + H_2O \tag{6.18}$$

$$\equiv CoO^+ + 2H_2O \longrightarrow \equiv Co^{3+} + 2OH^- \tag{6.19}$$

$$\equiv Co^{3+} + HSO_5^- \longrightarrow Co^{2+} + H^+ + SO_5^-\cdot \tag{6.20}$$

参 考 文 献

BOYJOO Y, SUN H, LIU J, et al., 2017. A review on photocatalysis for air treatment: From catalyst development to reactor design[J]. Chemical Engineering Journal, 310: 537-559.

CHEN L, DING D, LIU C, et al., 2018. Degradation of norfloxacin by CoFe$_2$O$_4$-GO composite coupled with peroxymonosulfate: A comparative study and mechanistic consideration[J]. Chemical Engineering Journal, 334: 273-284.

CHEN P, GOU Y, NI J, et al., 2020. Efficient ofloxacin degradation with Co (Ⅱ)-doped MoS$_2$ nano-flowers as PMS activator under visible-light irradiation[J]. Chemical Engineering Journal, 401: 125978.

CHEN Q, WU P, LI Y, et al., 2009. Heterogeneous photo-Fenton photodegradation of reactive brilliant orange X-GN over iron-pillared montmorillonite under visible irradiation[J]. Journal of Hazardous Materials, 168(2): 901-908.

CHEN Y, ZHANG G, LIU H, et al., 2019. Confining free radicals in close vicinity to contaminants enables ultrafast fenton-like processes in the interspacing of MoS$_2$ membranes[J]. Angewandte Chemie International Edition, 58(24): 8134-8138.

FAYAZI M, TAHER M A, AFZALI D, et al., 2016. Enhanced Fenton-like degradation of methylene blue by magnetically activated carbon/hydrogen peroxide with hydroxylamine as Fenton enhancer[J]. Journal of Molecular Liquids, 216: 781-787.

GE L, NA G, ZHANG S, et al., 2015. New insights into the aquatic photochemistry of fluoroquinolone antibiotics: Direct photodegradation, hydroxyl-radical oxidation, and antibacterial activity changes[J]. Science of the Total Environment, 527: 12-17.

GIANNAKIS S, 2019. A review of the concepts, recent advances and niche applications of the (photo) Fenton process, beyond water/wastewater treatment: Surface functionalization, biomass treatment, combatting cancer and other medical uses[J]. Applied Catalysis B: Environmental, 248: 309-319.

GOGATE P R, PANDIT A B, 2004. A review of imperative technologies for wastewater treatment I: Oxidation technologies at ambient conditions[J]. Advances in Environmental Research, 8(3): 501-551.

HAGEN D A, SAUCIER L, GRUNLAN J C, 2014. Controlling effective aspect ratio and packing of clay with pH for improved gas barrier in nanobrick wall thin films[J]. ACS Applied Materials and Interfaces, 6(24): 22914-22919.

HAPESHI E, ACHILLEOS A, VASQUEZ M I, et al., 2010. Drugs degrading photocatalytically: Kinetics and mechanisms of ofloxacin and atenolol removal on titania suspensions[J]. Water Research, 44(6): 1737-1746.

KONG L, FANG G, CHEN Y, et al., 2019. Efficient activation of persulfate decomposition by Cu$_2$FeSnS$_4$ nanomaterial for bisphenol a degradation: Kinetics, performance and mechanism studies[J]. Applied Catalysis B: Environmental, 253: 278-285.

LI H, TIAN J, XIAO F, et al., 2020. Structure-dependent catalysis of cuprous oxides in peroxymonosulfate activation via nonradical pathway with a high oxidation capacity[J]. Journal of Hazardous Materials, 385: 121518.

LI N, TANG S, RAO Y, et al., 2019. Peroxymonosulfate enhanced antibiotic removal and synchronous electricity generation in a photocatalytic fuel cell[J]. Electrochimica Acta, 298: 59-69.

LIU C, KONG D, HSU P C, et al., 2016. Rapid water disinfection using vertically aligned MoS$_2$ nanofilms and visible light[J]. Nature Nanotechnology, 11(12): 1098-1104.

LIU J, DONG C, DENG Y, et al., 2018b. Molybdenum sulfide Co-catalytic Fenton reaction for rapid and efficient inactivation of Escherichia coli[J]. Water Research, 145: 312-320.

LIU X, CHENG H, GUO Z, et al., 2018a. Bifunctional, moth-eye-like nanostructured black titania nanocomposites for solar-driven clean water generation[J]. ACS Applied Materials and Interfaces, 10: 39661-39669.

NIE M, DENG Y, NIE S, et al., 2019. Simultaneous removal of bisphenol A and phosphate from water by peroxymonosulfate combined with calcium hydroxide[J]. Chemical Engineering Journal, 369: 35-45.

YANG L, WANG Q, RANGEL-MENDEZ J R, et al., 2020. Self-assembly montmorillonite nanosheets supported hierarchical MoS$_2$ as enhanced catalyst toward methyl orange degradation[J]. Materials Chemistry and Physics: 122829.

ZHANG Q Q, YING G G, PAN C G, et al., 2015. Comprehensive evaluation of antibiotics emission and fate in the river basins of China: Source analysis, multimedia modeling, and linkage to bacterial resistance[J]. Environmental Science and Technology, 49(11): 6772-6782.

ZHANG S, LIU Y, GU P, et al., 2019. Enhanced photodegradation of toxic organic pollutants using dual-oxygen-doped porous g-C$_3$N$_4$: Mechanism exploration from both experimental and DFT studies[J]. Applied Catalysis B: Environmental, 248: 1-10.

ZHENG H, BAO J, HUANG Y, et al., 2019. Efficient degradation of atrazine with porous sulfurized Fe$_2$O$_3$ as catalyst for peroxymonosulfate activation[J]. Applied Catalysis B: Environmental, 259: 118056.

ZHONG J B, HE X Y, LI J Z, et al., 2012. Photocatalytic decolorization of methyl orange in Bi$_2$O$_3$ suspension system[J]. Journal of Advanced Oxidation Technologies, 15(2): 334-339.

ZHOU C, LAI C, XU P, et al., 2018. In situ grown AgI/Bi$_{12}$O$_{17}$C$_{l2}$ heterojunction photocatalysts for visible light degradation of sulfamethazine: Efficiency, pathway, and mechanism[J]. ACS Sustainable Chemistry and Engineering, 6(3): 4174-4184.

ZHOU H, LAI L, WAN Y, et al., 2020. Molybdenum disulfide (MoS$_2$): A versatile activator of both peroxymonosulfate and persulfate for the degradation of carbamazepine[J]. Chemical Engineering Journal, 384: 123264.

第 7 章

二维辉钼矿纳米片
太阳能脱盐与电容脱盐

7.1　海水淡化技术概述

随着社会经济发展和生活水平的不断提高，全球淡水资源需求量与日俱增，淡水资源的短缺问题日益严峻，严重制约着人类社会的发展。海洋是地球上最广泛的水资源储库，从海水中提取淡水——海水淡化技术被普遍认为是解决全球水危机的最具前景的方案之一。目前，已经工业化应用的海水淡化技术包括多级闪蒸技术（multistage flash，MSF）、低温多效蒸馏技术（multieffect distillation，MED）和反渗透技术（reverse osmosis，RO）等（Mayor，2019）。但这些传统海水淡化技术均需要消耗大量热能或电能，且淡化效率、效果均有待提高，存在碳排放量大、装置体积庞大、投资高及能耗高等问题。

因此，多种新型海水淡化技术包括电渗析、离子交换、电容去离子（capacitive deionization，CDI）技术及太阳能海水淡化技术等应运而生（Patel et al.，2020）。其中，太阳能海水淡化技术和 CDI 由于具有能耗低、成本低及环境友好等特点而备受关注。

7.2　二维辉钼矿纳米片太阳能脱盐

7.2.1　二维辉钼矿纳米片光热转化原理及太阳能蒸发系统

单层或少数层（不大于 10 层）辉钼矿纳米片属于拥有窄带隙的半导体材料，且其禁带宽度仅为 $1.29\sim1.90$ eV（Wang et al.，2017；Splendiani et al.，2010）。当太阳辐射的入射光子能量大于二维辉钼矿纳米片的禁带宽度时，二维辉钼矿纳米片会产生大量的电子-空穴对，随后通过热弛豫过程，带隙基准上的电子-空穴对弛豫到带边并将多余的能量转化为热能。二维辉钼矿纳米片较窄的禁带宽度使其具有较高的光吸收系数，能够有效吸收太阳辐射中紫外光和可见光并响应少部分近红外光。基于这一性质，近年来二维辉钼矿纳米片被认为是除贵金属、碳基材料和高分子材料之外又一极具潜力的光热转化材料，可广泛应用于太阳能脱盐领域（Wang et al.，2020b；Wang et al.，2020c；Ghim et al.，2018；Guo et al.，2018）。

此外，如图 7.1 所示，传统太阳能蒸馏器是通过位于太阳能池底部的黑色光吸收内衬，将太阳能吸收并转化为热能进行水蒸发（Zhang et al.，2020）。由于其太阳能吸收器浸没在海水中不能有效吸收入射太阳能，并且产生的热量易通过水面辐射、对流和传导流失到周围环境中，其太阳能-蒸汽转换效率较低，仅为30%～40%。近年来，随着太阳能海水淡化技术优化方案的发展，大量研究表明体相太阳能蒸发系统和界面太阳能蒸发系统可以更加充分地利用太阳能，太阳能-蒸汽转换效率均可达到60%以上，因而为太阳能海水淡化带来了崭新的发展机遇，在生产清洁淡水或处理污染废水等方面受到广泛关注。其中，体相太阳能蒸发系统是一种利用纳米光热转化材料分散在盐溶液中形成均相纳米流体，直接进行水蒸发的系统。体相太阳能海水淡化技术十分简单、易操作，且可实现较高的太阳能-蒸汽转换效率（60%～79%）。在界面太阳能蒸发系统中，光热转化材料位于水-空气界面构成非潜式太阳能蒸发器，太阳能转化产生的热量被有效地限制在水-空气界面处，从而形成局部高温区域，并且蒸发时只有顶层中少量溶液被加热而底层大量盐水的温度接近环境温度，因而有效地减少了热量损失，大幅提高了太阳能-蒸汽转换效率（90%以上）。其中，用于评估蒸发性能的太阳能-蒸汽转换效率，其定义为

$$\eta = \dot{m}(Lv + Q)/P_{in} \tag{7.1}$$

式中：$\dot{m}$ 为蒸汽产生通量（$\dot{m} = m_{light} - m_{dark}$），$kg/(m^2 \cdot h)$；$Lv$ 为水蒸发的潜热，$Lv(T) = 1.918\,46 \times 10^6 [T/(T-33.91)]^2$，$J/kg$，$T$ 为蒸发的温度；Q 为单位质量的水的焓，$Q = c(T - T_0)$，J/kg，$c(4.2\ J/g \cdot K)$ 为水的比热容，T_0 为水的初始温度；P_{in} 为吸收器表面的入射太阳能，kW/m^2。

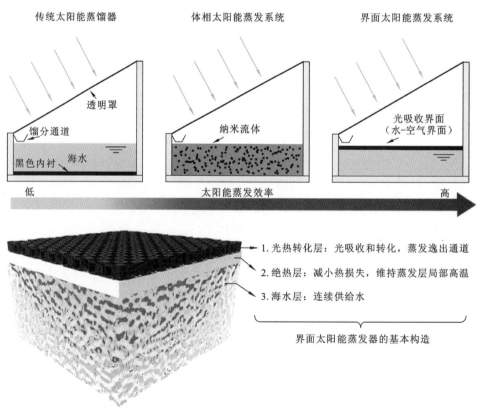

图 7.1　太阳能蒸发器（后附彩图）

太阳能驱动的脱盐技术仅需利用太阳光作为能量来源，通过光热效应使水蒸发达到盐水分离的目的，克服了淡水供应与能源消耗之间的巨大障碍，具有成本低、环境友好等优势，是一种清洁、便携的水处理技术。当前，二维辉钼矿纳米片是太阳能脱盐技术中广受关注的光热转化材料之一，在体相太阳能蒸发系统和界面太阳能蒸发系统中均有应用。

7.2.2　体相太阳能脱盐

由于其疏水性及纳米态的特点，二维辉钼矿纳米片应用在体相太阳能蒸发系统中时，存在着在水溶液中分散性差并且纳米级辉钼矿的可回收性较差的问题。因此，制备一种具有长期溶液分散稳定性、可回收的磁性二维辉钼矿纳米片，对其在体相太阳能蒸发技术方面的应用具有十分重要的意义（Wang et al., 2021）。

如图 7.2 所示，这种磁性二维辉钼矿纳米片的制备过程：首先，用超声波法对水热法制备的纳米级辉钼矿进行处理，得到剥离的二维辉钼矿纳米片；接着，将二维辉钼矿纳米片加入多巴胺单体溶液，在二维辉钼矿纳米片表面形成薄的 PDA 涂层，由于 PDA 含有—OH、C=O 和—NH$_2$ 等官能团，PDA 包覆的二维辉钼矿纳米片能够吸附带正电荷的铁离子（Fe^{3+}/Fe^{2+}）；然后，加入柠檬酸和氨水后，Fe^{3+}/Fe^{2+} 原位生长为纳米四氧化三铁，沉积在二维辉钼矿纳米片表面；最后，通过磁场分离得到磁性二维辉钼矿纳米片。

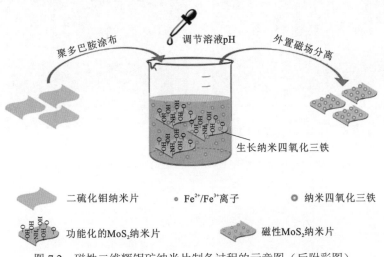

图 7.2　磁性二维辉钼矿纳米片制备过程的示意图（后附彩图）

利用 X 射线衍射光谱（XRD）对原始纳米辉钼矿、纳米四氧化三铁和磁性二维辉钼矿纳米片的结构进行表征。如图 7.3（a）所示，磁性二维辉钼矿纳米片同时具有二维辉钼矿纳米片和纳米四氧化三铁的衍射特征峰，表明纳米四氧化三铁和辉钼矿纳米复合物被成功地制备出。并且，XRD 图谱无杂质峰出现，表明磁性二维辉钼矿纳米片具有高纯度。合成二维辉钼矿纳米片和磁性二维辉钼矿纳米片的扫描电镜形态分别如图 7.3（b）和（c）所示。其中，合成的二维辉钼矿纳米片是纳米花瓣状结构，横向尺寸约为 200 nm，纳米四氧化三铁均匀地分布在二维辉钼矿纳米片的表面上，形成粗糙的表面。这种粗糙的表面因光线反射性较差，有利于提升其对太阳光吸收能力。基于图 7.3（d）的 SEM-EDS 结果，磁性二维辉钼矿纳米片的主要化学成分可以大致地写成 $MoS_2 \cdot xPDA \cdot 1.58Fe_3O_4$，进一步证实了纳米四氧化三铁成功连接到 PDA 功能化的二维辉钼矿纳米片上。值得注意的是，由于亲水性 PDA 的引入，磁性二维辉钼矿纳米片在溶液中表现出均匀分散性和良好的稳定性，有利于在溶液上层区域持续接收阳光，保证了太阳能蒸汽的高效产生。

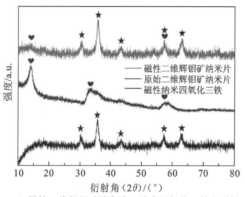

（a）原始二维辉钼矿纳米片、纳米四氧化三铁和磁性二维辉钼矿纳米片的XRD图谱

（b）原始二维辉钼矿纳米片扫描电镜图

（c）磁性二维辉钼矿纳米片扫描电镜图

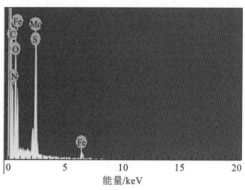

（d）磁性二维辉钼矿纳米片的SEM-EDS分析

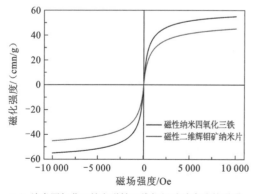

（e）纳米四氧化三铁和磁性二维辉钼矿纳米片的磁滞回线

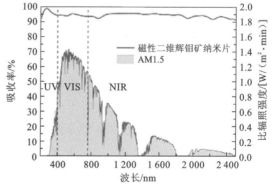

（f）磁性二维辉钼矿纳米片的紫外线-可见光-近红外吸收图谱

图 7.3　二维辉钼矿纳米片的性质表征（后附彩图）

磁性二维辉钼矿纳米片的磁性在其分离回收中起到了重要的作用。图 7.3（e）是单纯纳米四氧化三铁和磁性二维辉钼矿纳米片的磁性性能表征结果，其中，单纯四氧化三铁和磁性二维辉钼矿纳米片的饱和磁化强度分别为 54.56 emu/g 和 45.38 emu/g。与单独四氧化三铁相比，虽然磁性二维辉钼矿纳米片的饱和磁化强度较低，但其饱和磁化强度仍然大于大多数报道的磁性复合材料（28.7～43.0 emu/g），从而保证其在实际应用中的巨大潜力。此外，在磁性二维辉钼矿纳米片的曲线上没有发现磁滞环，表明其具有超顺磁性。因此，高磁化强度和超顺磁性都确保磁性二维辉钼矿纳米片在几秒钟内被外部磁场吸引并从溶液中分离。图 7.3（f）显示了磁性二维辉钼矿纳米片的紫外-可见光-近红外吸收太阳能的能力。磁性二维辉钼矿纳米片在整个太阳光波长范围内（200～2500 nm）显示出优异的光吸收能力，其平均太阳吸收率达到了 96% 的超高水平。磁性二维辉钼矿纳米片的太阳能吸收能力和最近报道的先进太阳能吸收器相当，为磁性二维辉钼矿纳米片的高效光热转换和高性能太阳能蒸汽的产生奠定了基础。

在典型的体相太阳能蒸发系统中，在忽略系统热损失后，除太阳能蒸发器固有的光热转换特性外，还有两个因素在蒸发过程的控制中发挥了关键作用：①工作流体中太阳能吸收体的浓度；②工作流体的温度。图 7.4（a）显示的是不同浓度的磁性二维辉钼矿纳米流体，在 $1.0\ kW/m^2$ 的光照下蒸发产生的水随时间的质量变化。当纳米流体的浓度从 0 g/L 上升到 1.0 g/L 时，蒸发速率随着其浓度的升高而升高，在 1.0～2.0 g/L 达到稳定。如图 7.4（b）所示，光照 20 min 后，盐水溶液的最终温度随着磁性二维辉钼矿纳米流体浓度的升高从 31℃ 上升至 55℃，并维持在 55℃ 左右。盐水失重变化和温度变化之间的相似趋势表明，工作流体的温度确实控制了其蒸发过程。总之，由于太阳光吸收率的升高，在一定范围内工作流体浓度的增加有利于高温区域的形成，而超过浓度范围后，工作流体几乎不能进一步形成更高的温度区域，因为太阳光吸收能力没有进一步增强。

在扣除初始 20 min 过渡期后，纳米流体稳定蒸发速率通过上述曲线的斜率及工作流体的蒸发率与温度计算得出。如图 7.4（c）所示，在 $1.0\ kW/m^2$ 光照条件下，随着磁性二维辉钼矿纳米片分散体的质量浓度从 0 g/L 上升至 2.0 g/L，蒸发速率从 0.2919 $kg/(m^2 \cdot h)$ 升高到 1.086 $kg/(m^2 \cdot h)$，最终保持在 1.0 $kg/(m^2 \cdot h)$ 左右，而相应的蒸发效率从 15.8% 上升到 68.1%，在 68% 左右保持稳定。因此，选择含有 1.0 g/L 磁性二维辉钼矿纳米片的纳米流体作为工作流体，可在光热转化材料消耗最少的情况下获得最佳的蒸发性能。图 7.4（d）和（e）在 $0\ kW/m^2$、$1.0\ kW/m^2$、$1.5\ kW/m^2$、$2.0\ kW/m^2$、$2.5\ kW/m^2$ 的不同光照条件下，分别记录了水的质量变化和温度变化。太阳辐射强度越大越有利于工作流体顶部形成高温区域。如图 7.4（f）所示，随着太阳光照强度从 $1.0\ kW/m^2$ 升高到 $2.5\ kW/m^2$，蒸发率从 0.9966 $kg/(m^2 \cdot h)$ 上升到 3.158 $kg/(m^2 \cdot h)$，而相应的蒸发效率则从 66.26% 提高到 79.20%。

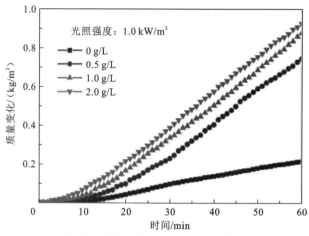

（a）不同浓度磁性二维辉钼矿纳米流体水蒸发动力学曲线

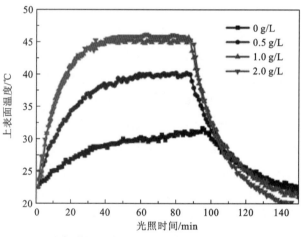

（b）不同浓度磁性二维辉钼矿纳米流体上表面温度随光照时间的变化

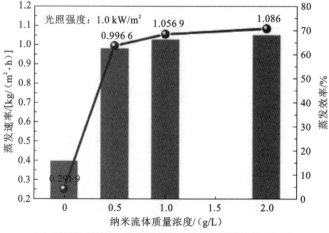

（c）不同浓度磁性二维辉钼矿纳米流体水蒸发效果对比图

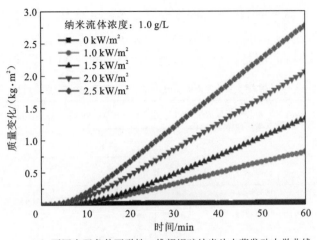

（d）不同光照条件下磁性二维辉钼矿纳米片水蒸发动力学曲线

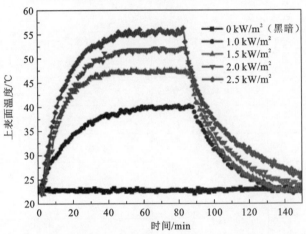

（e）不同光照条件下磁性二维辉钼矿纳米片上表面温度随时间的变化

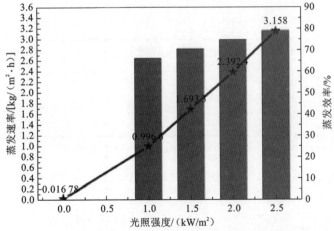

（f）不同光照条件下磁性二维辉钼矿纳米片水蒸发效果对比图

图 7.4　磁性二维辉钼矿纳米片的太阳能水分蒸发性能测试

如表 7.1 所示，虽然本节中太阳辐射强度仅为 $0\sim2.5\ kW/m^2$，但磁性二维辉钼矿纳米流体的蒸发性能超过了体相太阳能蒸发系统中大多数常见的纳米流体。以上结果表明，在体相太阳能蒸发系统中，磁性二维辉钼矿纳米片是一种高效的太阳能吸收材料。

表 7.1　多种体相太阳能蒸发系统中的太阳能吸收材料性能对比

太阳能吸收体	光照强度/(kW/m^2)	吸收体质量浓度/(g/L)	蒸发速率/[kg/($m^2\cdot h$)]	蒸发效率/%	参考文献
rGO-Fe₃O₄	1.0	1.0	1.12	约 66	Wang 等（2016）
	2.0		2.25	约 67	
Fe₃O₄@CNT	1.0	0.5	—	43.8	Shi 等（2017）
	3.0			23.3	
	5.0			约 46	
	7.0			约 55	
	10.0			60.3	
CNT 纳米流体	10	19.04×10⁻⁴%（体积分数）	8.5	46.8	Wang 等（2016）
GO-Au	1.0	0.5	1.58	59.2	Fu 等（2017）
rGO-Fe₃O₄	1.0	0.5	约 1.0	约 63	Liu 等（2017）
	2.0		约 2.2	约 68	
	3.0		约 3.4	约 71	
	4.0		约 4.8	约 75	
	5.0		约 6.2	约 77	
磁性二维辉钼矿纳米片	1.0	1.0	1.00	62.48	本书
	1.5		1.69	70.77	
	2.0		2.39	75.00	
	2.5		3.16	79.20	

注：rGO（reduced graphene oxide，还原氧化石墨烯）；CNT（carbon nanotubes，碳纳米管）；GO（graphene oxide，氧化石墨烯）

体相太阳能蒸发系统中，太阳能吸收材料的再循环能力对其在工业中的实际应用至关重要。如图 7.5（a）所示，以磁性二维辉钼矿纳米流体浓度变化（初始质量浓度为 1.0 g/L）作为分离时间的函数，量化磁性二维辉钼矿纳米片的磁分离过程。其中，磁性二维辉钼矿纳米流体的浓度是根据朗伯-比尔定律确定的，表明稀溶液中溶质的吸光度与其浓度成正比。正因为具有优异的磁性，磁性二维辉钼矿纳米片在几分钟内可以与水溶液快速、有效的分离，为其回收和循环使用奠定了基础。

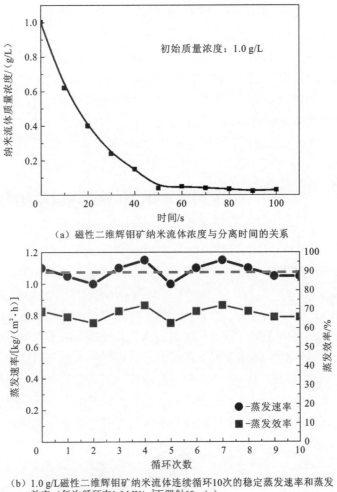

（a）磁性二维辉钼矿纳米流体浓度与分离时间的关系

（b）1.0 g/L磁性二维辉钼矿纳米流体连续循环10次的稳定蒸发速率和蒸发效率（每次循环在1.0 kW/m²下照射60 min）

图 7.5　磁性二维辉钼矿纳米流体的循环性能测试

随着蒸发过程的进行和新盐水的加入，由于淡水与系统的持续分离，盐水逐渐变得过饱和，溶液中盐离子发生越来越多的成核和结晶。在一个典型的循环周期中，利用 1.0 g/L 磁性二维辉钼矿纳米流体作为太阳能吸收器，在 1.0 kW/m² 下照射 90 min，记录其稳定蒸发速率和蒸发效率，然后利用永磁铁分离和清洗所使用的磁性二维辉钼矿纳米片。然后，将磁性二维辉钼矿纳米片重新分散在模拟海水中（3.5% NaCl 溶液）进行下一次蒸发。图 7.5（b）显示的是含 1.0 g/L 磁性二维辉钼矿纳米流体的循环性能。在连续 10 个循环周期中，磁性二维辉钼矿纳米流体的蒸发性能，包括蒸发速率和对应的蒸发效率，没有发现明显的变化，表明了磁性二维辉钼矿纳米流体具有良好的可回收性和循环使用性。

7.2.3　界面太阳能脱盐

在界面光热蒸发策略方面，二维辉钼矿纳米片的应用主要包括：①利用二维辉钼矿纳米片与聚氨酯（polyurethane，PU）海绵制备具有三维多孔框架的双层结构（double layer structure，DLS）。这种 DLS 蒸发器不仅具有较强的机械性能，而且在太阳光全光谱范围（波长 200~2 500 nm）具有超过 95%的有效光吸收能力，奠定了高效利用太阳能的基础，实现了超过 96.2%的太阳能-蒸汽转换效率（Wang et al.，2020b）；②基于二维辉钼矿纳米片制备了一种机械性能稳定的气凝胶，得益于其精巧的结构设计，这种气凝胶不仅具有优良的宽谱太阳光吸收能力，而且其丰富的多孔结构可为蒸发过程中的蒸汽逃逸提供有效的通道，并为连续蒸发提供有效的水传输通道，实现了约 95.3%的太阳能-蒸汽转换效率（Wang et al.，2020c）。

1. MoS_2@PU 海绵 DLS 蒸发器的制备方法及其太阳能海水淡化性能

MoS_2@PU 海绵 DLS 蒸发器可用作自浮式界面太阳蒸发器。将洗涤后的 PU 海绵浸入 200 mL 0.5 g/L 二维辉钼矿纳米片分散液中。由于内嵌结构的形成和静电吸引的存在，溶液中的二维辉钼矿纳米片可被负载到海绵骨架上（MoS_2 modified PU sponge，MPU）。另一块 PU 海绵经 PDA 改性，改善 PU 海绵由于超疏水性而导致的不良流体传输（polydopamine modified PU sponge，PPU）。然后将 MPU 和 PPU 用适当的胶水组装在一起，以形成带有 DLS 的蒸发器（图 7.6）。这种 MPU-PPU 蒸发器由于密度低而浮于盐水表面，具有优异的自浮性。将其放置于系统的内部容器中收集太阳能并蒸发水，产生的蒸汽通过干净的玻璃板冷凝并收集。内部容器的外壁上填充棉花作为隔热层，以最大限度地减少热量损失。简单来说，太阳光可以被二维辉钼矿纳米片吸收然后转化为热量，使蒸发器内部的上层水蒸发，而未被加热的水则通过内部毛细作用从底层转移到上层。

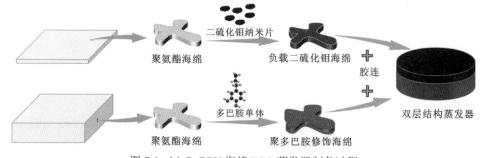

二硫化钼纳米片

聚氨酯海绵　　负载二硫化钼海绵　　胶连

多巴胺单体

聚氨酯海绵　　聚多巴胺修饰海绵　　双层结构蒸发器

图 7.6　MoS_2@PU 海绵 DLS 蒸发器制备过程

多孔 PU 海绵的孔径为 100~400 μm，并且二维辉钼矿纳米片仅沉积在海绵的骨架上，不会阻塞气孔，这些大的气孔有助于气体逸出，促进了蒸汽的生成。为了研究负载在 PU 海绵上的二维辉钼矿纳米片的最大容量，将海绵（干重约为 1.0 g）浸入 200 mL 含 0.1 g 处理过的二维辉钼矿纳米片的悬浮液中不同时间，并记录其质量变化。海绵上负载的二维辉钼矿纳米片的质量随着浸入时间的延长而增加，当浸入时间超过 6 h 时趋于平稳[图 7.7（c）]。经计算，负载在 PU 海绵上的二维辉钼矿纳米片的最大负载量为 66.2 mg/g，表明悬浮液中>66%的二维辉钼矿纳米片可以固定在海绵的骨架上。二维辉钼矿纳米片在 PU 海绵上负载前，海绵的骨架结构表面清洁且有褶皱；负载二维辉钼矿纳米片之后，大量二维辉钼矿纳米片嵌入这些褶皱中，形成了内嵌结构。另外，静电吸引的存在也有助于二维辉钼矿纳米片固定在海绵骨架的表面上。因此，内嵌结构和静电吸引是 PU 海绵骨架上高负载量和强固性的二维辉钼矿纳米片的主要原因。值得注意的是，在附载二维辉钼矿纳米片后，PU 海绵的表面从浅黄色、光滑的状态变为深黑色、高度粗糙的状态，这有利于其对太阳光的有效吸收。此外，这种 DLS 蒸发器具有出色的机械稳定性和良好的柔韧性[图 7.7（f）]。

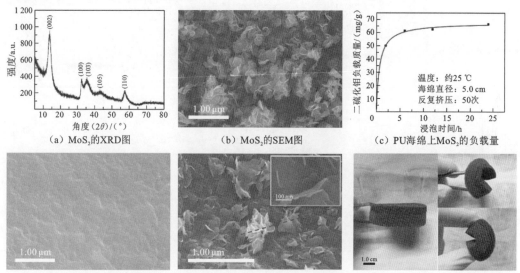

(a) MoS$_2$的XRD图　　(b) MoS$_2$的SEM图　　(c) PU海绵上MoS$_2$的负载量

(d) 负载MoS$_2$后PU海绵的SEM图　　(e) 负载MoS$_2$后PU海绵的外观图　　(f) DLS蒸发器形变展示图

图 7.7　MoS$_2$@PU 海绵 DLS 蒸发器基本性质

1.0 kW/m^2 的光照条件下各种蒸发器的水蒸发速率和相应的蒸发效率如图 7.8（a）~（c）所示。其中，PU-PU 蒸发器的蒸发速率为 0.436 kg/（m^2·h），MPU-PU 蒸发器的蒸发速率提高至 1.087 kg/（m^2·h），MPU-PPU 蒸发器的最高蒸发速率为 1.204 kg/（m^2·h），这表明 MPU-PPU 蒸发器的蒸发性能优于其他两个蒸发器。为了研究 MPU 层厚度对蒸发性能的影响，制备不同厚度 MPU（厚度分别为 0 cm、0.2 cm、0.5 cm、1.0 cm 和 1.5 cm）和 PPU（厚度为 1.0 cm）组成的 MPU-PPU 蒸发器。随着 MPU 层厚度从 0 cm 增加到 1.0 cm，蒸发效率从 30.1% 上升到 86.4%，然后趋于稳定，表明二维辉钼矿纳米片的必要性和更厚的 MPU 层的优势。厚度为 0.2 cm 的 MPU 层可以透过大量的太阳光，不能用作最有效的太阳能吸收器，而厚度为 0.5 cm 和 1.0 cm 的 MPU 层表现出较好的太阳能吸收性能。因此，蒸发速率的升高是由较厚 MPU 层对太阳能较强的吸收作用所导致的。但是，如果厚度进一步增加到 1.5 cm，由于二维辉钼矿纳米片在更厚的 MPU 层内亲水性差及水传输距离过长，蒸发效率将下降到 71.8%[图 7.8（d）]。在 1.0 kW/m^2、1.5 kW/m^2、2.0 kW/m^2 和 2.5 kW/m^2 的光照条件下，MPU-PPU 蒸发器的水蒸发速率分别为 1.20 kg/(m^2·h)、1.90 kg/（m^2·h）、2.61 kg/（m^2·h）和 3.36 kg/（m^2·h），分别是黑暗条件下海水自然蒸发速率[0.089 kg/（m^2·h）]的 13.5 倍、21.3 倍、29.3 倍和 37.8 倍[图 7.8（e）]。MPU-PPU 蒸发器的蒸发效率仅在 1.0 kW/m^2 低光照强度下达到 86.2%，而在稍高的光照照度下（1.5 kW/m^2）

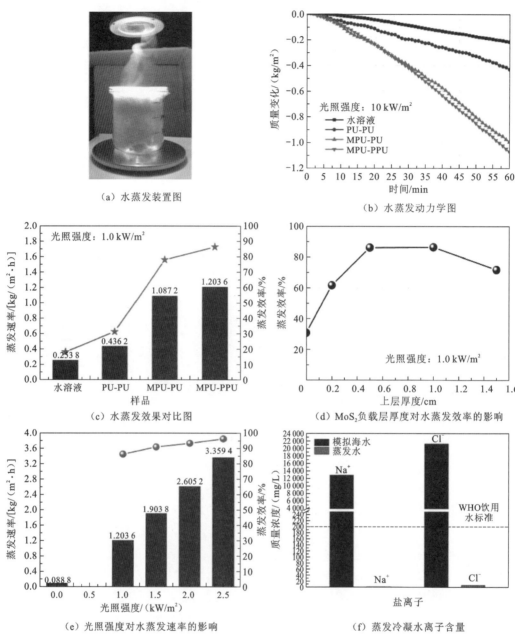

（a）水蒸发装置图

（b）水蒸发动力学图

（c）水蒸发效果对比图

（d）MoS$_2$负载层厚度对水蒸发效率的影响

（e）光照强度对水蒸发速率的影响

（f）蒸发冷凝水离子含量

图 7.8　MoS$_2$@PU 海绵 DLS 蒸发器蒸发和脱盐效果

超过 90%。太阳能淡化海水后的 Na$^+$和 Cl$^-$的质量浓度已降至 1.3 mg/L 和 6.9 mg/L，远低于世界卫生组织的饮用水标准（200 mg/L），表明 MPU-PPU 蒸发器是一种有效的太阳能脱盐装置[图 7.8（f）]。MPU-PPU 蒸发器的循环使用性能也是其实际应用中最重要的参数之一。在 1 h 1.0 kW/m^2 的光照下，MPU-PPU 蒸发器在使用 10 个循环周期后仍具有良好的蒸发性能，表明其出色的可循环使用性。因此，该 DLS 的高脱盐效率和良好的耐久性使其具有较强的商业应用潜力。

　　如图 7.9（a）所示，通过水热法合成的二维辉钼矿纳米片在 400～1800 nm 的宽带波长内具有超高的太阳光吸收率（>95.0%），在 1800～2500 nm 具有高的太阳光吸收率（>85%），表明二维辉钼矿纳米片在整个太阳光波长范围内能够捕获足够的太阳光。合成的二维辉钼矿纳米片的高太阳吸收性能主要归因于：①二维辉钼矿纳米片的纳米花状结构使其用于太阳能吸收的表面积大大增加；②由二维辉钼矿纳米片的纳米晶体尺寸引起的内部电子振动增强；③从二维辉钼矿纳米片的多层纳米花层中可获得太阳光的多次内反射。如此高的光吸收率为高性能太阳能转换奠定了基础。如果热量损失忽略不计，则蒸发器的表面温度对蒸发过程至关重要。在 1.0 kW/m^2 的光照条件下，对海水、PU-PU 蒸发器、MPU-PU 蒸发器和 MPU-PPU 蒸发器的表面温度随时间的变化进行测量[图 7.9(b)]。MPU-PU 蒸发器和 MPU-PPU 蒸发器的顶层表面均可保持高温（约 55℃），表明二维辉钼矿纳米片具有很高的光热转化能力[图 7.9（c）]。PU 层和 PPU 层均显示出极低的导热率，可以作为 MPU-PU 蒸发器和 MPU-PPU 蒸发器内部的隔热层，抑制热能扩散到未加热的水中，即 DLS 蒸发器底层的低导热率有助于抑制热量传递到大量水中，只在顶层形成热局部化。此外，还通过测量接触角来表征底层的润湿性[图 7.9（d）]。随着 PDA 改性时间的延长，接触角从 132° 逐渐减小到 76°，表明底层已从超疏水性变为亲水性。因此，通过改善水输送通道的亲水性可以将水更有效地输送到气-液界面，使 MPU-PPU 蒸发器的蒸发性能高于 MPU-PU 蒸发器。此外，MPU 上层内部固有的多孔网络也为蒸

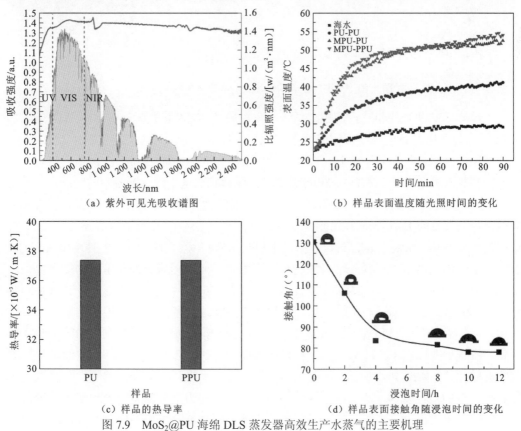

（a）紫外可见光吸收谱图　　　　　　　　（b）样品表面温度随光照时间的变化

（c）样品的热导率　　　　　　　　　（d）样品表面接触角随浸泡时间的变化

图 7.9　MoS$_2$@PU 海绵 DLS 蒸发器高效生产水蒸气的主要机理

发器提供了丰富的水蒸气逸出通道。MPU-PPU 构成的 DLS 蒸发器具有实现高性能太阳能脱盐的 4 个因素为：①高光热效率；②局部加热效应；③亲水性底层利用毛细作用力促进流体流向高温区域；④多孔结构可实现高效供水并作为蒸汽逸出通道。

2. 三维辉钼矿纳米片多孔气凝胶的制备方法及其太阳能海水淡化性能

三维辉钼矿纳米片气凝胶（除有说明，以下均表示由功能化二维辉钼矿纳米片制备的气凝胶）的典型制备方法如图 7.10 所示。由此制备的三维辉钼矿纳米片气凝胶可以放置在有弹性的雪松叶上，而不改变雪松叶的原形状，表明它具有高孔隙度和超轻的性质。

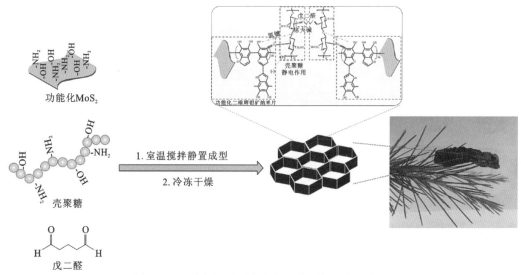

图 7.10　三维辉钼矿纳米片气凝胶制备方法示意图

二维辉钼矿纳米片和三维辉钼矿纳米片气凝胶的 SEM 和光学形态如图 7.11 所示。SEM 图像显示所制备的二维辉钼矿纳米片是纳米片状结构，平均横向尺寸约为 200 nm。三维辉钼矿纳米片气凝胶中孔隙是孔径为 20～50 μm 的互联的三维多孔网络，这有利于所产生的蒸汽逃逸。高分辨率扫描电镜形态，三维辉钼矿纳米片气凝胶中的功能化二维辉钼矿纳米片稳定地嵌在壳聚体分子之间。根据对 N_2 的吸附/解吸等温线的测量，三维辉钼矿纳米片气凝胶的 BET 表面积达到 155 m^2/g，优于石墨烯基气凝胶（125 m^2/g）。三维辉钼矿纳米片气凝胶密度为 8 kg/m^3，远低于生理盐水的密度（$1.03×10^3～1.33×10^3$ kg/m^3），因此三维辉钼矿纳米片气凝胶可自浮在盐水表面上。光学图像分别显示了功能化二维辉钼矿纳米片和纯二维辉钼矿纳米片制备的三维辉钼矿纳米片气凝胶的形态，其直径均为 5.0 cm，厚度均为 1.0 cm。由功能化二维辉钼矿纳米片制备的三维辉钼矿纳米片气凝胶在反复按压后具有稳定和规则的几何形状，而由纯二维辉钼矿纳米片制备的气凝胶质地松脆，按压后变成粉末。随后利用材料机械性能试验进一步测试三维辉钼矿纳米片气凝胶的机械性能，如图 7.12 所示，结果表明三维辉钼矿纳米片气凝胶的第一线性区域达到约 40%应变的弹性变形，第二线性区域 40%～60%应变为交链断裂引起的塑性变形，最后，应变区域的压力急剧增加超过了 60%。因此，由功能化二维辉钼矿纳米片制备的三维辉钼矿纳米片气凝胶的压缩弹性应变达到约 60%。这种机械性能上的差异可以归因于二维辉钼矿纳米片和壳聚糖分子之间存在或缺乏强的连接/结合相互作用，同时表明了对二维辉钼矿纳米片进行功能化处理，是制备具有高机械稳定性的气凝胶必不可少的步骤。

图 7.11　二维辉钼矿纳米片和辉钼矿纳米片气凝胶的 SEM 和光学形貌（后附彩图）

为了探究三维辉钼矿纳米片气凝胶高机械稳定性的内在机理，二维辉钼矿纳米片、功能化辉钼矿纳米片、壳聚糖气凝胶和三维辉钼矿纳米片气凝胶的 FT-IR 图如图 7.12 所示。与二维辉钼矿纳米片相比，功能化二维辉钼矿纳米片在 3 415 cm^{-1}（酚羟基伸缩振动）、1 619 cm^{-1}（芳香环伸缩振动和 N—H 弯曲振动）、1 296 cm^{-1}（C—O 伸缩振动）和 620～929 cm^{-1}（C—H 伸缩振动）出现特征吸附峰，这归因于 PDA 的引入，表明在二维辉钼矿纳米片上成功引入了官能团（主要是胺类和酚羟基）；与壳聚糖气凝胶相比，三维

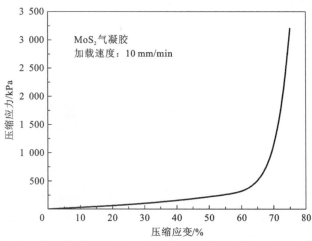

图 7.12　功能化二维辉钼矿纳米片和三维辉钼矿纳米片气凝胶的压缩应力-应变曲线

辉钼矿纳米片气凝胶在 1 567 cm^{-1}（—NH$_2$）处的吸附峰消失，说明壳聚糖链上的氨基参与了壳聚糖与功能化二维辉钼矿纳米片之间的相互作用。此外，在三维辉钼矿纳米片气凝胶中发现了在 1 634 cm^{-1} 处的特征峰，这归因于壳聚糖的氨基与戊二醛的醛基发生交联反应生成席夫碱（—C≡N—伸缩振动）。另外，气凝胶内部大量羟基、氨基和氢键的存在对形成稳定的三维辉钼矿纳米片气凝胶起到了一定的作用。

研究壳聚糖和功能化二维辉钼矿纳米片的表面电荷发现，壳聚糖和功能化辉钼矿纳米片在 pH 为 2.0～12.0 时分别带有相反电荷。因此，静电吸引在小范围 pH（3.25～3.50）内壳聚糖与功能化二维辉钼矿纳米片之间的相互作用中也起着重要作用。虽然纯二维辉钼矿纳米片也带负电，但仅依靠静电吸引并不能使制备的三维辉钼矿纳米片气凝胶具有高稳定性。利用配备有积分球体的分光光度计紫外-可见光-近红外图谱（UV-Vis-NIR spectrum）表征了三维辉钼矿纳米片气凝胶的吸光能力。结果表明，在 200～2 500 nm 的宽光波长范围内，三维辉钼矿纳米片气凝胶实现了 95% 的超高太阳光吸收率（以 Air Mass1.5 G 太阳光谱为参考），奠定了高效的太阳能-热转换的基础[图 7.13（c）]。此外，由于连续产生蒸汽通常需要通过其内部网络进行有效的供水，太阳能蒸发器的亲水性在太阳能海水淡化中也发挥着重要的作用。因为前面介绍的 PDA 和壳聚糖分子及具有各种亲水性官能团的壳聚糖分子，三维辉钼矿纳米片气凝胶具有良好的亲水性[图 7.13（d）]。

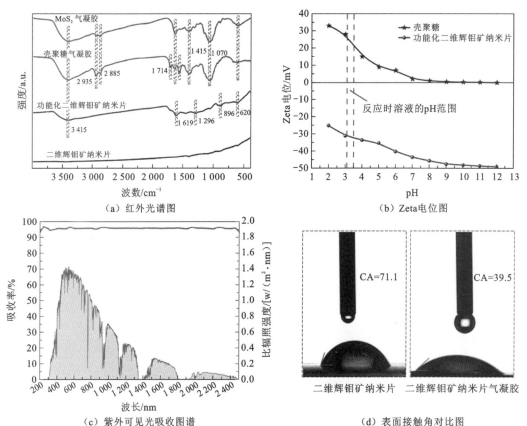

（a）红外光谱图　　　　　　　　　　（b）Zeta 电位图

（c）紫外可见光吸收图谱　　　　　　（d）表面接触角对比图

图 7.13　二维辉钼矿纳米片和三维辉钼矿纳米片气凝胶主要成分相互作用表征和吸光性能、亲水性表征

因此，水可以轻松而快速地渗透到气凝胶相互连接的孔隙中，确保在蒸汽产生过程中从底部冷水到顶部热区域的有效供水。这些结果表明，二维辉钼矿纳米片气凝胶具有良好的机械稳定、高孔隙率、优异的集光能力和高亲水性，有助于其作为太阳能海水淡化的有效太阳能吸收剂。

为了降低成本、提高商业可行性，本节主要测试了三维辉钼矿纳米片气凝胶在 $1.0\sim3.0\ kW/m^2$ 低太阳照射强度下的太阳能脱盐性能。由于太阳能脱盐的净化效应几乎完全与盐的浓度无关，3.5%（质量分数）的氯化钠水溶液可替代真实的海水或其他类型的盐水，通常被用于确定太阳能脱盐的性能。利用三维辉钼矿纳米片气凝胶在 $1.0\ kW/m^2$ 的太阳照射下作为太阳能吸收剂，蒸发速率高达 $1.27\ kg/(m^2{\cdot}h)$，约为纯水蒸发速率的 5.0 倍（$0.253\ 8\ kg/m^2\ h$）[图 7.14（a）]。当太阳辐照度分别为 $0\ kW/m^2$、$1.0\ kW/m^2$、$1.5\ kW/m^2$、$2.0\ kW/m^2$ 和 $3.0\ kW/m^2$ 时，在 $1.0\ kW/m^2$ 的低光照强度下，三维辉钼矿纳米片气凝胶的蒸发效率高达 88%，而在 $1.5\sim3.0\ kW/m^2$ 太阳光照强度下，三维辉钼矿纳米片气凝胶可实现超过 90% 的超高蒸发效率[图 7.14（b）]。这表明，增强太阳光照射有助于提高蒸发效率。这项工作首次证明了使用纳米辉钼矿基气凝胶实现盐水的高效太阳能淡化。收集的冷凝水中 Na^+ 和 Cl^- 的质量浓度分别为 $1.3\ mg/L$ 和 $6.9\ mg/L$，远远低于世界卫生组织（WHO）饮用水标准，表明了三维辉钼矿纳米片气凝胶具有良好的脱盐性能[图 7.14（c）]。

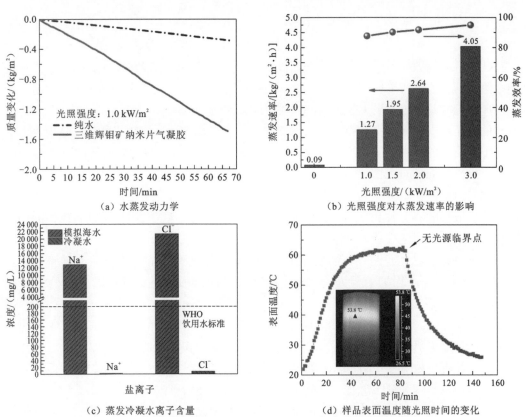

（a）水蒸发动力学　　　　　　　　（b）光照强度对水蒸发速率的影响

（c）蒸发冷凝水离子含量　　　　（d）样品表面温度随光照时间的变化

图 7.14　三维辉钼矿纳米片气凝胶界面蒸发器蒸发和脱盐效果（后附彩图）

此外，由于其优异的机械稳定性，该三维辉钼矿纳米片气凝胶可以重复使用至少 10 个循环（每个循环周期持续 90 min 左右），具有稳定的淡水生产力。三维辉钼矿纳米片气凝胶在 1.0 kW/m² 太阳照射下具有优异的循环性能，表明其在商业应用领域有广阔的前景。

为了进一步研究三维辉钼矿纳米片气凝胶高效产生蒸汽的原理，使用一台红外成像仪来捕获太阳能蒸发器顶部表面的温度变化和整个工作烧杯之间的温度分布[图 7.14 （d）]。三维辉钼矿纳米片气凝胶顶部表面的温度可以从约 22℃ 升高到约 62℃，这表明三维辉钼矿纳米片气凝胶可以有效地将收集的太阳能转化为热能以加热顶部表面的水。由于三维辉钼矿纳米片气凝胶的低导热性（室温下为 0.37 W/m·K），会有热集聚现象发生。从红外成像图上，可以清楚地观察到沿烧杯的从下到上的高温度梯度，直接证实了在蒸发过程中烧杯内部热集聚现象的形成。因此，同时具有高效的光吸收能力、有效的局域热效应、有利于蒸汽逸出的多孔结构等特点，是三维辉钼矿纳米片气凝胶能够进行高效太阳能脱盐的主要原因。

7.3　二维辉钼矿纳米片电极电容脱盐

7.3.1　二维辉钼矿纳米片电极

CDI 因其高效、低成本和环境友好被认为是有前景的海水淡化技术。CDI 作为一种电吸附过程，通过在电极/电解液界面的双电层（EDL）来存储离子。当充电时，溶液中 Na^+ 和 Cl 分别被静电作用力吸附到 CDI 负极和正极形成双电层。当施加反向电压时，被吸附的离子由于排斥作用而脱除进入溶液中。基于 EDL 理论，CDI 的脱盐效率极大地取决于电极材料的比表面积和导电性能（Santoro et al.，2017）。炭材料如活性炭（Zornitta et al.，2017；Huang et al.，2014）、炭气凝胶（Ying et al.，2002）具有巨大的比表面积和良好的导电性，在 CDI 中被广泛研究。然而由于活性炭较小的孔径，溶液中 Na^+ 需经过漫长的扩散才能够进入 EDL 中，这导致了其较低的脱盐效率。二维材料具有较大的比表面积及快速的离子迁移率，可能更适合作为 CDI 电极材料。

二维辉钼矿纳米片是由两层硫原子夹一层钼原子所构成的层状过渡金属硫属化合物，二维辉钼矿纳米片具有巨大的比表面积，为物理化学反应的进行提供了理想的平台，在 CDI 领域展现出优异的性能。

表面缺陷对二维辉钼矿纳米片物理化学性质的影响是巨大的，二维辉钼矿纳米片表面缺陷通过简单热处理即可生成，表面缺陷的出现势必影响二维辉钼矿纳米片的 CDI 性能。通过简单热处理方式制备多缺陷二维辉钼矿纳米片电极，对揭示其表面性质在 CDI 中的作用和机理具有重要意义。目前研究发现，原子掺杂可改善二维辉钼矿纳米片电子结构及面内导电性能。通过在制备过程中引入异原子取代晶格内钼或者硫原子，可优化二维辉钼矿纳米片的物理化学性质。氧原子掺杂通常被认为是改善二维辉钼矿纳米片面内导电性的优异方式，通过水热反应制备氧掺杂二维辉钼矿纳米片，提高二维辉钼矿纳米片导电性是提高其 CDI 性能的关键（Jia et al.，2018a）。

另外，二维辉钼矿纳米片的天然疏水性不利于电解质进入电极界面，在固液界面处形成高的电荷转移电阻，降低了电化学表面的利用率，限制了二维辉钼矿纳米片在 CDI 中的应用。PDA 具有出色的亲水性和电化学活性，因此通过 PDA 改性二维辉钼矿纳米片，制备二维辉钼矿纳米片/PDA 复合材料电极是提高二维辉钼矿纳米片 CDI 性能的有效途径（Wang et al.，2020a）。

7.3.2　电容脱盐技术

1. 富含缺陷的二维辉钼矿纳米片作为电极用于增强电容去离子性能

1）材料表征

二维辉钼矿纳米片的 XRD 如图 7.15（a）所示，在 2θ 为 13.55°、32.43°、35.52°、57.30° 处的特征衍射峰分别对应二维辉钼矿纳米片的(002)、(100)、(103)和(110)晶面，表明二维辉钼矿纳米片成功制备。图 7.15（b）为热处理前后二维辉钼矿纳米片的拉曼图谱，位于 381.5 cm^{-1} 和 409.4 cm^{-1} 的两个典型的特征峰分别代表 Mo 和 S 的面内振动（E_{2g}^{1}）及 S 原子沿 C 轴的面外对称振动（A_{1g}）（Lee et al.，2010）。热处理后所得的多缺陷二维辉钼矿纳米片（T-二维辉钼矿纳米片），两个振动峰的强度减弱并发生蓝移，这可能是由二维辉钼矿纳米片厚度的降低和轻微氧化所造成的（Balendhran et al.，2012）。

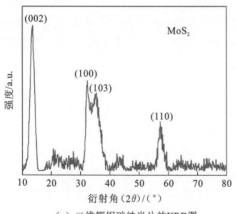

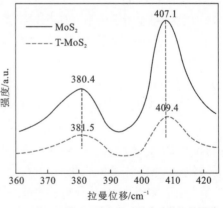

（a）二维辉钼矿纳米片的XRD图　　　　（b）热处理前后二维辉钼矿纳米片的拉曼图谱

图 7.15　二维辉钼矿纳米片性质表征

图 7.16 为二维辉钼矿纳米片和 T-二维辉钼矿纳米片的 SEM 图谱。从图 7.16（a）中可以看出二维辉钼矿纳米片呈玫瑰花瓣状，其直径约为 200 nm，部分纳米片连接到一起像一朵未盛开的花，这是由花状二维辉钼矿纳米片超声处理后所得。在 300 ℃热处理后，T-二维辉钼矿纳米片展示出相似的形貌[图 7.16（b）]。

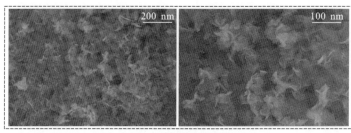

（a）二维辉钼矿纳米片

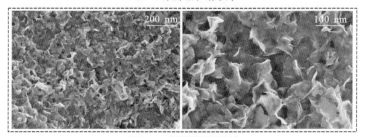

（b）T-二维辉钼矿纳米片

图 7.16　二维辉钼矿纳米片及 T-二维辉钼矿纳米片形貌表征 SEM 图

　　图 7.17 为二维辉钼矿纳米片和 T-二维辉钼矿纳米片的 TEM 图。二维辉钼矿纳米片展示出良好的透光性，表明所制备的二维辉钼矿纳米片厚度较薄。花状二维辉钼矿纳米片超声后所得的二维辉钼矿纳米片未被完全剥离成单片，尚有部分片层相互堆叠，如图 7.17（a）所示，该结果与图 7.16 结果相一致。图 7.17（a）展示了二维辉钼矿纳米片具有完整的晶面，而经过热处理后，可以明显观察到大量缺陷存于 T-二维辉钼矿纳米片表面[图 7.17（b）]。图 7.17（a）展示了二维辉钼矿纳米片具有高的结晶度和相近的厚度。而经热处理所得的 T-二维辉钼矿纳米片更加无序并在表面上出现大量的纳米孔，如图 7.17（b）所示。大量直径约为 20 nm 的缺陷出现在 T-二维辉钼矿纳米片晶面，由热处理所形成。一个明显的断层出现在 T-二维辉钼矿纳米片上，这表明在二维辉钼矿纳米片边缘存在缺陷。由上可知，具有丰富缺陷的二维辉钼矿纳米片通过热处理方式成功制备。前人研究表明，在热处理过程中，边缘缺陷处的 S 原子由于其较低的热稳定性会立刻从二维辉钼矿纳米片结构中脱出蒸发，而只剩下晶格中的 Mo 原子（Liu et al.，2018；Hong et al.，2015）。因此，热处理过程中所形成的缺陷主要是以 Mo 原子为端点。由于本身易被氧化，Mo 原子被氧化为 MoO_3 并以 $HMoO_4^-$ 或者 MoO_4^{2-} 的形式进入溶液中，从而在二维辉钼矿纳米片面内引入了大量的负电性缺陷。

　　二维辉钼矿纳米片和 T-二维辉钼矿纳米片的氮气吸附-脱附等温线如图 7.18 所示。二者均展示出典型的 H3 型滞后环，属于 IV 型吸附-脱附等温线，这表明在两种材料中存在大量介孔。基于图 7.17 中的氮气吸附-脱附等温线计算，二维辉钼矿纳米片和 T-二维辉钼矿纳米片的比表面积分别为 29.5 m^2/g 到 42.8 m^2/g，与二维辉钼矿纳米片相比，T-二维辉钼矿纳米片的比表面积及孔体积均大幅提升，这可能是由热处理过程中产生的缺陷所致。

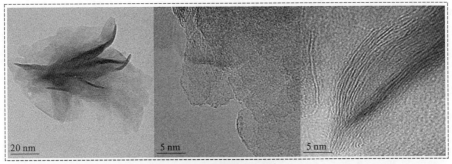

（a）二维辉钼矿纳米片

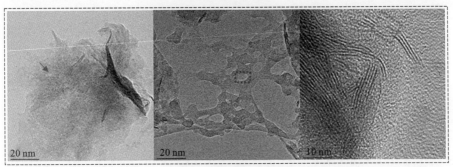

（b）T-二维辉钼矿纳米片

图 7.17　二维辉钼矿纳米片及 T-二维辉钼矿纳米片形貌表征 TEM 图（后附彩图）

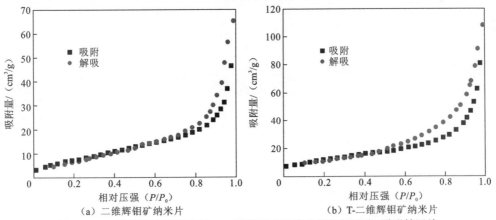

（a）二维辉钼矿纳米片　　　　　　（b）T-二维辉钼矿纳米片

图 7.18　二维辉钼矿纳米片及 T-二维辉钼矿纳米片的氮气吸附-脱附等温线

2）CDI 性能

图 7.19 展示了二维辉钼矿纳米片和 T-二维辉钼矿纳米片电极材料在初始浓度为 100 mg/L 的 NaCl 溶液中的脱盐动力学曲线，由于二维辉钼矿纳米片的催化电解水性，其脱盐工作电压设置为 0.8 V。从图中可以看出，在 CDI 初始阶段，二维辉钼矿纳米片和 T-二维辉钼矿纳米片的脱盐量迅速增加，表明溶液中盐离子被快速吸附到电极表面。随着 CDI 的进行，二者的脱盐速率逐渐降低，最后达到平衡，这是由溶液中盐浓度的降低及电极上吸附位点的饱和所致。T-二维辉钼矿纳米片电极约 35 min 达到脱盐平衡，而

二维辉钼矿纳米片电极只需约 20 min 达到平衡。然而，T-二维辉钼矿纳米片电极的脱盐量高达 24.6 mg/g，约为二维辉钼矿纳米片电极脱盐量（8.8 mg/g）的 3 倍，其脱盐性能的显著提高是由于 T-二维辉钼矿纳米片电极具有高的负电性、较大的比电容及较低的电荷转移电阻。

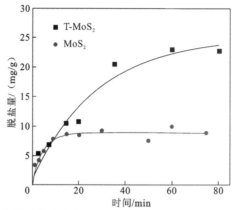

图 7.19　二维辉钼矿纳米片和 T-二维辉钼矿纳米片电极的脱盐动力学曲线

图 7.20 为二维辉钼矿纳米片和 T-二维辉钼矿纳米片电极的脱盐量随 NaCl 质量浓度的变化。脱盐量随着 Na^+ 质量浓度的升高而增加，并且在整个浓度范围内，T-二维辉钼矿纳米片脱盐量比二维辉钼矿纳米片脱盐量高得多。

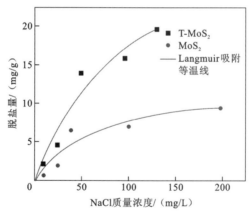

图 7.20　二维辉钼矿纳米片和 T-二维辉钼矿纳米片电极 CDI 脱盐性能随 NaCl 质量浓度的变化

为了证实大量的 Na^+ 被吸附于 T-二维辉钼矿纳米片表面，对脱盐完成后的 T-二维辉钼矿纳米片电极进行 SEM-EDS 表征，其结果如图 7.21 所示。从图中可以清晰地看出，大量 Na^+ 均匀分布在 T-二维辉钼矿纳米片电极上，证实了 T-二维辉钼矿纳米片电极对 Na^+ 具有优异的去除性能。

图 7.22 为 T-二维辉钼矿纳米片脱盐过程中溶液 pH 变化。溶液 pH 在 CDI 开始时逐渐下降，然后达到平衡。pH 的下降是由 CDI 过程中在阳极区所发生的氧化反应及溶液中阴阳离子去除不均等造成的（Tang et al.，2017）。T-二维辉钼矿纳米片对 Na^+ 具有优异

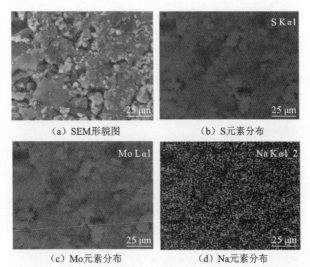

(a) SEM形貌图　　　　　　　(b) S元素分布

(c) Mo元素分布　　　　　　(d) Na元素分布

图 7.21　T-二维辉钼矿纳米片电极脱盐完成后表面上的元素分布情况（后附彩图）

的吸附性能，而正极的活性炭对 Cl⁻吸附性能较差，在 100 mg/L NaCl 溶液中，CDI 负极与正极对 Na⁺、Cl⁻的吸附量分别为 22.0 mg/g 和 8.1 mg/g。Na⁺、Cl⁻的不等量吸附产生 0.09 mmol/L 的质子以补偿不均等的电荷，所产生的 H⁺造成溶液 pH 下降至 4.05，与试验中所测得的 3.8 相近。因此，阴阳离子的不等量吸附造成了 CDI 过程中 pH 的降低。

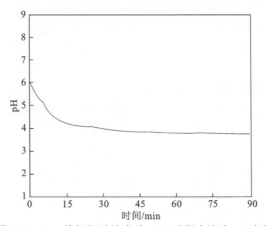

图 7.22　T-二维辉钼矿纳米片 CDI 过程中溶液 pH 变化

T-二维辉钼矿纳米片在 CDI 过程中电流变化如图 7.23 所示，其电荷效率由式（7.2）计算所得。对于 100 mg/L 的 NaCl 溶液，在 0.8 V 操作电压下，T-二维辉钼矿纳米片的电荷效率为 60%，表明二维辉钼矿纳米片基电极更适用于 CDI 脱盐。

$$\Lambda = \frac{\Gamma \times F}{\Sigma} \tag{7.2}$$

式中：Λ 为电荷效率，%；Γ 为脱盐量，mol/g；F 为法拉第常数，96 485 C/mol；Σ 为对曲线积分得到的电荷量，C/g。

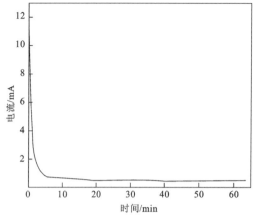

图 7.23　T-二维辉钼矿纳米片在 CDI 过程中的电流变化

3）CDI 机理研究

为了更好地研究 T-二维辉钼矿纳米片提高 CDI 性能的机理，对其表面上 NaCl 的吸附进行 AFM 研究。图 7.24（a）和（b）为 T-二维辉钼矿纳米片的 AFM 形貌图。从图中可以看出，经热处理后天然二维辉钼矿纳米片出现丰富缺陷，这表明通过热处理改性可以在二维辉钼矿纳米片表面生成大量的缺陷。该缺陷是在热处理过程中，辉钼矿晶格中 S 原子蒸发形成以 Mo 原子为端点的缺陷。将该 T-二维辉钼矿纳米片暴露于 0.1 mol/L NaCl 溶液中 1.5 h 后，由 AFM 观测发现［图 7.24（c）和（d）］，在其表面出现丰富的 Na$^+$吸附点，表明 T-二维辉钼矿纳米片表面能够极好地吸附 Na$^+$，更重要的是，大部分的 Na$^+$沿其缺陷处分布，表明缺陷会优先吸附 Na$^+$。二维辉钼矿纳米片的基面是电中性的，而缺陷处则为负电性，因此更容易吸附 Na$^+$。这也是 T-二维辉钼矿纳米片比二维辉钼矿纳米片具有更高脱盐性能的原因。

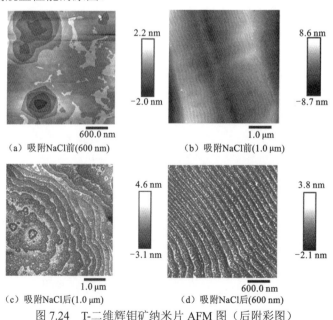

图 7.24　T-二维辉钼矿纳米片 AFM 图（后附彩图）

二维辉钼矿纳米片和T-二维辉钼矿纳米片电极的电化学性能可通过三电极电化学测试研究。图 7.25（a）和（b）为二维辉钼矿纳米片和 T-二维辉钼矿纳米片电极的循环伏安（cyclic voltammetry，CV）曲线，从图中可以看出，二维辉钼矿纳米片和 T-二维辉钼矿纳米片电极的 CV 测试中无明显氧化还原峰，表明这两种电极均为 EDL 电容，与前人研究的以二维辉钼矿纳米片作为超级电容器材料结果相一致（Michailovski et al.，2006）。图 7.25（c）为不同扫描速率下两种电极的比电容的变化。由图中可以看出，电极的比电容随着扫描速率的升高而下降，这是由于在高的扫描速率下，溶液中离子更加难以进入电极的 EDL 中。在扫描速率为 5 mV/s 条件下，二维辉钼矿纳米片和 T-二维辉钼矿纳米片电极的比电容分别为 74.22 F/g 和 221.35 F/g。尽管二维辉钼矿纳米片电极的比电容为 74.22 F/g，还是比活性炭（67 F/g）（Li et al.，2012）、石墨烯（66 F/g）（Gu et al.，2015）等炭材料高得多。此外，T-二维辉钼矿纳米片电极的比电容约为二维辉钼矿纳米片电极的 3 倍，与试验中的脱盐结果类似，这表明 T-二维辉钼矿纳米片电极的高比电容可能是提升其脱盐性能的主要原因。

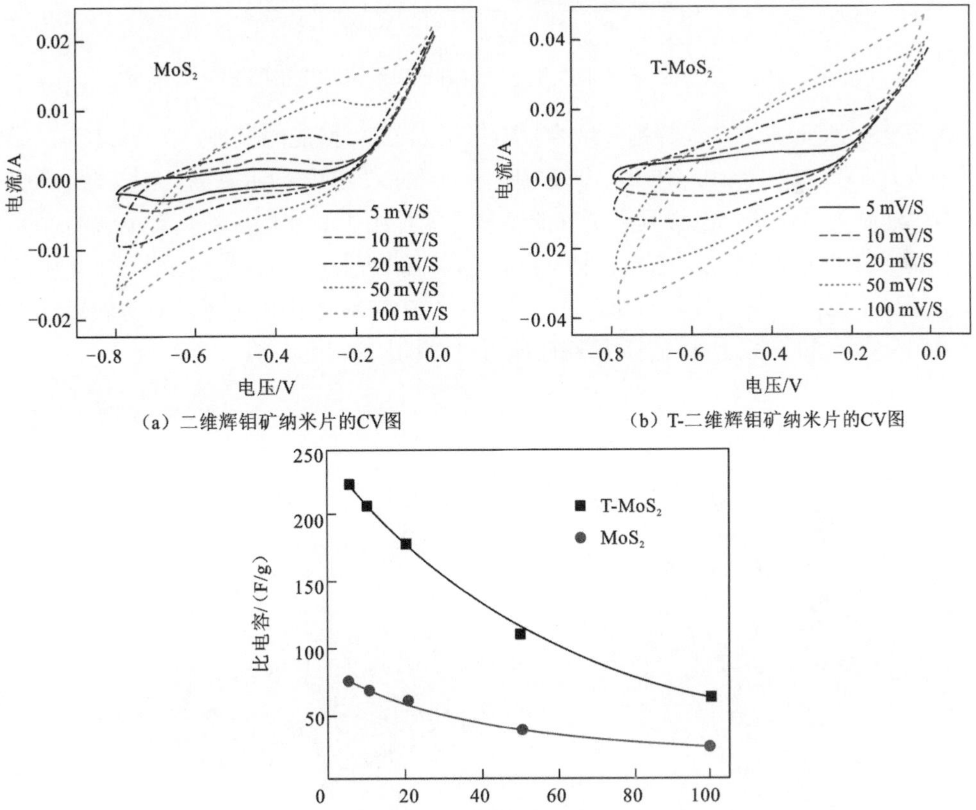

（a）二维辉钼矿纳米片的CV图

（b）T-二维辉钼矿纳米片的CV图

（c）二维辉钼矿纳米片和T-二维辉钼矿纳米片电极的比电容

图 7.25　不同扫描速率下二维辉钼矿纳米片和 T-二维辉钼矿纳米片电极的电化学性能

二维辉钼矿纳米片和 T-二维辉钼矿纳米片电极的 EIS 图谱如图 7.26 所示。EIS 图谱包含两部分：①高频区不完整的半圆，代表电荷转移电阻；②低频区的类线性段，代表离子扩散电阻。其中电荷转移电阻更为重要，因为它代表了电极与溶液界面的传质电阻，表示了整个电极的性能。此外，等效串联电阻（equivalent series resistance，ESR）主要来自电荷转移电阻，二维辉钼矿纳米片和 T-二维辉钼矿纳米片电极的 ESR 分别为 5.535 Ω 和 2.538 Ω，这表明 T-二维辉钼矿纳米片电极较二维辉钼矿纳米片电极在脱盐过程中有着更好的盐离子吸附性能。

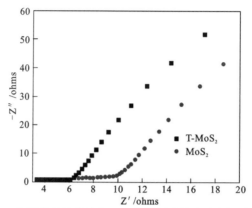

图 7.26　二维辉钼矿纳米片和 T-二维辉钼矿纳米片电极的 EIS 图谱

为了更好地理解 T-二维辉钼矿纳米片电极增强 CDI 性能的机理，图 7.27 为二维辉钼矿纳米片和 T-二维辉钼矿纳米片电极电吸附 Na^+ 进入 EDL 的示意图。上述试验结果表明，T-二维辉钼矿纳米片电极具有更好的脱盐性能是由于其在电场下具有更强的 EDL，而导致其更强的 EDL 的原因主要包括：①二维辉钼矿纳米片表面的缺陷引入了更强的负电；②T-二维辉钼矿纳米片具有更高的比电容；③T-二维辉钼矿纳米片具有较低的电荷转移电阻。更厚的 EDL 能够储存更多的 Na^+，因此其具有更高的 CDI 性能。

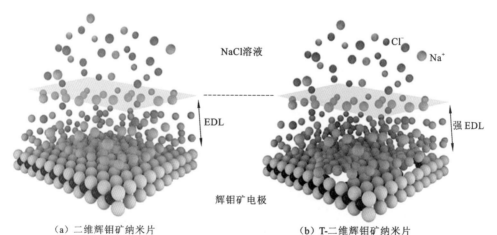

（a）二维辉钼矿纳米片　　　　　　　　（b）T-二维辉钼矿纳米片

图 7.27　Na^+ 电吸附进入二维辉钼矿纳米片和 T-二维辉钼矿纳米片电极 EDL 示意图（后附彩图）

4）T-二维辉钼矿纳米片的循环性能

T-二维辉钼矿纳米片电极的电化学稳定性和 CDI 循环性能如图 7.28 所示。在 20 个电化学循环中 T-二维辉钼矿纳米片电极的比电容保持不变，说明其具有较好的电化学稳定性。CDI 循环在 100 mg/L 的溶液中进行了 5 次充放电吸附循环，在 5 个 CDI 循环中，T-二维辉钼矿纳米片电极的 CDI 性能未有明显降低，表明 T-二维辉钼矿纳米片电极能够很好地再生利用。

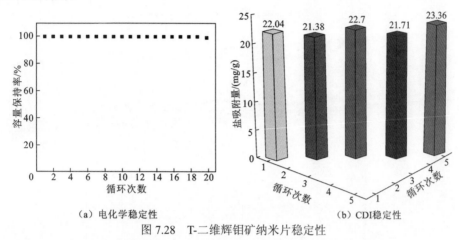

(a) 电化学稳定性　　　　　　　　　　(b) CDI稳定性

图 7.28　T-二维辉钼矿纳米片稳定性

2. 氧掺杂二维辉钼矿纳米片作为电极用于增强电容去离子性能

氧掺杂二维辉钼矿纳米片极大地增强了二维辉钼矿纳米片本身的导电性，氧掺杂二维辉钼矿纳米片作为负极是促进溶液中 Na^+ 脱除的关键；而传统活性炭作为正极对 Cl^- 的脱除效果不佳，因此考虑 Ag 纳米颗粒修饰活性炭作为正极材料用于 CDI 脱盐，Ag 的存在极大地促进了 Cl^- 的去除。本节探讨氧掺杂二维辉钼矿纳米片作为负极，Ag-活性炭（Ag-AC）复合物作为正极，用于增强 CDI 性能。

1）材料表征

不同温度下合成的二维辉钼矿纳米片的 XRD 如图 7.29 所示，其中 S220 代表 220℃ 温度下合成的样品，以此类推。所观察到的特征峰分别对应二维辉钼矿纳米片的(002)、(100)、(103)和(110)晶面，表明二维辉钼矿纳米片成功制备。在 220℃ 所合成的二维辉钼矿纳米片具有最好的结晶度，当合成温度低于 220℃ 时，二维辉钼矿纳米片的结晶度下降，并且(002)衍射峰移动至更低的角度。图 7.30 为 Ag-AC 的 XRD 图，从图中可以观测到 Ag 纳米颗粒的特征峰分别位于 38.12°、44.28°、64.43° 和 77.47°，分别对应 Ag 纳米颗粒的(111)、(200)、(220)和(311)晶面。

图 7.31 为不同温度下合成的二维辉钼矿纳米片的形貌和结构图。从图中可以看出，二维辉钼矿纳米片为超薄纳米片且尺寸较为统一，为 100～200 nm。在较低的合成温度（160℃）下，可得到小尺度的二维辉钼矿纳米片，且其结晶度较差。随着温度的升高，二维辉钼矿纳米片的边缘变得越来越厚且锋利，表明其结晶度提高。在 220℃ 下合成的二维辉钼矿纳米片边缘最厚，表明其结晶度最高。图 7.32 为所制备的 Ag-AC 电极的形貌图。如图所示，尺寸为 200 nm 的 Ag 纳米颗粒均匀地分布在活性炭上，表明 Ag 纳米颗粒成功附着在活性炭上。

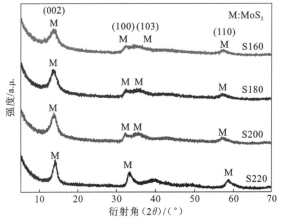

图 7.29　不同温度下合成的二维辉钼矿纳米片

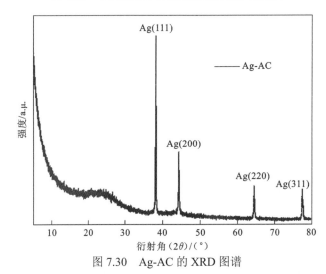

图 7.30　Ag-AC 的 XRD 图谱

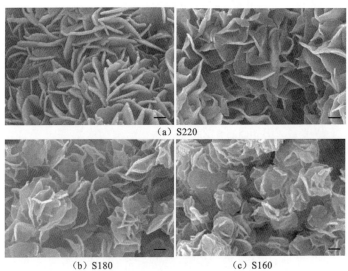

（a）S220

（b）S180　　　　　　　（c）S160

图 7.31　不同温度下合成的二维辉钼矿纳米片的 SEM 图

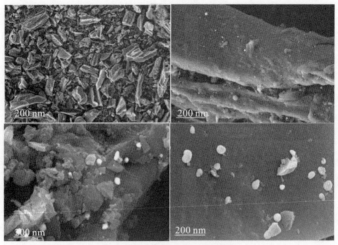

图 7.32　Ag-AC 的 SEM 图

　　为了证明氧原子掺杂进入二维辉钼矿纳米片，对 O 1s 的 XPS 窄谱图进行详细分析，如图 7.33 所示。图 7.33（a）为 S220 中 O 1s 的 XPS 图谱。位于 531.75 eV 和 533.25 eV 的两个特征峰分别为—OH 和吸附水的特征峰。当合成温度降低时（S200、S180、S160），位于 530.20 eV、530.10 eV、530.10 eV 的新峰被观测到，均为 Mo(IV)—O 中 O 的特征峰，表明 Mo(IV)—O 键的形成。该结果表明氧原子取代了纳米辉钼矿中硫原子的位置，

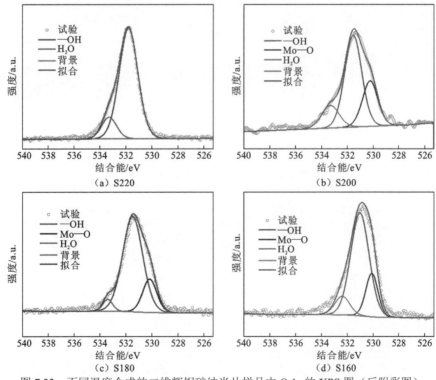

图 7.33　不同温度合成的二维辉钼矿纳米片样品中 O 1s 的 XPS 图（后附彩图）

进入了二维辉钼矿纳米片的晶格，成功制备了氧掺杂二维辉钼矿纳米片。Mo—O 中氧原子的原子百分数见表 7.2。可以看到随着合成温度的降低，掺杂的氧原子含量增加，S160 样品中氧原子百分数最高，为 3.18%。此外，为了研究所合成的二维辉钼矿纳米片的化学组成，Mo、S 的 XPS 窄谱分析见图 7.34。图 7.34（a）和（b）分别为 S220 样品中的 Mo、S 分峰。如图 7.34（a）所示，两个特征峰位于 229.30 eV 和 232.50 eV，属于二维辉钼矿纳米片中 Mo(IV) 的特征峰。图 7.34（b）中，位于 162.10 eV 和 163.25 eV 的特征峰为二维辉钼矿纳米片中 S^{2-} 的特征峰。当合成温度下降至 200 ℃时，Mo 的 XPS 分峰[图 7.34（c）] 出现两个新的特征峰，分别位于 229.95 eV 和 233.20 eV，均为 Mo(V) 的特征峰，是由合成时的不完全反应造成的。同时，在其 S 的 XPS 分峰中[图 7.34（d）]，位于 163.65 eV 的新峰为缺陷相。当合成温度继续降低至 180 ℃和 160 ℃时，Mo(VI) 的峰开始出现，表明 MoS_3 相的存在，这是由温度的降低，合成反应更加不充分所致。同理，在相应 S 的 XPS 分析中，出现强烈的缺陷相，这一定程度上有利于 CDI 的进行[图 7.34（d）～（h）]。

表 7.2　不同温度下合成二维辉钼矿纳米片样品中氧原子掺杂含量

样品	氧原子百分数/%
S220	—
S200	2.60
S180	2.91
S160	3.18

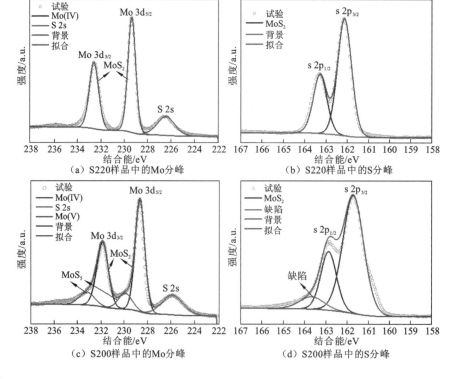

（a）S220样品中的Mo分峰　　（b）S220样品中的S分峰
（c）S200样品中的Mo分峰　　（d）S200样品中的S分峰

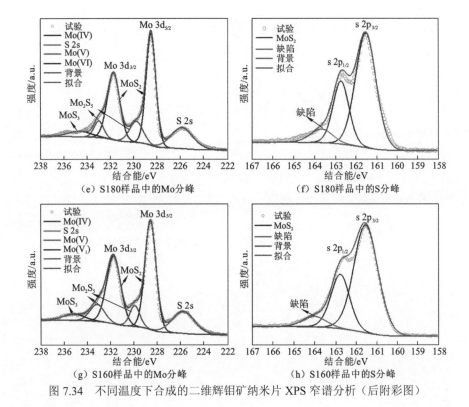

（e）S180样品中的Mo分峰　　　　　（f）S180样品中的S分峰

（g）S160样品中的Mo分峰　　　　　（h）S160样品中的S分峰

图 7.34　不同温度下合成的二维辉钼矿纳米片 XPS 窄谱分析（后附彩图）

2）CDI 性能

氧掺杂二维辉钼矿纳米片的 CDI 性能通过 CDI 试验来测试，其工作电压为 0.8 V。由于二维辉钼矿纳米片的催化性能在较高电压下，可使 H_2O 分解，所以采用工作电压以不超过 0.8V 为宜。图 7.35（a）展示了不同氧掺杂量二维辉钼矿纳米片在 500 mg/L NaCl，充电电压为 0.8 V，放电电压为-0.4 V 下的一个 CDI 循环。在充电过程中，大量的 Cl⁻和 Na⁺分别被吸附到正负电极，因此，溶液的电导率逐渐下降，当吸附逐渐趋于平衡时，溶液电导率也逐渐趋于平衡。各样品的平衡电导率分别为 838.4 μS/cm、858.0 μS/cm、875.9 μS/cm 和 971.9 μS/cm。在放电过程中，Na⁺和 Cl⁻分别从负极和正极脱附下来，导致溶液电导率再次升高，从而完成一个循环。图 7.35（b）展示了脱盐性能与氧掺杂量的关系。可以看到，在氧掺杂后，二维辉钼矿纳米片的脱盐性能得到极大的提升，表明了氧掺杂能够显著提高二维辉钼矿纳米片的脱盐性能。然而，脱盐性能并不是随着氧掺杂量的增加而持续提升的，二维辉钼矿纳米片的氧掺杂量为 2.91%时脱盐量最大。这是由于二维辉钼矿纳米片的结构混乱度随着氧掺杂量的增加而升高，而结构混乱度的提升暴露了更多的活性位点，但是电子沿着基面的传输会因结构混乱度的提升而受到阻碍，从而导致较差的导电性。

S180 拥有最好的脱盐性能，因此 S180 被进一步研究。NaCl 初始浓度对 S180 脱盐的影响如图 7.36（a）所示。脱盐量随着时间的延长先是迅速增加，随后达到吸附平衡，且平衡时间随着 NaCl 浓度的降低而延长。这是由于在较低的 NaCl 浓度下，溶液中 Na⁺和 Cl⁻到达电极界面需要克服更大的阻力，低盐浓度下需要较长的平衡时间。图 7.36（b）展示了脱盐量及去除率随着 NaCl 初始浓度的变化。脱盐量随着初始浓度的增加而升高，而脱盐去除率则随着初始浓度的增加而降低，这是由增加的 NaCl 浓度比去除的更高所致。

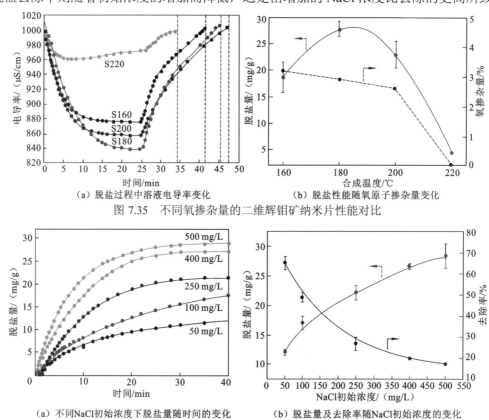

（a）脱盐过程中溶液电导率变化　　　　（b）脱盐性能随氧原子掺杂量变化

图 7.35　不同氧掺杂量的二维辉钼矿纳米片性能对比

（a）不同 NaCl 初始浓度下脱盐量随时间的变化　　　（b）脱盐量及去除率 NaCl 初始浓度的变化

图 7.36　最优氧掺杂量二维辉钼矿纳米片样品（S180）脱盐性能

不同 NaCl 初始浓度下离子的去除速率如图 7.37 所示。S180 在 50 mg/L、100 mg/L、250 mg/L、400 mg/L 和 500 mg/L NaCl 浓度下的最大离子去除速率分别为 15.59×10^3 mg/（g·s）、19.30×10^3 mg/（g·s）、24.43×10^3 mg/（g·s）、43.79×10^3 mg/（g·s）和 65.63×10^3 mg/（g·s）。S180 最大离子去除率随着 NaCl 浓度的升高而升高，这是由高盐浓度下离子至电极表面的电阻较小所致。

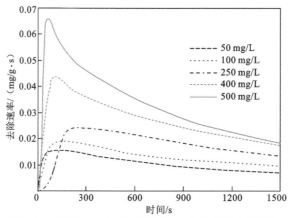

图 7.37　不同 NaCl 初始浓度下 S180 的离子去除速率

电荷效率是评估 CDI 性能的重要参数。图 7.38 为 S180 电极脱盐时的电流变化曲线，电荷效率通过式（7.1）进一步计算而得。S180 电极在 0.8 V 工作电压、500 mg/L 的 NaCl 溶液中的电荷效率为 89%。表明二维辉钼矿纳米片基电极适合用于 CDI 脱盐。

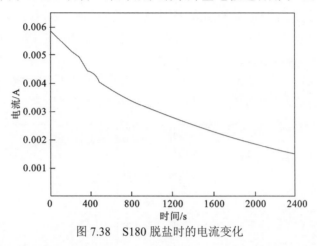

图 7.38　S180 脱盐时的电流变化

3）氧掺杂二维辉钼矿纳米片的 CDI 机理

为了揭示氧掺杂二维辉钼矿纳米片的 CDI 性能提升的原因，进行电化学测试，结果如图 7.39 所示。图 7.39（a）为氧掺杂二维辉钼矿纳米片和原始二维辉钼矿纳米片的 CV 曲线图。从图中可以看出，氧掺杂二维辉钼矿纳米片具有更大的电流密度，即具有更高的电容，这表明氧原子的掺杂创造了更多的活性位点，并且这些活性位点提高了二维辉钼矿纳米片的比电容。图 7.39（b）为 S160～S180 在不同扫描速率下的比电容，在 5 mV/s 的扫描速率下，S160～S220 的比电容分别为 95.38 F/g、117.24 F/g、98.86 F/g 和 24.38 F/g。比电容在氧掺杂后得到极大的提升，然而未与氧掺杂量呈正相关。最高的比电容出现在 S180 样品，其氧掺杂量为 2.91%，与 CDI 试验结果一致。CV 测试结果说明，氧的掺杂确实能够提高二维辉钼矿纳米片的比电容，而只有当材料的结构与活性位点达到一定平衡时才会出现最优的电化学性能。此外，所有样品的比电容随着扫描速率的提升而下降，这是由于在高的扫描速率下离子难以进入电极的界面。EIS 用于研究氧掺杂二维辉钼矿纳米片样品的内在电阻，如图 7.39（c）所示。图 7.39（c）中内置的图为等效电路图，用于测试氧掺杂二维辉钼矿纳米片电极的电荷转移电阻。其中，R_s、R_{ct}、C、W 分别为溶液电阻、电荷转移电阻、电容、扩散电阻。通过等效电路计算 S160～S220 各样品的电荷转移电阻分别为 6.52 Ω、3.55 Ω、6.17 Ω 和 9.80 Ω，更小的电荷转移电阻更有利于 CDI 脱盐。同样地，具有适度氧掺杂量的 S180 的电荷转移电阻最小。因此，从 CV 测试与 EIS 测试总结得出，氧原子掺杂后二维辉钼矿纳米片具有更多的活性位点及更低的内在电阻，从而具有更优异的电化学性能，因此拥有更好的脱盐性能。然而，只有当二维辉钼矿纳米片的结构与活性位点之间实现平衡时，才会达到最高的脱盐性能。此外，氧掺杂二维辉钼矿纳米片具有更高的固体电导率，其电导率测试结果见表 7.3。从 S160～S220 的电导率分别为 1.35 S/cm、3.26 S/cm、2.22 S/cm 和 0.14 S/cm 可以看出，氧掺杂后的二维辉钼矿纳米片具有更好的导电性。同时，氧掺杂二维辉钼矿纳米片样品（S160～S220）与导电炭黑和黏结剂聚偏氟乙烯（poly(vinglidenefluoride)，PVDF）以质量比 8∶1∶1 混合后的样品的电导率分别为 15.34 S/cm、30.12 S/cm、18.32 S/cm 和 12.94 S/cm，更高的电导率能够促进反应过程中的电荷传递与转移。图 7.39（d）为 S180 样品在不同扫描速率下的 CV 曲线。在低的扫描速率下，Na^+ 和 Cl^- 能够有足够的时间扩散和进入电极内部，因此 CV 曲线则为一个类矩形区域，随着扫描速率的提高，越来越多的离子难以进入电极内部，CV 曲线的形状变为叶形。此外，S160、S200 和 S220 在不同扫描速率下的 CV 曲线如图 7.40 所示，结果与 S180 类似。

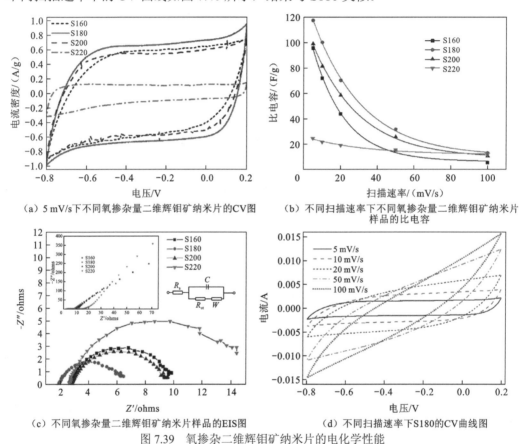

（a）5 mV/s 下不同氧掺杂量二维辉钼矿纳米片的 CV 图

（b）不同扫描速率下不同氧掺杂量二维辉钼矿纳米片样品的比电容

（c）不同氧掺杂量二维辉钼矿纳米片样品的 EIS 图

（d）不同扫描速率下 S180 的 CV 曲线图

图 7.39　氧掺杂二维辉钼矿纳米片的电化学性能

表 7.3　氧掺杂二维辉钼矿纳米片样品的电导率

材料	电导率/（S/cm）	材料（Sxxx∶PVDF∶导电炭黑=8∶1∶1）	电导率/（S/cm）
S220	0.14	S220	12.94
S200	2.22	S200	18.32
S180	3.26	S180	30.12
S160	1.35	S160	15.34

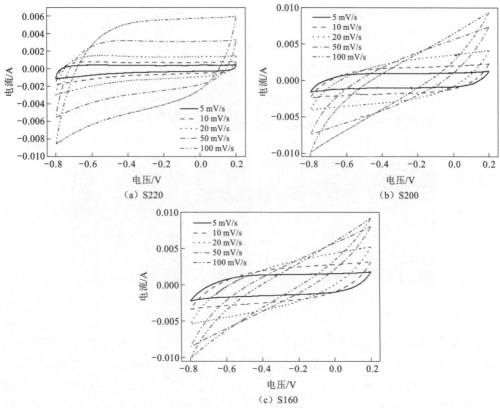

(a) S220 (b) S200

(c) S160

图 7.40 不同扫描速率下 S220、S200 和 S160 的 CV 曲线

脱盐后氧掺杂二维辉钼矿纳米片的 SEM-EDS 图如图 7.41 所示。可以看到在脱盐后，Na⁺均匀地分布在电极上，表明 Na⁺被成功捕获。图 7.42 为 Ag-AC 脱盐后的 SEM-EDS 图，可以看到大部分的 Cl⁻分布在 Ag 颗粒的附近，表明 Cl⁻主要与 Ag 发生了反应，生成了 AgCl，少量的 Cl⁻分布在活性炭上，这是由于活性炭的 EDL 可捕获 Cl⁻。因此，Cl⁻的脱除是其与 Ag 的法拉第反应及 EDL 吸附作用所致。

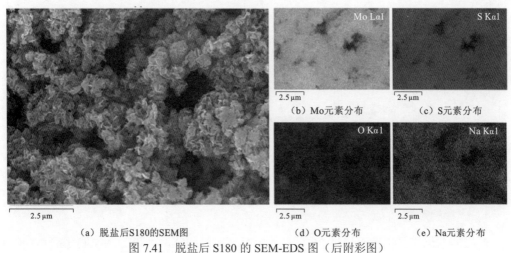

(a) 脱盐后S180的SEM图   (b) Mo元素分布   (c) S元素分布   (d) O元素分布   (e) Na元素分布

图 7.41 脱盐后 S180 的 SEM-EDS 图（后附彩图）

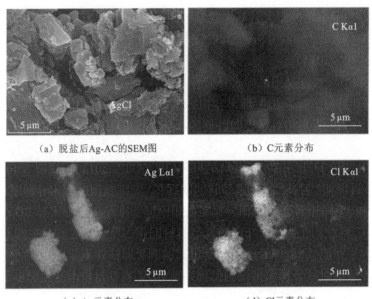

（a）脱盐后Ag-AC的SEM图 （b）C元素分布

（c）Ag元素分布 （d）Cl元素分布

图 7.42　脱盐后 Ag-AC 的 SEM-EDS 图（后附彩图）

图 7.43 为 S180 和 Ag-AC 脱盐前后的 XRD 图谱。在脱盐后 S180(002)面的特征衍射峰移动到更低的角度（8.94°），这表示脱盐后层间距扩大（0.988 nm）。层间距扩大的原因可能在于脱盐时 Na^+ 插入 S180 层间。由于形成了新的层状结构，在衍射角为 17.50°处出现一个新的特征峰，其对应面网间距为 0.51 nm，与前人研究类似。总之，Na^+ 的脱除可以总结为受到纳米辉钼矿 EDL 作用，溶液中 Na^+ 被吸引进入 EDL，进而 Na^+ 插入 S180 层间。从图 7.43（b）可以看出，在脱盐过程中 Cl^- 与 Ag 纳米颗粒反应形成了 AgCl，与图 7.42 中结果类似。

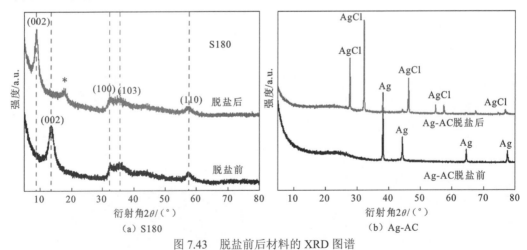

（a）S180 （b）Ag-AC

图 7.43　脱盐前后材料的 XRD 图谱

4）电极稳定性

电极的电化学稳定性可通过 20 个充放电循环进行研究，结果如图 7.43（a）～（c）

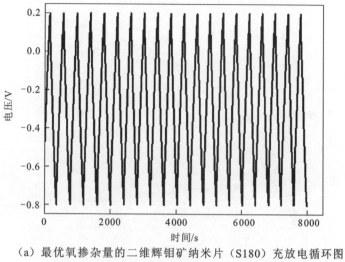

（a）最优氧掺杂量的二维辉钼矿纳米片（S180）充放电循环图

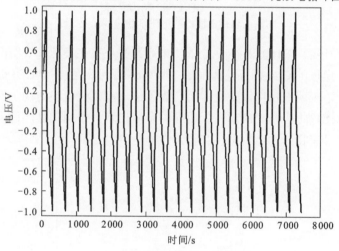

（b）Ag-AC光放电循环图

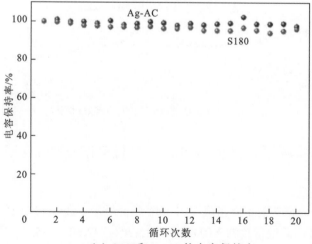

（c）S180和Ag-AC的电容保持率

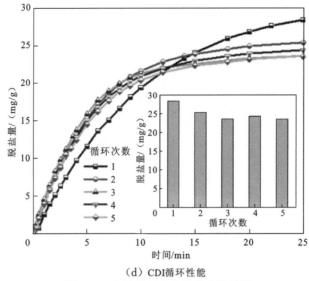

（d）CDI循环性能

图 7.44　电极材料电化学稳定性结果

所示。在 20 个循环后，S180 和 Ag-AC 的比电容几乎不发生变化，表明两种电极均具有较好的稳定性。电极的 CDI 循环性能如图 7.44（d）所示。在 5 个 CDI 循环后仍然保持良好的脱盐性能，表明电极可以重复使用。为了进一步研究电极的稳定性，5 个 CDI 循环后的电极的 XRD 如图 7.45 所示。无明显的杂峰出现，表明在循环过程中电极晶体结构未发生变化，具有良好的可再生性和稳定性。

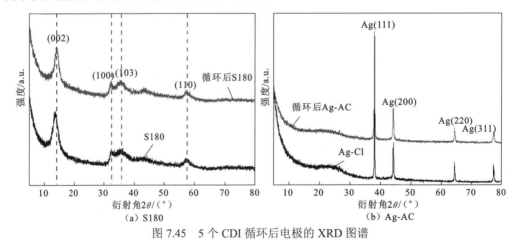

（a）S180　　　　　　　　　　　（b）Ag-AC

图 7.45　5 个 CDI 循环后电极的 XRD 图谱

3. 亲水性二维辉钼矿纳米片/PDA 复合材料作为增强电容去离子的电极

1）材料表征

为了研究合成后材料的主要组成，图 7.46（a）显示了经过 PDA 改性 0 h、4 h、12 h 和 24 h 后的二维辉钼矿纳米片的 XRD 光谱。$13.20°$、$32.80°$、$35.26°$、$41.66°$ 和 $57.70°$ 的 5 个特征峰分别对应二维辉钼矿纳米片的(002)、(100)、(103)、(105)和(110)晶面（Gao et al.，2016；Zhou et al.，2015），表明合成后的复合材料主要成分包含二维辉钼矿纳米片。与原始的二维辉钼矿纳米片相比，二维辉钼矿纳米片/PDA 复合材料的反射性较弱，因此其结晶度要低得多，这表明大量二维辉钼矿纳米片/PDA 复合材料的结构松散且剥落率高（Liu et al.，2015）。

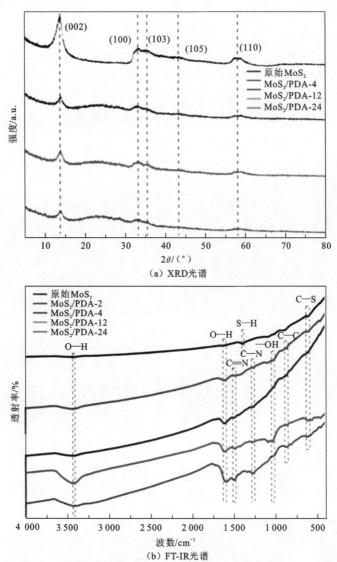

图 7.46　原始二维辉钼矿纳米片和各种二维辉钼矿纳米片/PDA 复合材料的
XRD 和 FT-IR 光谱（后附彩图）

进一步进行 FT-IR 测试以研究二维辉钼矿纳米片/PDA 复合材料的化学结构。如图 7.46（b）所示，$3441\ cm^{-1}$ 和 $1624\ cm^{-1}$ 处的峰源自吸附水分子（H_2O）的 O—H 特征振动（Wang et al.，2018；Cao et al.，2017）。原始二维辉钼矿纳米片中 H_2O 的 O—H 振动可忽略不计，这是由其疏水性而导致的含水量少。二维辉钼矿纳米片/PDA 复合材料中 H_2O 的大量 O—H 振动是由于其较大的亲水性引起的含水量大。从原始二维辉钼矿纳米片到二维辉钼矿纳米片/PDA-24 的 H_2O 的 O—H 振动增强，可能是由于随着浸泡时间的延长在二维辉钼矿纳米片表面沉积的 PDA 数量会增加。此外，在 $1504\ cm^{-1}$、$1271\ cm^{-1}$ 和 $1057\ cm^{-1}$ 处出现的新峰归因于 PDA 中 C=N、C—N 和—OH 等主要振动模式（Cao et al., 2017），并且它们的振动信号随着浸泡时间的增加而增强，直接证实了二维辉钼矿纳米片表面 PDA 沉积量的增加。

如图 7.47（a）所示，原始的二维辉钼矿纳米片大小约为 450 nm，具有花状结构。图 7.47（b）～（f）显示了不同 PDA 包覆厚度的二维辉钼矿纳米片的形态，可见二维辉钼矿纳米片/PDA 复合材料中二维辉钼矿纳米片的花瓣状松散结构源于原始二维辉钼矿纳米片的超声剥落。在图 7.47（b）～（f）中，可以直接观察到随着浸入时间的延长，越来越多的 PDA 沉积在二维辉钼矿纳米片的表面上，即可通过调节浸入时间来精确地控制二维辉钼矿纳米片上 PDA 的沉积量。

（a）原始二维辉钼矿纳米片　　　　　　（b）二维辉钼矿纳米片/PDA-2

（c）二维辉钼矿纳米片/PDA-4　　　　　（d）二维辉钼矿纳米片/PDA-12

（e）1 μm的二维辉钼矿纳米片/PDA-24　　（f）500 nm的二维辉钼矿纳米片/PDA-24

图 7.47　原始二维辉钼矿纳米片和各种二维辉钼矿纳米片/PDA 复合材料的 SEM 图

水接触角测量可表征原始二维辉钼矿纳米片和各种二维辉钼矿纳米片/PDA 复合材料的表面润湿性。如图 7.48（a）所示，原始二维辉钼矿纳米片的接触角为 71.0°，具有表面疏水性。用 PDA 附载后的二维辉钼矿纳米片/PDA-4，二维辉钼矿纳米片/PDA-12 和二维辉钼矿纳米片/PDA-24 的表面润湿性大大提高，接触角分别为 60.5°、52.0° 和 42.5°［图 7.48（b）～（d）］。原始二维辉钼矿纳米片、二维辉钼矿纳米片/PDA-4、二维辉钼矿纳米片/PDA-12 和二维辉钼矿纳米片/PDA-24 的接触角呈下降趋势，表明二维辉钼矿纳米片/PDA 复合材料的亲水性随浸泡时间的延长而增强。这种增强的亲水性有利于 Na^+ 和 Cl^- 从/向二维辉钼矿纳米片/PDA 电极表面扩散，从而促进了其在 CDI 的脱盐效果。这些结果证明了在二维辉钼矿纳米片表面附载 PDA 的必要性。

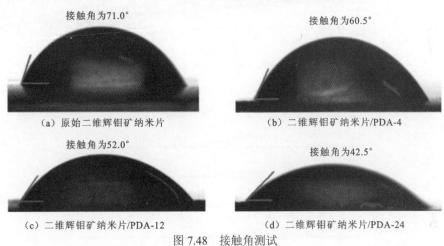

图 7.48　接触角测试

通过 XPS 光谱研究各种二维辉钼矿纳米片/PDA 复合材料中元素的价态变化，结果如图 7.49 所示。从图 7.49（a）中可以看出，所制备的样品主要由 Mo、S、C、N 和 O 元素组成，与二维辉钼矿纳米片/PDA 复合材料的化学成分非常吻合。随着聚合时间的延长，C、N 和 O 的相对强度增加，这表明相应的二维辉钼矿纳米片/PDA 复合材料中 PDA 的相对含量增加。另外，随着聚合时间的延长，二维辉钼矿纳米片的所有特征峰（如 Mo 3p、Mo 3d、Mo 3s 和 S 2p）强度均降低（Jia et al.，2017）。在图 7.49（b）中，在 505.9 eV 处具有单峰的 Mo 3s 的特征峰从二维辉钼矿纳米片至二维辉钼矿纳米片/PDA-24 持续降低，表明 Mo 元素相对含量的降低。这种变化可能是由于随着时间的推移，负载 PDA 数量的增加导致二维辉钼矿纳米片相对含量的降低，或者由于多巴胺在聚合过程中具有氧化还原能力，二维辉钼矿纳米片晶体的部分结构被破坏，导致 Mo 原子和 S 原子的损失（Xie et al.，2017）。

在图 7.49（c）中，285.0 eV、286.4 eV 和 288.8 eV 的峰分别与 C—C、C—O 和 O—C=O 对应，进一步证明了具有丰富官能团的 PDA 的存在。原始二维辉钼矿纳米片中 287.2 eV 处的另一个微小的峰与 C—N 有关，C—N 源自二维辉钼矿纳米片形成过程中的残留前体。如图 7.49（d）所示，N 1s 光谱中 395.6 eV、398.6 eV 和 400.8 eV 处的峰分别归因于 Mo 3p（Yang et al.，2019）、吡啶氮（Li et al.，2016）和石墨氮

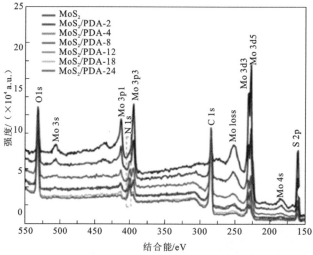

（a）各种二维辉钼矿纳米片/PDA复合材料XPS图谱

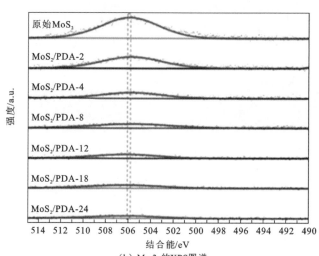

（b）Mo 3s的XPS图谱

（c）C 1s的XPS图谱

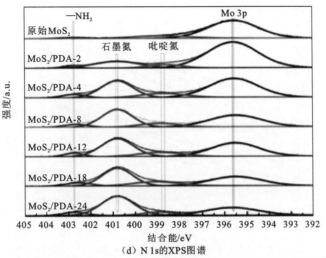

图 7.49　各种二维辉钼矿纳米片/PDA 复合材料 XPS 分析结果（后附彩图）

（Qu et al.，2015）。随着聚合时间的延长，二维辉钼矿纳米片/PDA 复合材料中石墨氮的相对含量升高，而当聚合时间超过 4 h 时，石墨氮的相对含量几乎趋于稳定。高水平的电活性氮和吡啶氮可以极大地增加极限电流密度和改善起始电位，因此与原始二维辉钼矿纳米片相比，二维辉钼矿纳米片/PDA 复合材料的电导率和比电容均被提高。为了以最少的时间获得大量的石墨氮和吡啶氮，在本小节中，预计 4 h 是获得室温下具有优异电化学性能的二维辉钼矿纳米片/PDA 复合材料的最佳聚合时间。

　　CV 通常用于研究电极材料的电化学行为，从而预测其在 CDI 工艺中的性能。为了详细研究修饰时间对二维辉钼矿纳米片/PDA 复合材料电化学性能的影响，分别测试了 PDA 修饰 0 h、2 h、4 h、8 h、12 h、18 h、24 h 的二维辉钼矿纳米片/PDA 复合材料 CV 曲线［图 7.50（a）］，扫描速率为 20 mV/s。与原始二维辉钼矿纳米片相比，二维辉钼矿纳米片/PDA 复合材料未出现法拉第氧化还原峰，这表明二维辉钼矿纳米片/PDA 复合材料展现出典型的双层电容器行为。随着聚合时间的延长，二维辉钼矿纳米片/PDA 复合材料的 CV 曲线积分面积逐渐增大，但当聚合时间大于 4 h 时，积分面积又逐渐减小，表明 4 h 是制备具有优异电化学性能的 PDA 基纳米复合材料的最佳聚合时间。此外，当浸泡时间超过 8 h，二维辉钼矿纳米片/PDA 复合材料的 CV 曲线积分面积出现进一步下降，并且小于原始二维辉钼矿纳米片的积分面积，这与 PDA 附载厚度的增加和二维辉钼矿纳米片/PDA 复合材料的结构变化有关。在二维辉钼矿纳米片/PDA 复合材料中，二维辉钼矿纳米片/PDA-4 具有最高的比电容。在图 7.50（b）和（c）中，随着扫描速率从 5 mV/s 升高到 100 mV/s 时，二维辉钼矿纳米片和二维辉钼矿纳米片/PDA-4 的 CV 曲线均从典型的矩形明显变形为叶状，这是由于随着扫描速率的升高，电解质离子难以进入材料界面。出色的循环稳定性也突出了二维辉钼矿纳米片/PDA-4 的优异电化学性能。如图 7.50（d）所示，即使连续循环 100 次，CV 曲线仍保持其原始形状，并且比电容基本保持在 95% 的水平，揭示了二维辉钼矿纳米片/PDA-4 电极出色的电化学稳定性和循环稳定性。这些结果表明，二维辉钼矿纳米片/PDA-4 是优异的 CDI 电极。

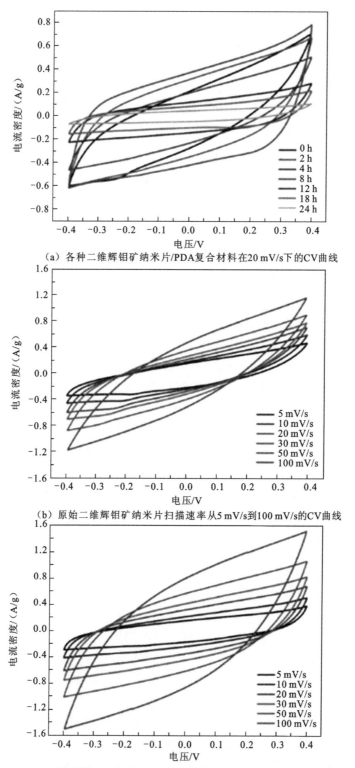

（a）各种二维辉钼矿纳米片/PDA复合材料在20 mV/s下的CV曲线

（b）原始二维辉钼矿纳米片扫描速率从5 mV/s到100 mV/s的CV曲线

（c）二维辉钼矿纳米片/PDA-4扫描速率从5 mV/s到100 mV/s的CV曲线

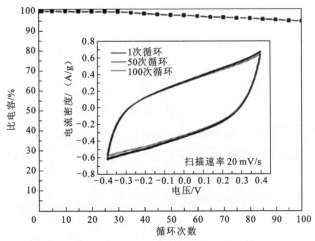

（d）二维辉钼矿纳米片/PDA-4在20 mV/s下的循环性能（插图为第1、50和100次循环的CV曲线）

图 7.50　二维辉钼矿纳米片/PDA 复合材料的电化学性能（后附彩图）

所有测量均在 1.0 mol/L NaCl 溶液中进行

2）CDI 性能

图 7.51 显示的是在 1.2 V 电压下，原始二维辉钼矿纳米片和二维辉钼矿纳米片/PDA-4 在 NaCl 溶液中的 CDI 性能。图 7.51（a）显示了原始二维辉钼矿纳米片和二维辉钼矿纳米片/PDA-4 在 200 mg/L NaCl 溶液中随时间变化的脱盐行为，NaCl 在二维辉钼矿纳米片/PDA-4 上的电吸附可以在约 9 min 内迅速达到平衡，比原始二维辉钼矿纳米片（16 min）及之前报告的用于 CDI 电池的大多数材料（15～80 min）的电吸附速率要快得多。快速的电吸附速率是评估 CDI 电极材料在实际应用中的有利指标之一。吸附速率的提高与在二维辉钼矿纳米片表面上引入亲水性 PDA 涂层有关。图 7.51（b）显示了在不同进料浓度下原始二维辉钼矿纳米片和二维辉钼矿纳米片/PDA-4 的 NaCl 电吸附容量，二维辉钼矿纳米片/PDA-4 的饱和电吸附容量为 14.80 mg/g，是原始二维辉钼矿纳米片（9.79 mg/g）的 1.51 倍。PDA 修饰二维辉钼矿纳米片有增强脱盐性能，对新型电极应用具有重要意义。

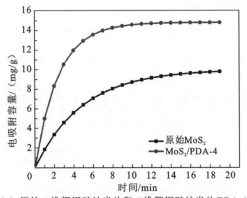

（a）原始二维辉钼矿纳米片和二维辉钼矿纳米片/PDA-4
在200 mg/LNaCl溶液中不同时间的电吸附容量

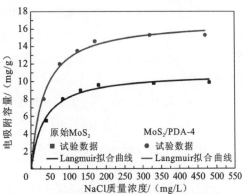

（b）不同浓度的NaCl溶液中原始二维辉钼矿纳米片
和二维辉钼矿纳米片/PDA-4的电吸附容量及其
相应的Langmuir拟合曲线

图 7.51　二维辉钼矿纳米片/PDA 复合物的脱盐性能

3）增强 CDI 性能的机理

PDA 在增强静电场中电化学性能方面的重要作用是提高活性材料的电导率。图 7.52（a）显示了各种二维辉钼矿纳米片/PDA 复合材料的比电容。结果与预期一致，二维辉钼矿纳米片/PDA-4 的最高比电容为 99.17 F/g，是原始二维辉钼矿纳米片最高比电容（75.52 F/g）的 1.3 倍。然而，当聚合时间超过 8 h 时，二维辉钼矿纳米片/PDA 复合材料的比电容将下降至小于原始二维辉钼矿纳米片的比电容。这种现象与两个因素有关：①PDA 的沉积破坏了二维辉钼矿纳米片晶体的部分结构；②较厚的 PDA 层不利于电解质进入二维辉钼矿纳米片表面，从而导致电流响应降低。因此，应该严格控制时间来调整 PDA 在二维辉钼矿纳米片表面的负载工艺。

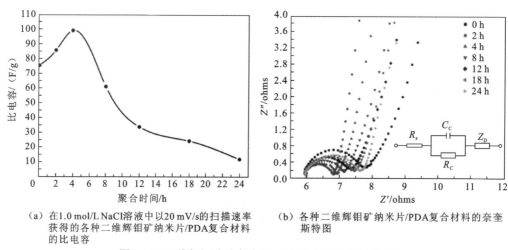

（a）在1.0 mol/L NaCl溶液中以20 mV/s的扫描速率获得的各种二维辉钼矿纳米片/PDA复合材料的比电容

（b）各种二维辉钼矿纳米片/PDA复合材料的奈奎斯特图

图 7.52　二维辉钼矿纳米片/PDA 复合物的电化学性能

图 7.52（b）显示了原始二维辉钼矿纳米片和各种二维辉钼矿纳米片/PDA 复合材料的奈奎斯特图，插图显示的等效电路用于分析 EIS 数据。其中，R_s、R_c、C_c 和 Z_D 分别为溶液电阻、界面接触电阻、电极材料的电容、固/液界面处的扩散阻力。与原始二维辉钼矿纳米片相比，各种二维辉钼矿纳米片/PDA 复合材料由于具有良好的亲水性，所有电极均显示出较小的半圆直径和较大的斜率，意味着它们具有较低的接触电阻（R_c）和离子扩散电阻（Z_D）。

这些结果表明，PDA 的负载有助于促进溶液离子在二维辉钼矿纳米片/PDA 复合材料中界面的传输。随着聚合时间的延长，二维辉钼矿纳米片/PDA 复合材料中频区域的半圆直径逐渐增大，低频区域的图形斜率略有减小，这可能是由于较厚的 PDA 层会阻止离子进入电极表面，并导致内部电阻升高。

一般认为典型的 CDI 过程主要包括 4 个步骤：①盐离子在固液界面的传质；②能量存储伴随着 EDL 内部的离子电吸附；③盐离子在电极和盐水之间的传质；④盐水中的离子扩散。因此，高性能的 CDI 电极材料应同时具有高电容量和适当的特性，以促进离子转移。二维辉钼矿纳米片/PDA-4 与原始二维辉钼矿纳米片相比,由于加入了电活性 PDA 显示出更高的比电容,并且更好的水润湿性降低了内部电阻,这应该是二维辉钼矿纳米片/PDA-4 电极的脱盐能力和电吸附速率显著提高的原因。

此外,PDA 的引入不仅改善了二维辉钼矿纳米片的亲水性和电化学性能,还在材料表面引入了负电荷。考虑盐离子水解过程中的电中性,在溶液 pH 为 4.0~8.0 的条件下,研究二维辉钼矿纳米片和二维辉钼矿纳米片/PDA-4 的表面电荷。如图 7.53 所示,二维辉钼矿纳米片和二维辉钼矿纳米片/PDA-4 的表面均带负电,并且表面负电荷随溶液 pH 的升高而增加。这种特性有利于电极吸附溶液中的钠离子。与原始的二维辉钼矿纳米片相比,PDA 在二维辉钼矿纳米片表面上的涂层提供了更多的负电荷,更强的负电性进一步促进了电极对 Na$^+$的吸附。

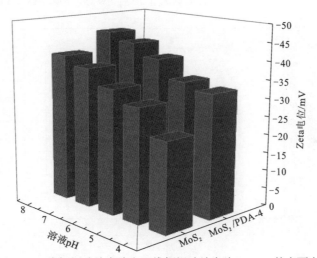

图 7.53　二维辉钼矿纳米片和二维辉钼矿纳米片/PDA-4 的表面电荷

4)循环性能

通过 CDI 循环评估二维辉钼矿纳米片/PDA-4 的循环性能。二维辉钼矿纳米片/PDA-4 电极具有良好的电化学稳定性,因此即使连续 10 个 CDI 循环也具有相对较高且稳定的脱盐能力,这证明了二维辉钼矿纳米片/PDA-4 的良好再生和可回收性。此外,对 PDA 在电极材料中的稳定性进行研究。由于 PDA 在 420 nm 处具有特征性的吸附峰,通过紫外-可见(UV-Vis)吸收光谱法检测 PDA 的溶解情况。如图 7.54(b)所示,即使连续 10 个循环后,二维辉钼矿纳米片/PDA-4 电极中的 PDA 释放到溶液中的量可以忽略不计(PDA 质量分数<0.20%),这表明它在 CDI 连续运行期间具有出色的稳定性。

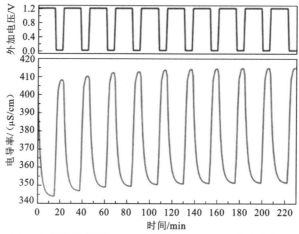

（a）二维辉钼矿纳米片/PDA-4电极在200 mg/L NaCl溶液中的循环性能

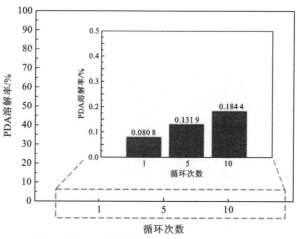

（b）连续CDI过程中二维辉钼矿纳米片/PDA-4电极中PDA的溶解结果

图7.54　二维辉钼矿纳米片/PDA 复合材料的循环性能

参 考 文 献

BALENDHRAN S, OU J Z, BHASKARAN M, et al., 2012. Atomically thin layers of MoS$_2$ via a two step thermal evaporation-exfoliation method[J]. Nanoscale, 4(2): 461-466.

CAO N, YANG B, BARRAS A, et al., 2017. Polyurethane sponge functionalized with superhydrophobic nanodiamond particles for efficient oil/water separation[J]. Chemical Engineering Journal, 307: 319-325.

FU Y, MEI T, WANG G, et al., 2017. Investigation on enhancing effects of Au nanoparticles on solar steam generation in graphene oxide nanofluids[J]. Applied Thermal Engineering, 114: 961-968.

GAO Y, CHEN C, TAN X, et al., 2016. Polyaniline-modified 3D-flower-like molybdenum disulfide composite for efficient adsorption/photocatalytic reduction of Cr(VI)[J]. Journal of Colloid and Interface

Science, 476: 62-70.

GHIM D, JIANG Q, CAO S S, et al., 2018. Mechanically interlocked 1T/2H phases of MoS$_2$ nanosheets for solar thermal water purification[J]. Nano Energy, 53(6): 949-957.

GU X, HU M, DU Z, et al., 2015. Fabrication of mesoporous graphene electrodes with enhanced capacitive deionization[J]. Electrochimica Acta, 182: 183-191.

GUO Z, WANG G, MING X, et al., 2018. PEGylated self-growth MoS$_2$ on a cotton cloth substrate for high-efficiency solar energy utilization[J]. ACS Applied Materials and Interfaces, 10(29): 24583-24589.

HONG J, HU Z, PROBERT M, et al., 2015. Exploring atomic defects in molybdenum disulphide monolayers[J]. Nature Communications, 6: 1-8.

HUANG W Y, WANG J, LIU Y M, et al., 2014. Inhibitory effect of Malvidin on TNF-α-induced inflammatory response in endothelial cells[J]. European Journal of Pharmacology, 723(1): 67-72.

JIA F, WANG Q, WU J, et al., 2017. Two-Dimensional Molybdenum Disulfide as a superb adsorbent for removing Hg^{2+} from water[J]. ACS Sustainable Chemistry and Engineering, 5(8): 7410-7419.

JIA F, SUN K, YANG B, et al., 2018a. Defect-rich molybdenum disulfide as electrode for enhanced capacitive deionization from water[J]. Desalination, 446: 21-30.

JIA F, LIU C, YANG B, et al., 2018b. Thermal modification of the molybdenum disulfide surface for tremendous improvement of Hg^{2+} adsorption from aqueous solution[J]. ACS Sustainable Chemistry and Engineering, 6(7): 9065-9073.

LEE C, YAN H, BRUS L E, et al., 2010. Anomalous lattice vibrations of single- and few-layer MoS$_2$[J]. ACS Nano, 4(5): 2695-2700.

LI H, PAN L, NIE C, et al., 2012. Reduced graphene oxide and activated carbon composites for capacitive deionization[J]. Journal of Materials Chemistry, 22(31): 15556-15561.

LI J S, WANG Y, LIU C H, et al., 2016. Coupled molybdenum carbide and reduced graphene oxide electrocatalysts for efficient hydrogen evolution[J]. Nature Communications, 7(1): 1-8.

LIU H, ZHANG F, LI W, et al., 2015. Porous tremella-like MoS$_2$/polyaniline hybrid composite with enhanced performance for lithium-ion battery anodes[J]. Electrochimica Acta, 167: 132-138.

LIU Y, WANG X, WU H, 2017. High-performance wastewater treatment based on reusable functional photo-absorbers[J]. Chemical Engineering Journal, 309: 787-794.

MAYOR B, 2019. Growth patterns in mature desalination technologies and analogies with the energy field[J]. Desalination, 457: 75-84.

MICHAILOVSKI A, PATZKE G R, 2006. Hydrothermal synthesis of molybdenum oxide based materials: Strategy and structural chemistry[J]. Chemistry-A European Journal, 12(36): 9122-9134.

PATEL S K, RITT C L, DESHMUKH A, et al., 2020. The relative insignificance of advanced materials in enhancing the energy efficiency of desalination technologies[J]. Energy and Environmental Science, 13(6): 1694-1710.

QU K, ZHENG Y, DAI S, et al., 2015. Polydopamine-graphene oxide derived mesoporous carbon nanosheets for enhanced oxygen reduction[J]. Nanoscale, 7(29): 12598-12605.

SANTORO C, ABAD F B, SEROV A, et al., 2017. Supercapacitive microbial desalination cells: New class of power generating devices for reduction of salinity content[J]. Applied Energy, 208: 25-36.

SHI L, HE Y, HUANG Y, et al., 2017. Recyclable Fe₃O₄@CNT nanoparticles for high-efficiency solar vapor generation[J]. Energy Conversion and Management, 149: 401-408.

SPLENDIANI A, SUN L, ZHANG Y, et al., 2010. Emerging photoluminescence in monolayer MoS₂[J]. Nano Letters, 10(4): 1271-1275.

TANG W, HE D, ZHANG C, et al., 2017. Comparison of faradaic reactions in capacitive deionization (CDI) and membrane capacitive deionization (MCDI) water treatment processes[J]. Water Research, 120: 229-237.

WANG Q, JIA F, SONG S, et al., 2020a. Hydrophilic MoS₂/polydopamine (PDA) nanocomposites as the electrode for enhanced capacitive deionization[J]. Separation and Purification Technology, 236: 116298.

WANG Q, JIA F, HUANG A, et al., 2020b. MoS₂@sponge with double layer structure for high-efficiency solar desalination[J]. Desalination, 481: 114359.

WANG Q, GUO Q, JIA F, et al., 2020c. Facile preparation of Three-Dimensional MoS₂ aerogels for highly efficient solar desalination[J]. ACS Applied Materials and Interfaces, 12(29): 32673-32680.

WANG Q, QIN Y, JIA F, et al., 2021. Magnetic MoS₂ nanosheets as recyclable solar-absorbers for high-performance solar steam generation[J]. Renewable Energy, 163: 146-153.

WANG W, ZHAO Y, BAI H, et al., 2018. Methylene blue removal from water using the hydrogel beads of poly(vinyl alcohol)-sodium alginate-chitosan-montmorillonite[J]. Carbohydrate Polymers, 198: 518-528.

WANG X Q, OU G, WANG N, et al., 2016a. Graphene-based recyclable photo-absorbers for high-efficiency seawater desalination[J]. ACS Applied Materials and Interfaces, 8(14): 9194-9199.

WANG X Z, HE Y, CHENG G, et al., 2016b. Direct vapor generation through localized solar heating via carbon-nanotube nanofluid[J]. Energy Conversion and Management, 130: 176-183.

WANG Z, MI B, 2017. Environmental applications of 2D molybdenum disulfide (MoS₂) nanosheets[J]. Environmental Science and Technology, 51(15): 8229-8244.

XIE Z, CHENG J, YAN J, et al., 2017. Polydopamine modified activated carbon for capacitive desalination[J]. Journal of The Electrochemical Society, 164(12): A2636-A2643.

YANG G, LI X, WANG Y, et al., 2019. Three-dimensional interconnected network few-layered MoS₂/N, S co-doped graphene as anodes for enhanced reversible lithium and sodium storage[J]. Electrochimica Acta, 293: 47-59.

YING T Y, YANG K L, YIACOUMI S, et al., 2002. Electrosorption of ions from aqueous solutions by nanostructured carbon aerogel[J]. Journal of Colloid and Interface Science, 250(1): 18-27.

ZEINY A, JIN H, LIN G, et al., 2018. Solar evaporation via nanofluids: A comparative study[J]. Renewable Energy, 122: 443-454.

ZHANG Y, XIONG T, NANDAKUMAR D K, et al., 2020. Structure architecting for salt-rejecting solar interfacial desalination to achieve high-performance evaporation with in situ energy generation[J]. Advanced Science, 7(9): 1903478.

ZHOU J, XIAO H, ZHOU B, et al., 2015. Hierarchical MoS₂-rGO nanosheets with high MoS₂ loading with enhanced electro-catalytic performance[J]. Applied Surface Science, 358: 152-158.

ZORNITTA R L, GARCÍA-MATEOS F J, LADO J J, et al., 2017. High-performance activated carbon from polyaniline for capacitive deionization[J]. Carbon, 123: 318-333.

附 图

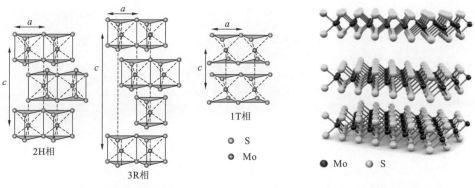

（a）三种晶相的MoS_2结构 　　　　　　　　（b）2H相MoS_2结构

图 1.1　三种晶相的 MoS_2 结构及 2H 相 MoS_2 结构示意图

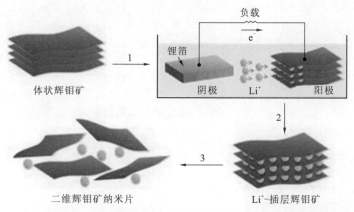

（a）锂离子插层剥离辉钼矿的示意图

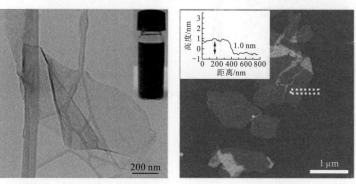

（b）剥离后二维辉钼矿纳米片的TEM　　　　（c）AFM图

图 2.5　锂离子插层制备二维辉钼矿纳米片的表征

AFM（atomic force microscope，原子力显微镜），（c）图引自 Zeng 等（2011）

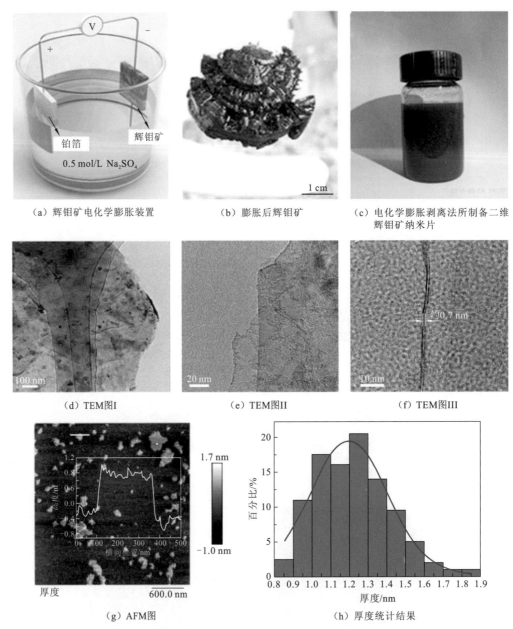

（a）辉钼矿电化学膨胀装置　　　（b）膨胀后辉钼矿　　　（c）电化学膨胀剥离法所制备二维
　　　　　　　　　　　　　　　　　　　　　　　　　　　　　　　辉钼矿纳米片

（d）TEM图 I　　　　　　　（e）TEM图 II　　　　　　　（f）TEM图 III

（g）AFM图　　　　　　　　　　　（h）厚度统计结果

图 2.6　电化学膨胀-超声剥离法制备二维辉钼矿纳米片的表征

（b）图引自 Liu 等（2017），（h）图引自 Jia 等（2018）

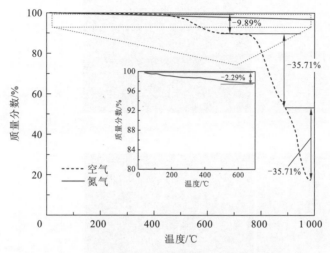

（a）辉钼矿在空气及氮气氛围下的热重曲线

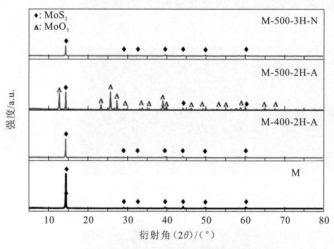

（b）不同温度下热处理后的辉钼矿XRD图

图 3.1　辉钼矿热重曲线及热处理后结构表征

XRD（X-ray diffraction，X 射线衍射）

图（b）中样品代号含义：M（辉钼矿），M-400-2H-A（辉钼矿在空气气氛中 400 ℃焙烧 2 h），M-500-2H-A（辉钼矿在空气气氛中 500 ℃焙烧 2 h），M-500-3H-N（辉钼矿在氮气气氛中 500 ℃焙烧 3 h）

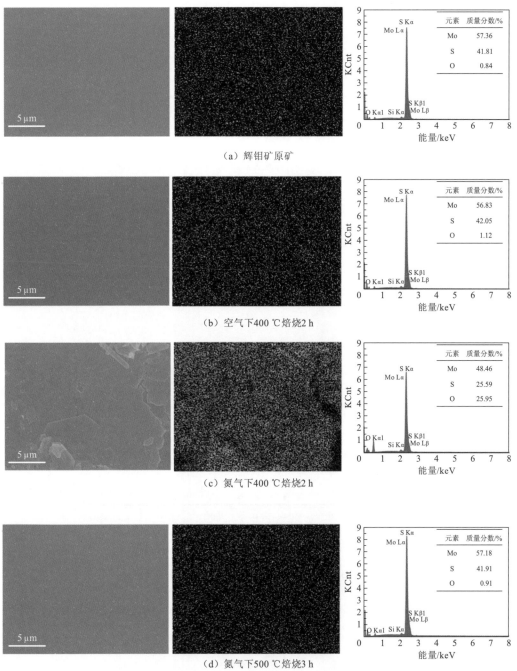

（a）辉钼矿原矿

（b）空气下400 ℃焙烧2 h

（c）氮气下400 ℃焙烧2 h

（d）氮气下500 ℃焙烧3 h

图 3.3　辉钼矿的 SEM-EDS 形貌，氧能谱及能谱分布图

元素质量分数因修约，合计可能不等于 100%

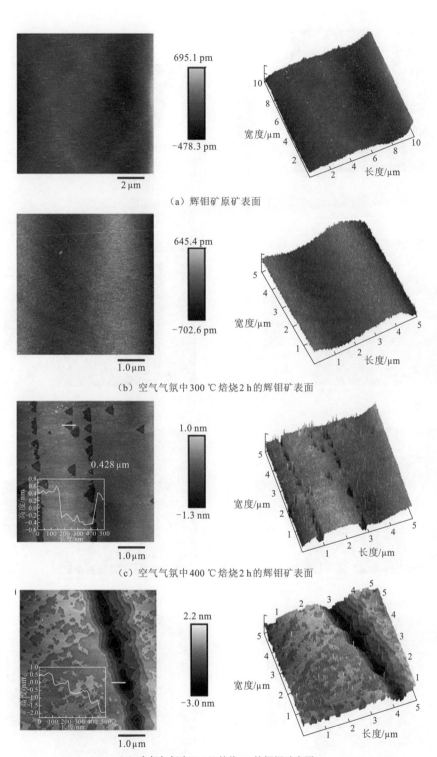

（a）辉钼矿原矿表面

（b）空气气氛中300 ℃焙烧2 h的辉钼矿表面

（c）空气气氛中400 ℃焙烧2 h的辉钼矿表面

（d）空气气氛中500 ℃焙烧2 h的辉钼矿表面

图 3.4　辉钼矿表面 AFM 图

$1 \text{ pm} = 10^{-12} \text{ m}$

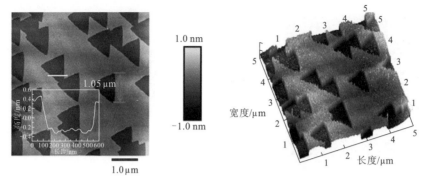

图 3.5　氮气气氛中 500 ℃焙烧 3 h 后辉钼矿的 AFM 图

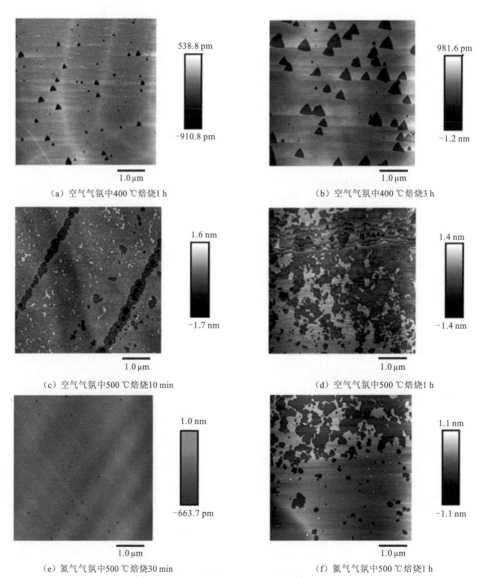

（a）空气气氛中400 ℃焙烧1 h

（b）空气气氛中400 ℃焙烧3 h

（c）空气气氛中500 ℃焙烧10 min

（d）空气气氛中500 ℃焙烧1 h

（e）氮气气氛中500 ℃焙烧30 min

（f）氮气气氛中500 ℃焙烧1 h

图 3.6　辉钼矿热处理不同时长的 AFM 图

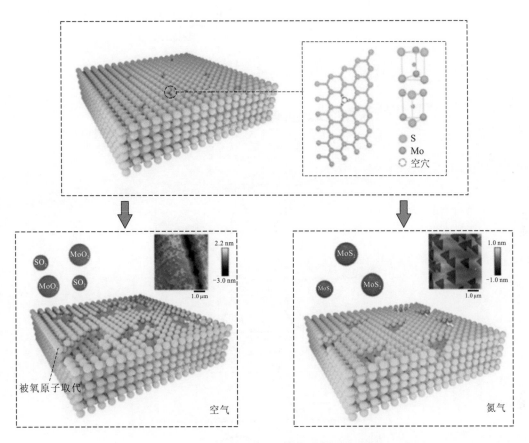

图 3.7　辉钼矿表面产生缺陷及其氧化示意图

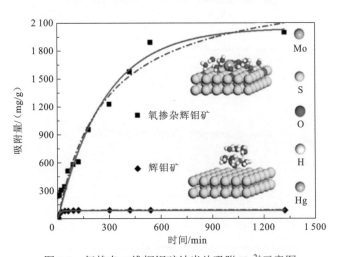

图 3.9　氧掺杂二维辉钼矿纳米片吸附 Hg^{2+} 示意图

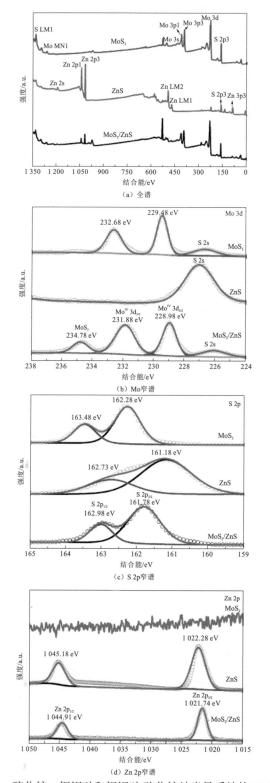

图 3.14　硫化锌、辉钼矿和辉钼矿/硫化锌纳米异质结的 XPS 谱图

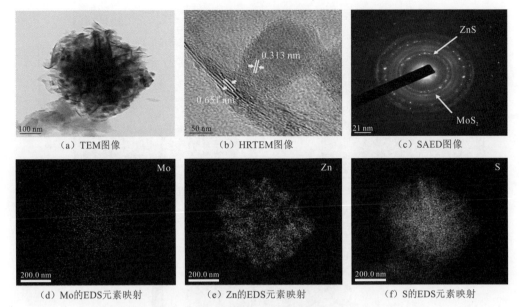

（a）TEM图像　　　　　　（b）HRTEM图像　　　　　　（c）SAED图像

（d）Mo的EDS元素映射　　　（e）Zn的EDS元素映射　　　（f）S的EDS元素映射

图 3.16　辉钼矿/硫化锌纳米异质结的 TEM、HRTEM 和 SAED 图像及相应的 EDS 元素映射

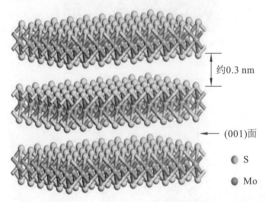

图 4.1　二维辉钼矿的结构示意图

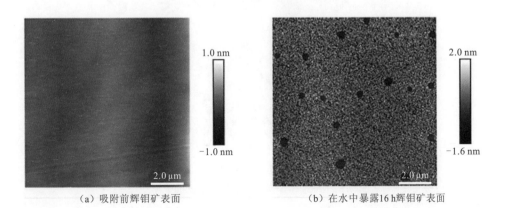

（a）吸附前辉钼矿表面　　　　　　　（b）在水中暴露16 h辉钼矿表面

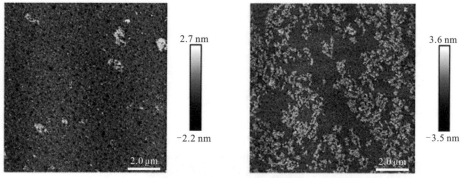

（c）在水中暴露4 h后吸附20 h 50 mg/L Hg²⁺辉钼矿表面　　　（d）在水中暴露8 h后吸附20 h 50 mg/L Hg²⁺辉钼矿表面

（e）在水中暴露20 h后吸附20 h 50 mg/L Hg²⁺辉钼矿表面

图 4.4　辉钼矿表面水化层对 Hg^{2+} 吸附的 AFM 图

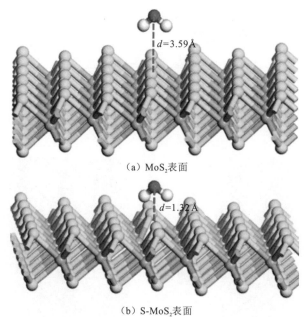

（a）MoS₂表面

（b）S-MoS₂表面

图 4.5　MoS₂ 和 S-MoS₂ 表面上 H₂O 的吸附构型

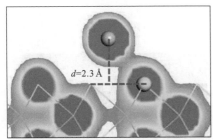

（a）MoS_2表面

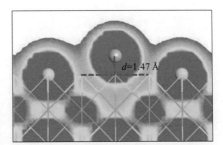

（b）S-MoS_2表面

图 4.6　Hg^{2+}在 MoS_2 和 S-MoS_2 表面上的吸附构型和电子密度图

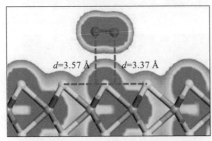

（a）MoS_2表面

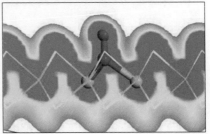

（b）S-MoS_2表面

图 4.7　O_2 在完全 MoS_2 表面和 S-MoS_2 表面上的吸附构型和电子密度图

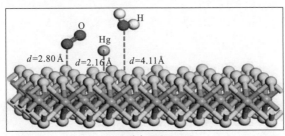

（a）H_2O

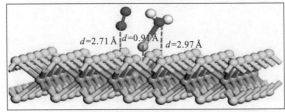

（b）Hg^{2+}

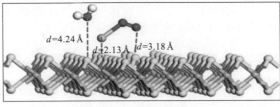

（c）O_2

图 4.9　在 S-MoS_2 表面上硫空位上方分别与 H_2O、Hg^{2+} 和 O_2 的共吸附构型

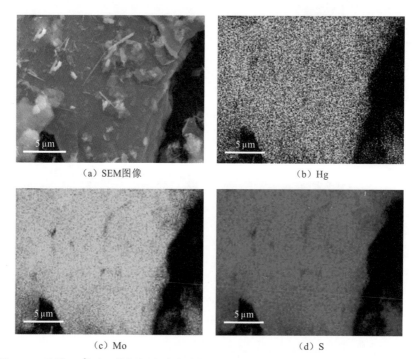

（a）SEM图像　　　　　　　　　（b）Hg

（c）Mo　　　　　　　　　　（d）S

图 4.13　吸附 Hg^{2+} 后二维辉钼矿纳米片的 SEM 图像及 Hg、Mo 和 S 的 EDS 元素图

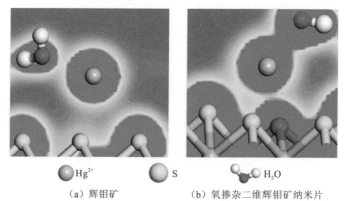

　Hg^{2+}　　　　S　　　　H$_2$O

（a）辉钼矿　　　　　　　　（b）氧掺杂二维辉钼矿纳米片

图 4.23　水溶液体系中 Hg^{2+} 在辉钼矿和氧掺杂二维辉钼矿纳米片上吸附的电子密度图

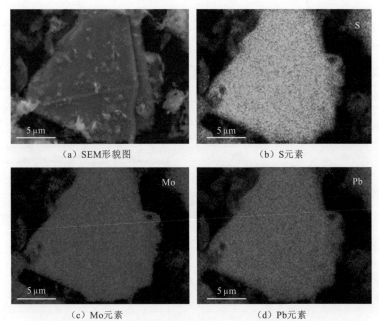

（a）SEM形貌图 （b）S元素

（c）Mo元素 （d）Pb元素

图 4.36 二维辉钼矿纳米片吸附 Pb^{2+} 后的 SEM-EDS 结果

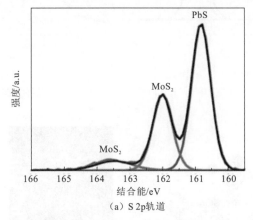

（a）S 2p轨道

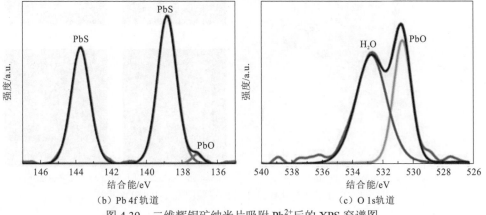

（b）Pb 4f轨道 （c）O 1s轨道

图 4.39 二维辉钼矿纳米片吸附 Pb^{2+} 后的 XPS 窄谱图

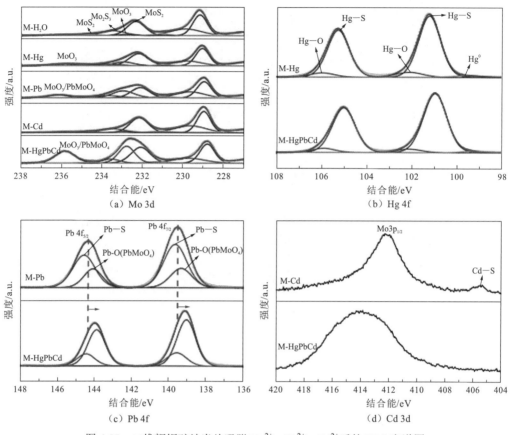

（a）Mo 3d

（b）Hg 4f

（c）Pb 4f

（d）Cd 3d

图 4.55　二维辉钼矿纳米片吸附 Hg^{2+}、Pb^{2+}、Cd^{2+}后的 XPS 窄谱图

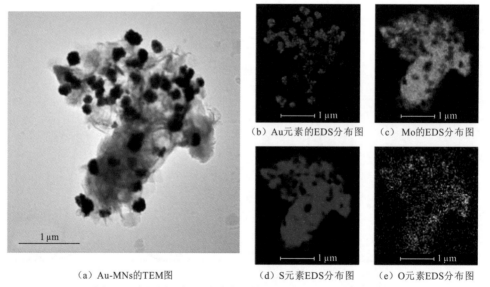

（a）Au-MNs的TEM图

（b）Au元素的EDS分布图

（c）Mo的EDS分布图

（d）S元素EDS分布图

（e）O元素EDS分布图

图 5.3　金还原后辉钼矿纳米片的形貌图及 TEM-EDS 表征

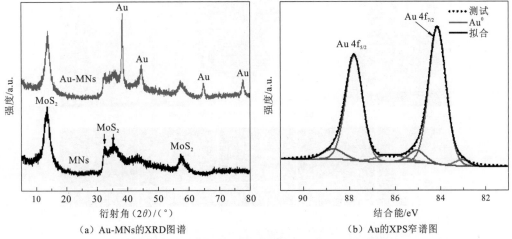

（a）Au-MNs的XRD图谱

（b）Au的XPS窄谱图

图 5.4　Au-MNs 的 XRD 图谱与 Au 的 XPS 窄谱图

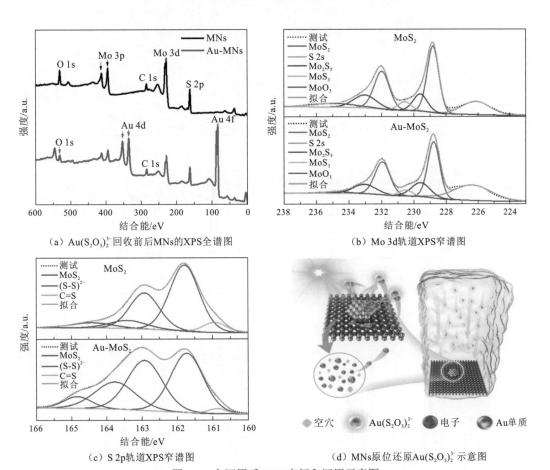

（a）Au(S₂O₃)₂³⁻回收前后MNs的XPS全谱图

（b）Mo 3d轨道XPS窄谱图

（c）S 2p轨道XPS窄谱图

（d）MNs原位还原Au(S₂O₃)₂³⁻示意图

图 5.8　金还原后 XPS 表征和还原示意图

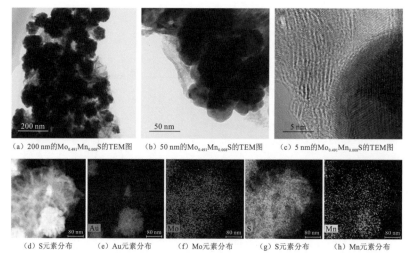

（a）200 nm的Mo$_{0.491}$Mn$_{0.008}$S的TEM图　　（b）50 nm的Mo$_{0.491}$Mn$_{0.008}$S的TEM图　　（c）5 nm的Mo$_{0.491}$Mn$_{0.008}$S的TEM图

（d）S元素分布　　（e）Au元素分布　　（f）Mo元素分布　　（g）S元素分布　　（h）Mn元素分布

图 5.14　还原 Au(S$_2$O$_3$)$_2^{3-}$ 后 Mo$_{0.491}$Mn$_{0.008}$S 的 TEM 图像和相应的元素 EDS 面扫图

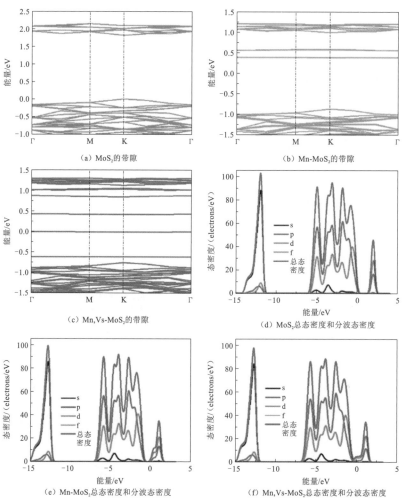

（a）MoS$_2$的带隙

（b）Mn-MoS$_2$的带隙

（c）Mn,Vs-MoS$_2$的带隙

（d）MoS$_2$总态密度和分波态密度

（e）Mn-MoS$_2$总态密度和分波态密度

（f）Mn,Vs-MoS$_2$总态密度和分波态密度

图 5.16　MoS$_2$、Mn-MoS$_2$ 和 Mn,Vs-MoS$_2$ 的带隙结构、总态密度和分波态密度

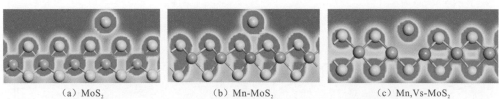

（a）MoS$_2$ 　　　　（b）Mn-MoS$_2$ 　　　　（c）Mn,Vs-MoS$_2$

图 5.17　Au(I)与 MoS$_2$、Mn-MoS$_2$ 和 Mn，Vs-MoS$_2$ 作用的电子密度图

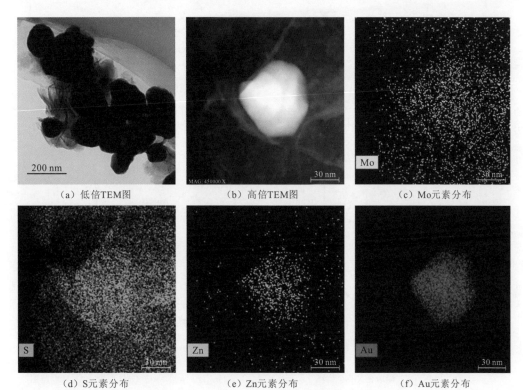

（a）低倍TEM图　　　　（b）高倍TEM图　　　　（c）Mo元素分布

（d）S元素分布　　　　（e）Zn元素分布　　　　（f）Au元素分布

图 5.21　Au(S$_2$O$_3$)$_2^{3-}$ 还原后 Mo$_{0.45}$Zn$_{0.10}$S 的 TEM 图像和相应的 EDS 元素映射

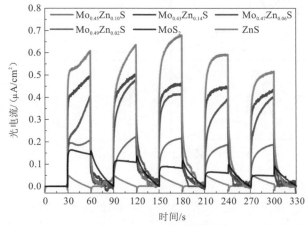

图 5.22　ZnS、MoS$_2$ 和 MoS$_2$/ZnS 纳米异质结的光电流响应结果

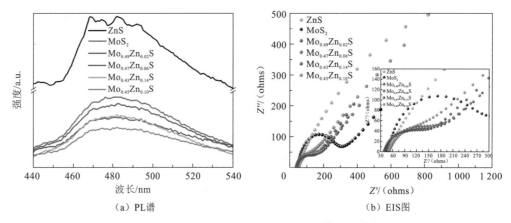

（a）PL谱　　　　　　　　　　　　　　（b）EIS图

图 5.23　ZnS、MoS₂ 和 MoS₂/ZnS 纳米异质结的 PL 谱和 EIS 图

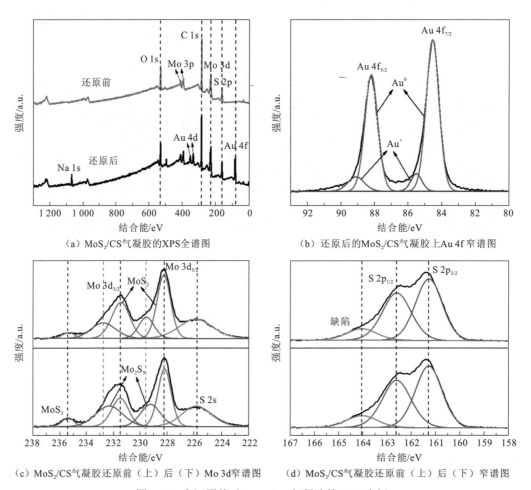

（a）MoS₂/CS气凝胶的XPS全谱图　　　（b）还原后的MoS₂/CS气凝胶上Au 4f窄谱图

（c）MoS₂/CS气凝胶还原前（上）后（下）Mo 3d窄谱图　　（d）MoS₂/CS气凝胶还原前（上）后（下）窄谱图

图 5.28　金还原前后 MoS₂/CS 气凝胶的 XPS 表征

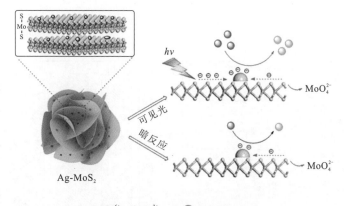

图 5.31　Ag-MoS$_2$ 还原 Cr(VI)的还原机理示意图

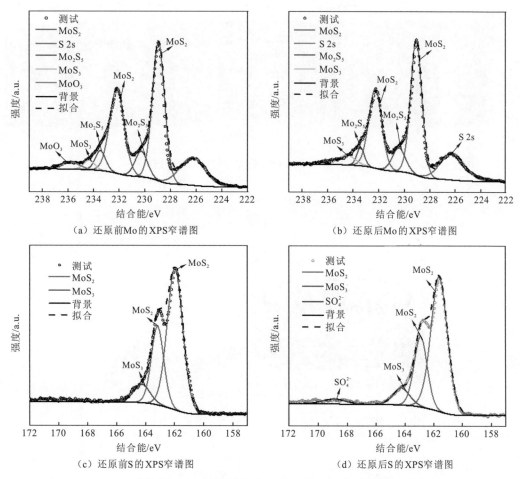

（a）还原前Mo的XPS窄谱图　　　　　　（b）还原后Mo的XPS窄谱图

（c）还原前S的XPS窄谱图　　　　　　（d）还原后S的XPS窄谱图

图 5.34　Cr(VI)还原前后 Mo、S 的 XPS 窄谱分析

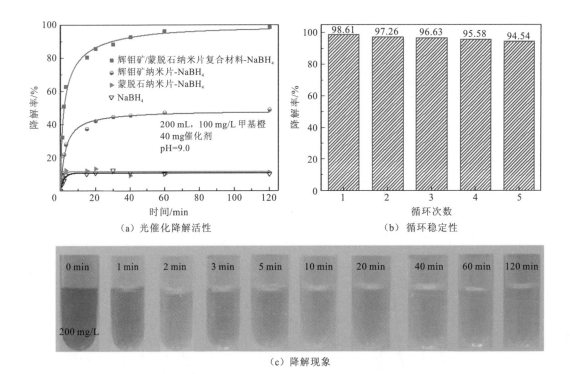

（a）光催化降解活性

（b）循环稳定性

（c）降解现象

图 6.1　辉钼矿/蒙脱石纳米片复合材料催化降解性能

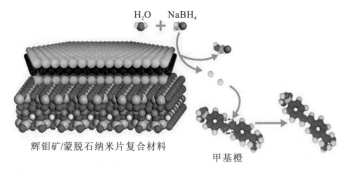

图 6.2　辉钼矿/蒙脱石纳米片复合材料对甲基橙的催化降解机理

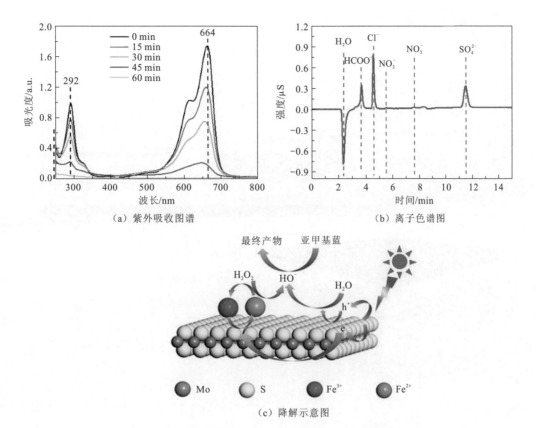

（a）紫外吸收图谱

（b）离子色谱图

（c）降解示意图

图 6.4　Fe-辉钼矿纳米片对亚甲基蓝的光芬顿降解机理

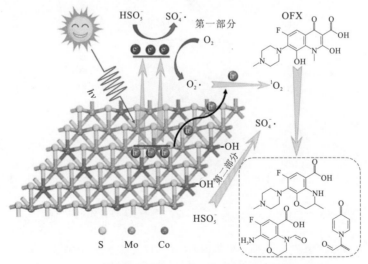

图 6.8　Co-辉钼矿纳米花对 OFX 的催化降解机理示意图

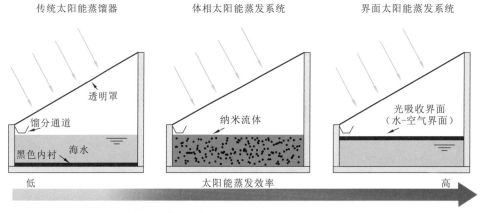

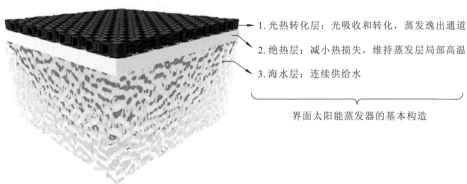

图 7.1 太阳能蒸发器

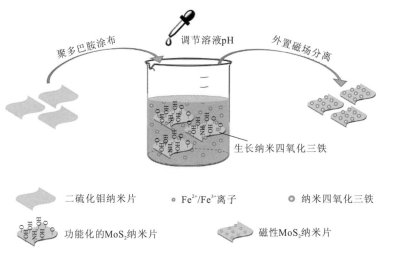

图 7.2 磁性二维辉钼矿纳米片制备过程的示意图

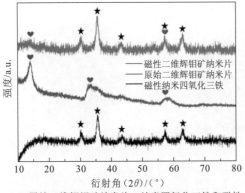

（a）原始二维辉钼矿纳米片、纳米四氧化三铁和磁性
二维辉钼矿纳米片的XRD图谱

（b）原始二维辉钼矿纳米片扫描电镜图

（c）磁性二维辉钼矿纳米片扫描电镜图

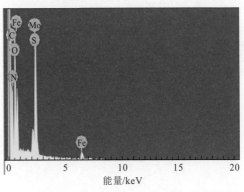

（d）磁性二维辉钼矿纳米片的SEM-EDS分析

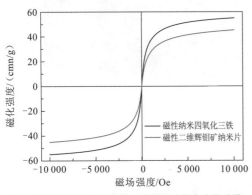

（e）纳米四氧化三铁和磁性二维辉钼矿纳米片的磁滞
回线

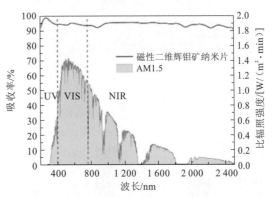

（f）磁性二维辉钼矿纳米片的紫外线-可见光-近红外吸收
图谱

图7.3　二维辉钼矿纳米片的性质表征

图 7.11　二维辉钼矿纳米片和辉钼矿纳米片气凝胶的 SEM 和光学形貌

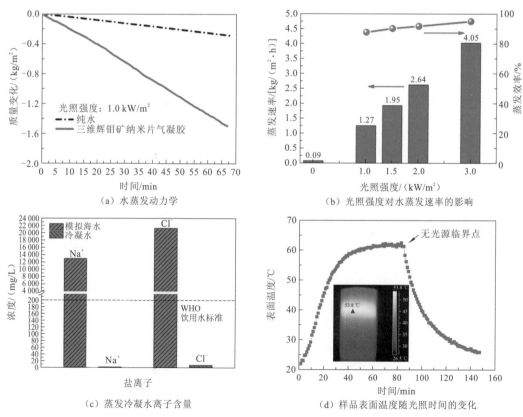

（a）水蒸发动力学

（b）光照强度对水蒸发速率的影响

（c）蒸发冷凝水离子含量

（d）样品表面温度随光照时间的变化

图 7.14　三维辉钼矿纳米片气凝胶界面蒸发器蒸发和脱盐效果

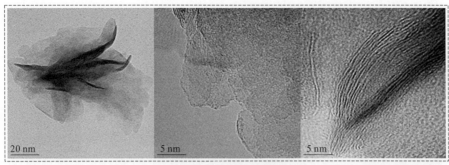

（a）二维辉钼矿纳米片

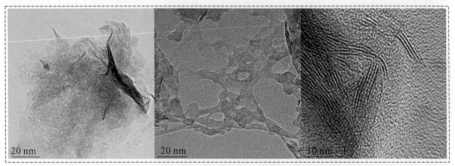

（b）T-二维辉钼矿纳米片

图 7.17　二维辉钼矿纳米片及 T-二维辉钼矿纳米片形貌表征 TEM 图

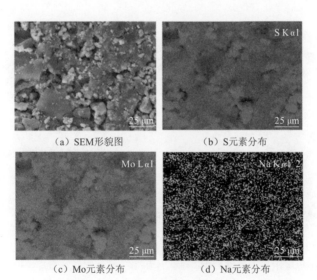

（a）SEM形貌图　　　　　（b）S元素分布

（c）Mo元素分布　　　　　（d）Na元素分布

图 7.21　T-二维辉钼矿纳米片电极脱盐完成后表面上的元素分布情况

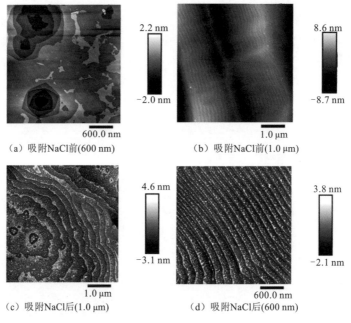

（a）吸附NaCl前(600 nm)

2.2 nm

−2.0 nm

600.0 nm

（b）吸附NaCl前(1.0 μm)

8.6 nm

−8.7 nm

1.0 μm

（c）吸附NaCl后(1.0 μm)

4.6 nm

−3.1 nm

1.0 μm

（d）吸附NaCl后(600 nm)

3.8 nm

−2.1 nm

600.0 nm

图 7.24　T-二维辉钼矿纳米片 AFM 图

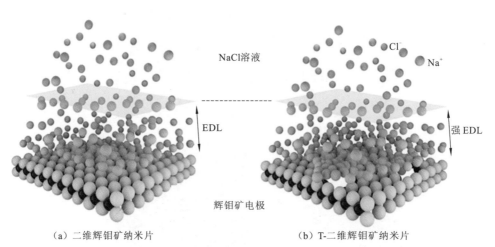

NaCl溶液

Cl^-

Na^+

EDL

强 EDL

辉钼矿电极

（a）二维辉钼矿纳米片

（b）T-二维辉钼矿纳米片

图 7.27　Na^+电吸附进入二维辉钼矿纳米片和 T-二维辉钼矿纳米片电极 EDL 示意图

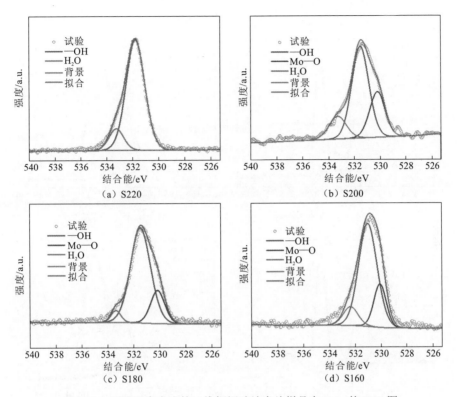

图 7.33　不同温度合成的二维辉钼矿纳米片样品中 O 1s 的 XPS 图

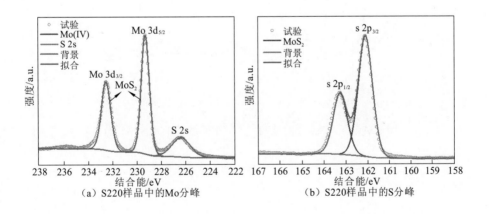

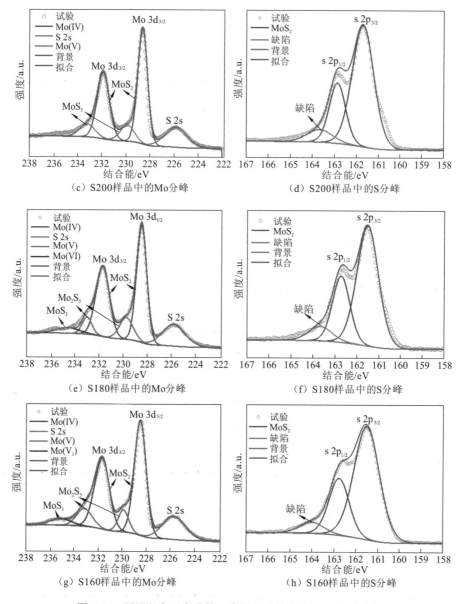

图 7.34 不同温度下合成的二维辉钼矿纳米片 XPS 窄谱分析

（a）脱盐后S180的SEM图   （b）Mo元素分布   （c）S元素分布

（d）O元素分布   （e）Na元素分布

图 7.41   脱盐后 S180 的 SEM-EDS 图

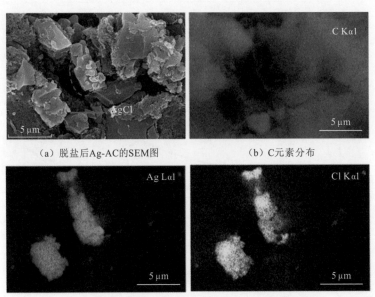

（a）脱盐后Ag-AC的SEM图   （b）C元素分布

（c）Ag元素分布   （d）Cl元素分布

图 7.42   脱盐后 Ag-AC 的 SEM-EDS 图

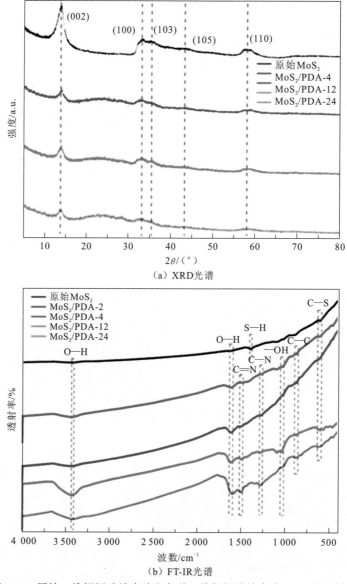

（a）XRD光谱

（b）FT-IR光谱

图 7.46 原始二维辉钼矿纳米片和各种二维辉钼矿纳米片/PDA 复合材料
的 XRD 和 FT-IR 光谱

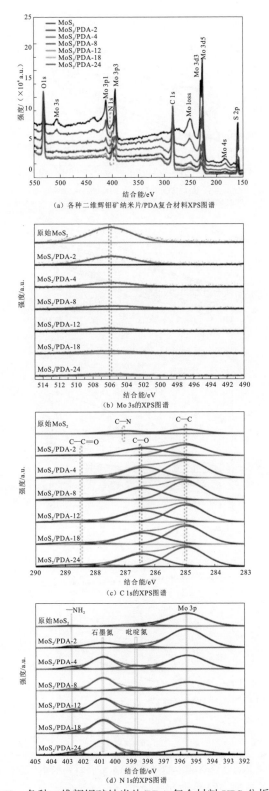

图 7.49　各种二维辉钼矿纳米片/PDA 复合材料 XPS 分析结果

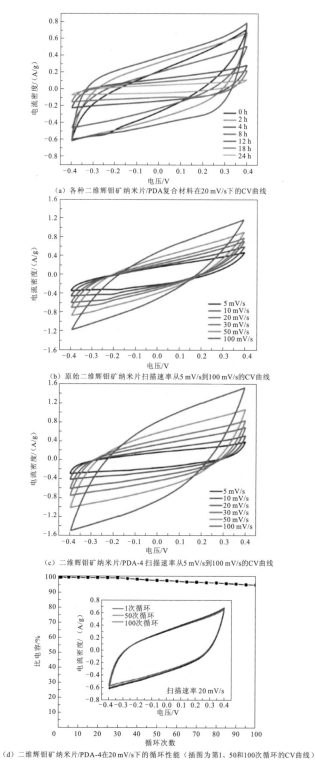

（a）各种二维辉钼矿纳米片/PDA复合材料在20 mV/s下的CV曲线

（b）原始二维辉钼矿纳米片扫描速率从5 mV/s到100 mV/s的CV曲线

（c）二维辉钼矿纳米片/PDA-4扫描速率从5 mV/s到100 mV/s的CV曲线

（d）二维辉钼矿纳米片/PDA-4在20 mV/s下的循环性能（插图为第1、50和100次循环的CV曲线）

图 7.50　二维辉钼矿纳米片/PDA 复合材料的电化学性能

所有测量均在 1.0 mol/L NaCl 溶液中进行